普通高等教育高职高专"十二五"规划教材　土建类

建筑工程制图

（第二版）

主　编　张多峰

副主编　黄紫园　王瑞红

孙　刚　陈红中

颜志敏　李永祥

主　审　靳兆荣

中国水利水电出版社

www.waterpub.com.cn

内 容 提 要

本书是“普通高等教育高职高专‘十二五’规划教材　土建类”中的一本，是根据教育部对高职教育的基本要求而编写的。本书共分十二章，内容包括：建筑制图的基本知识，正投影与三视图，点、直线、平面的投影，平面体及表面交线，曲面体及表面交线，轴测投影，组合体视图，工程形体的表达方法，钢筋混凝土结构图，房屋建筑图，钢结构图，机械图。

本书与《建筑工程制图习题集（第二版）》（中国水利水电出版社，张多锋主编）配套使用，供高职高专院校相关专业作为教材使用，同时可供建筑工程技术人员参考。

图书在版编目（CIP）数据

建筑工程制图 / 张多峰主编. -- 2版. -- 北京 : 中国水利水电出版社, 2012.6 (2018.1重印)
普通高等教育高职高专“十二五”规划教材. 土建类
ISBN 978-7-5084-9799-0

Ⅰ. ①建… Ⅱ. ①张… Ⅲ. ①建筑工程－建筑制图－高等职业教育－教材 Ⅳ. ①TU204

中国版本图书馆CIP数据核字(2012)第147744号

书　　名	普通高等教育高职高专“十二五”规划教材 土建类 **建筑工程制图（第二版）**
作　　者	主编　张多峰　　主审　靳兆荣
出版发行	中国水利水电出版社 （北京市海淀区玉渊潭南路1号D座　100038） 网址：www.waterpub.com.cn E-mail：sales@waterpub.com.cn 电话：（010）68367658（营销中心）
经　　售	北京科水图书销售中心（零售） 电话：（010）88383994、63202643、68545874 全国各地新华书店和相关出版物销售网点
排　　版	中国水利水电出版社微机排版中心
印　　刷	北京瑞斯通印务发展有限公司
规　　格	184mm×260mm　16开本　13印张　308千字
版　　次	2007年3月第1版　2007年3月第1次印刷 2012年6月第2版　2018年1月第5次印刷
印　　数	12001—14000册
定　　价	**26.00**元

第二版前言

本教材是根据“普通高等教育高职高专‘十二五’规划教材土建类”的要求而编写的。在教材编写过程中，编者认真总结长期的课程教学实践经验，广泛吸取兄弟院校同类教材的优点，具有以下几个特点：

（1）结合当前工程制图教学改革的趋势，力求体现高职教育的特色，按建设工程施工员岗位职责要求选取教学内容，并控制教学难度，使之符合高职学生的知识基础和认知能力。

（2）考虑到各校均开设（AutoCAD）计算机绘图课程，本教材淡化手工仪器作图训练内容，增加圆弧连接等徒手训练内容。教师可以利用开放性试验环境将计算机绘图训练贯穿于教学全过程。

（3）适当增加了教材中每单元课时的图例，以适应多媒体教学手段的运用。

（4）本教材章节划分和习题集内容组合，紧密结合课堂学时，有利于课堂教学组织。

（5）考虑到教材的完整和参考的方便，在内容上有着适当的裕量，教师可根据教学时数和教学条件按一定的深度、广度进行取舍。

参加本教材编写工作的有：山东水利职业学院张多峰（第三章、第四章、第五章）、广东水利电力职业技术学院黄紫园（绪论、第二章、第七章）、山西水利职业技术学院王瑞红（第十章、第十二章）、河北工程技术高等专科学校孙刚（第八章）、华北水利水电学院水利职业学院陈红中（第九、第十一章）、福建水利电力职业技术学院颜志敏（第六章）、安徽水利水电职业技术学院李永祥（第一章）。全书由张多峰主编，靳兆荣主审。

本教材与《建筑工程制图习题集（第二版）》配套，供高等职业院校建筑工程专业教学使用，同时可供工程技术人员参考。热忱欢迎读者对本书批评指正。

编　者

2012年3月

第一版前言

本书是根据“全国高职高专土建类精品规划教材”的要求编写的。在教材编写过程中，编者认真总结长期的课程教学实践经验，广泛吸取兄弟院校同类教材的优点，着力做到以下几点：

1. 结合当前工程制图教学改革的趋势，力求体现高职教育的特色，严格控制教学内容和教学难度，使之符合高职高专学生的知识基础和认知能力。

2. 考虑到各校均开设（AutoCAD）计算机绘图课程，本教材淡化手工仪器作图训练内容，增加圆弧连接等徒手训练内容。教师可以利用开放性试验环境将计算机绘图训练贯穿于教学全过程。

3. 适当增加了教材中每单元课时的图例，以适应多媒体教学手段的运用。

4. 本教材章节划分和习题集内容组合，紧密结合课堂学时，有利于课堂教学组织。

5. 考虑到教材的完整和参考的方便，在内容上留有适当的裕量，教师可根据教学时数和教学条件按一定的深度、广度进行取舍。

参加本书编写工作的有：山东水利职业学院张多峰（绪论、第四章、第五章）、广东水利电力职业技术学院黄紫园（第二章、第七章）、山西水利职业技术学院王瑞红（第十章、第十二章）、河北工程技术高等专科学校孙刚（第三章、第八章）、华北水利水电学院水利职业学院陈红中（第九章、第十一章）、福建水利电力职业技术学院颜志敏（第六章）、安徽水利水电职业技术学院李永祥（第一章）。全书由张多峰主编，山东水利职业学院靳兆荣主审。

本书与《建筑工程制图习题集》（张多峰主编，中国水利水电出版社）配套，供高等职业院校建筑工程专业教学使用，同时可供工程技术人员参考。热忱欢迎读者对本书批评指正。

编　者

2007年1月

目　录

绪　论

一、本课程的地位和作用

本课程的研究对象是建筑工程图样。在工程技术中，准确地表达物体的形状、尺寸及技术要求的图形称为工程图。工程图是建筑工程技术人员用以表达设计意图、组织生产施工、交流技术思想的重要技术资料。在实际生产和施工中，所有工程的规划、设计、施工与管理工作都离不开工程图。设计人员通过图样把工程结构和尺寸表达出来，施工人员通过图样进行组织生产施工，使用者通过图样来进行管理、维护和维修。所以，工程图是工程建设中不可缺少的重要技术文件和生产施工依据，因此，工程图被称为“工程技术语言”。

本课程着重研究绘制、阅读建筑工程图投影理论与表达方法，是建筑工程技术等相关专业的一门技术基础课。

二、本课程的内容及要求

（1）制图基本知识：要求掌握制图基本标准；正确使用制图仪器和计算机绘图软件；掌握平面图形的基本作图方法。

（2）投影制图原理和方法：要求掌握正投影的基本原理及各种图示方法；掌握常用轴测图的基本画法。

（3）专业制图：要求掌握建筑工程图的图示特点、表达方法，能够识读各类建筑工程图。

三、本课程的特点

本课程是一门既有系统理论又有很强实践性的技术基础课，具有以下的几个特点：

（1）投影作图理论是循序渐进的过程，前后章节联系紧密，环环相扣。

（2）学习的过程涉及许多的建筑构造专业知识。

（3）课程配套有《建筑工程制图习题集》，有较多的习题和实训作业，通常每次课后布置 2 小时左右的作业量。

四、本课程的学习方法

根据《建筑工程制图》课程的学习要求及特点，这里简要介绍一下学习方法。

（1）学习中必须认真听好每一堂课，按要求完成作业，并及时复习和巩固，多做课外练习。学习时，前面的内容必须真正理解，基本的作图方法熟练掌握，后面的学习才会顺利。

（2）由于本课程学习的是空间物体与平面图形之间的图示关系，学习时要理解制图要领，注意理论与生产实际相结合，注意画图与看图相结合，逐步培养空间想象能力。学习中既不能单纯看书，也不能死记硬背。

（3）严格遵守建筑工程制图的有关国家标准，养成严谨细致的工作作风。图形中的任

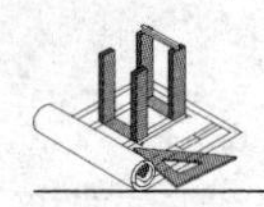

何错误都可能给工程造成不可弥补的损失，所以对图形中的每一条线、每一个尺寸都应按国家标准的要求执行。

（4）制图课的作业质量要求很高，绘图和读图能力的培养主要是通过一系列的绘图实践，所以制图的学习是一个艰苦积累的过程，应有一个不骄不躁的学习态度。

（5）计算机绘图的学习是本课程的组成部分，可以与制图理论课穿插进行，也可在后期集中学习。计算机绘图的学习注重操作实践，注意在学习中多用多练，熟中生巧，逐步熟练运用计算机绘图软件进行二维工程图的绘制。

第一章　建筑制图的基本知识

第一节　建筑制图的基本标准

工程图是表达工程设计意图的主要手段，为此，我国国家技术监督局制订了一系列关于技术制图的中华人民共和国国家标准（简称国标），代号为“GB”（“GB/T”为推荐性国标）。现行的有关建筑制图的国家标准有：《房屋建筑制图统一标准》(GB/T50001—2010)；《总图制图标准》(GB/T50103—2010)；《建筑制图标准》(GB/T50104—2010)；《建筑结构制图标准》(GB/T50105—2010)；《给水排水制图标准》(GB/T50106—2010)；《暖通空调制图标准》(GB/T50114—2010)。

本节主要介绍《房屋建筑制图统一标准》(GB/T50001—2010) 中的常用内容及基本规定。主要有图幅、图线、字体、比例尺寸标注等。

一、图纸的幅面和格式

1. 图纸幅面、图框

建筑工程图纸的幅面规格共有 5 种，从大到小的幅面代号为 A0、A1、A2、A3、A4。各种图幅的幅面尺寸见表 1-1。

表 1-1　　图纸幅面代号和尺寸　　单位：mm

幅面代号	A0	A1	A2	A3	A4
$B\times L$	841×1189	594×841	420×594	297×420	210×297
a	25				
c	10			5	
e	20		10		

A0 图幅的面积为 $1m^2$，A1 图幅由 A0 图幅对裁而得，其他图幅依此类推。

长边作为水平边使用的图幅称为横式图幅，短边作为水平边的称为立式图幅。A0～A3 图幅宜横式使用，必要时立式使用，A4 只立式使用。

在图纸上，图框线用粗实线画出，如图 1-1 所示。图形必须画在图框之内。

2. 标题栏

标题栏是用来说明图样内容的专栏。每张图纸都应设置标题栏，位置如图 1-1 所示。标题栏格式如图 1-2 所示，根据工程需要选择确定其尺寸、格式及分区。签字区应包含实名列和签名列。

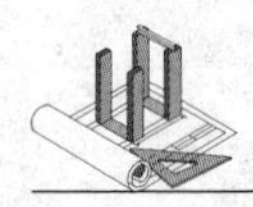

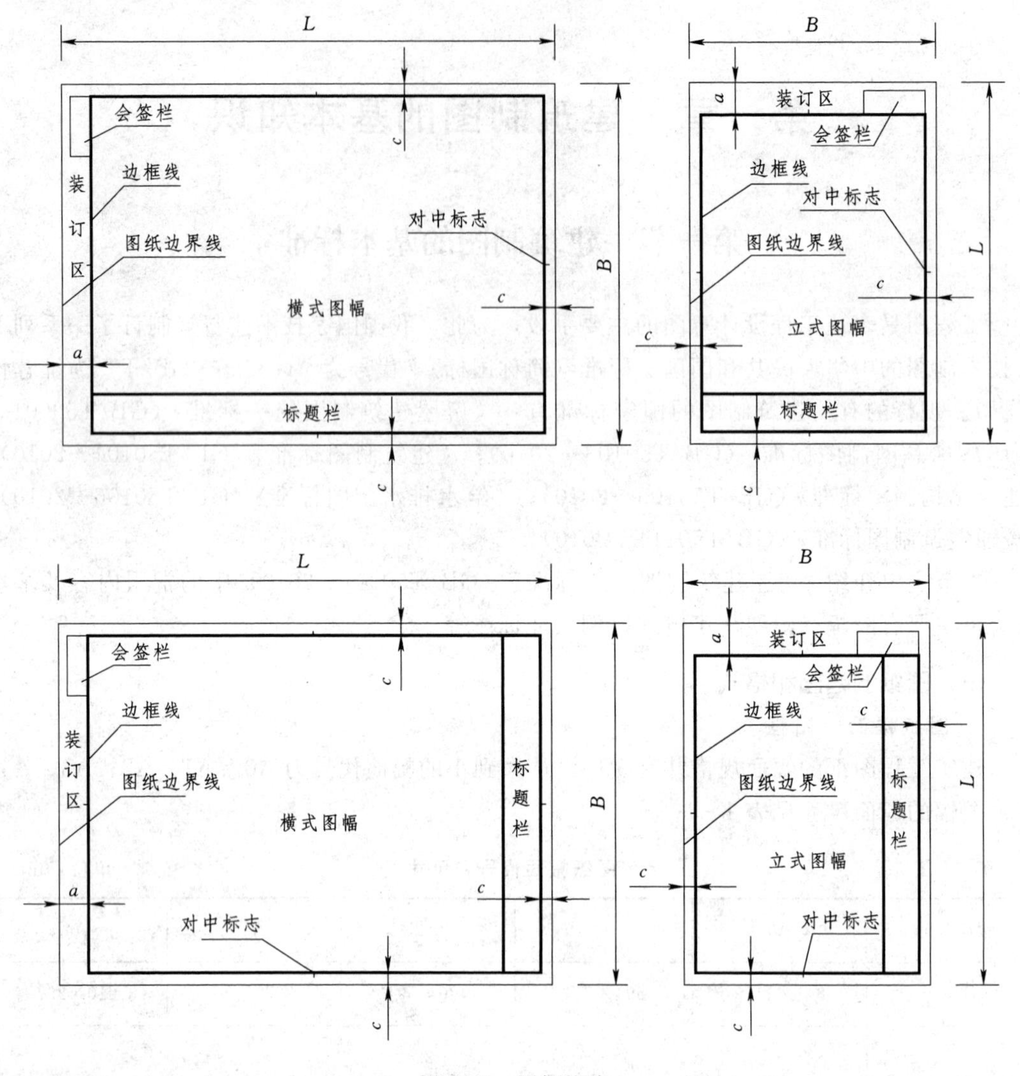

图 1-1　图框格式

设计单位 名称区	注册师 签章区	项目经理 签章区	修改 记录区	工程 名称区	图号区	签字区	会签栏

图 1-2　标题栏（单位：mm）

3. 会签栏

会签栏应按图 1-3 的格式绘制，其尺寸应为 100mm×20mm，栏内应填写会签人员所代表的专业、姓名、日期（年、月、日）；一个会签栏不够时，可另加一个，两个会签栏应并列；不需会签的图纸可不设会签栏。

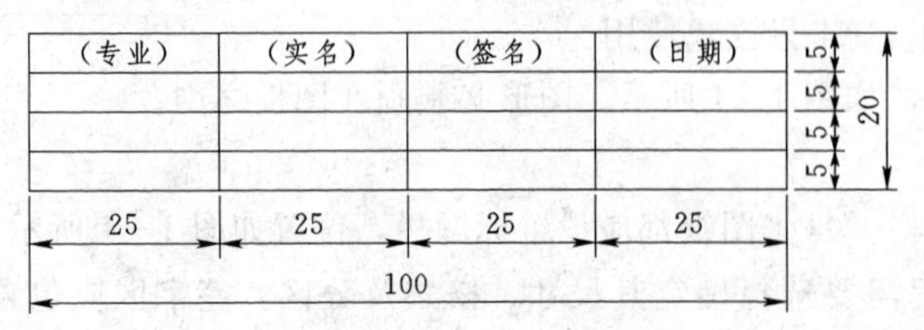

图 1-3　会签栏（单位：mm）

二、图线

工程图中的图线，必须按照制

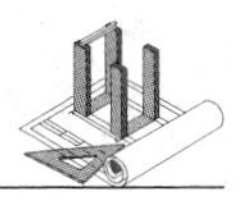

图标准的规定正确使用，不同线宽、不同线型的图线表示的含义不同。

1. 线宽

房屋建筑制图图线的宽度 b，宜从下列线宽系列中选用：1.4mm、1.0mm、0.7mm、0.5mm、0.35mm、0.25mm、0.18mm、0.13mm。选定基本线宽 b，再根据线宽比就可以确定中粗线和细线的宽度。图线宽度不应小于 0.1mm，每个图样应根据复杂程度与比例大小，选用表 1-2 中相应的线宽组。同一张图纸内，相同比例的各图样，应选用相同的线宽组。

表 1-2　　线宽组（mm）

线宽比	线宽组			
b	1.4	1.0	0.7	0.5
$0.7b$	1.0	0.7	0.5	0.35
$0.5b$	0.7	0.5	0.35	0.25
$0.25b$	0.35	0.25	0.18	0.13

图纸的图框和标题栏线，可采用表 1-3 的线宽。

表 1-3　　图框和标题栏线宽

幅面代号	图框线	标题栏外框线	标题栏分格线
A0、A1	b	$0.5b$	$0.25b$
A2、A3、A4	b	$0.7b$	$0.35b$

2. 线型

工程建筑制图的线型有实线、虚线、单点长画线、双点长画线、折断线和波浪线共 6 种。各种线型的规定及一般用途见表 1-4。

表 1-4　　图线的名称、型式、宽度及其用途

名称	线型	线宽	用途
粗实线		b	主要可见轮廓线
中粗实线		$0.7b$	可见轮廓线
中实线		$0.5b$	可见轮廓线、尺寸线、变更云线
细实线		$0.25b$	图例填充线、家具线
粗虚线		b	新建的给水排水管道线、总平面图中的地下建筑物或地下构筑物等
中粗虚线		$0.7b$	不可见轮廓线
中虚线		$0.5b$	不可见轮廓线、图例线
细虚线		$0.25b$	图例填充线、家具线
粗单点长画线		b	起重机（吊车）轨道线
细单点长画线		$0.25b$	中心线、对称线、定位轴线等
粗双点长画线		b	预应力钢筋线等
细双点长画线		$0.25b$	假想轮廓线、成型以前的原始轮廓线
折断线		$0.25b$	断开界线
波浪线		$0.25b$	断开界线

3. 图线的画法

(1) 相互平行的两直线，其间隙不宜小于其中的粗线宽度，且不宜小于0.7mm。

(2) 虚线、单点长画线或双点长画线的线段长度和间隔，宜各自相等。一般情况下，虚线的每画长宜为3～6mm，点画线的长画长宜为8～12mm，点画线的短画长宜为1mm左右，虚线和点画线每画间的间隔宜为1mm左右。

(3) 单点长画线或双点长画线，当在较小的图形中绘制有困难时，可用实线代替。

(4) 单点长画线或双点长画线的两端不应是点，点画线与点画线交接或点画线与其他图线交接时，应是线段交接。

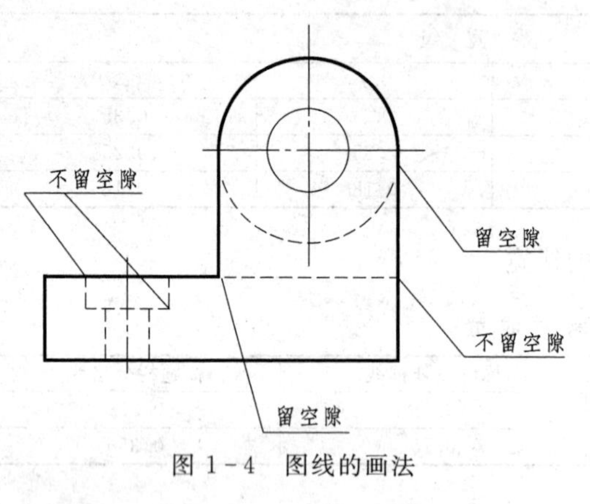

图1-4　图线的画法

(5) 虚线与虚线交接或虚线与其他图线交接时，应是线段交接。虚线为实线的延长线时，不得与实线连接，如图1-4所示。

(6) 图线不得与文字、数字或符号重叠、混淆，不可避免时，应首先保证文字等的清晰。

(7) 绘制圆或圆弧的中心线时，圆心宜为线段的交点，且中心线两端应超出圆弧外2～3mm。

三、字体

国家标准中规定了汉字、字母和数字的结构形式。

1. 书写字体的基本要求

(1) 书写字体必须做到：字体端正、笔画清楚、排列整齐、间隔均匀。

(2) 文字的字高，应从如下系列中选用：3.5mm、5mm、7mm、10mm、14mm。如需书写更大的字，其高度应按$\sqrt{2}$的比值递增。字体高度代表字体的号数，用作指数、分数、注脚和尺寸偏差数值，一般采用小一号字体。

(3) 图样及说明中的汉字，宜采用长仿宋体或黑体，同一图纸字体种类不应超过两种。大标题、图册封面、地形图等的汉字，也可书写成其他字体，但应易于辨认。书写长仿宋字的要领是：横平竖直、起落分明、笔锋满格、布局均匀。

横平竖直：横笔基本要平，可顺运笔方向向上倾斜一点；竖笔要直，笔画要刚劲有力。

起落分明：横、竖的起笔和收笔，撇、钩的起笔，钩折的转角等，都要顿一下笔，形成小三角形和出现字肩。撇、捺、挑、钩等的最后出笔应为渐细的尖角。

笔锋满格：上下左右笔锋要尽可能靠近字格。但也有例外的，如日、口等字都要比字格略小。

布局均匀：笔画布局要均匀紧凑。字体的构架，就是组成某个汉字的各个单字所占的比例，要求匀称、均衡。

(4) 字母和数字分为A型和B型。字体的笔画宽度用d表示。A型字体的笔画宽度$d=h/14$，B型字体的笔画宽度$d=h/10$。在同一图样上，只允许选用一种字体。

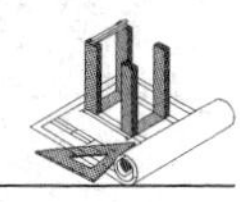

（5）字母和数字可写成斜体和直体。斜体字字头向右倾斜，与水平基准线成 75°。绘图时，一般用 B 型斜体字。

如图 1-5 所示的是图样上常见字体的书写示例。

横平竖直　注意起落　结构均匀　排列整齐

图 1-5　长仿宋字

2. 数字和字母

数量的数值注写，应采用正体阿拉伯数字。各种计量单位，凡前面有量值的，均应采用国家颁布的单位符号注写。单位符号应采用正体字母。拉丁字母、阿拉伯数字与罗马数字，如需写成斜体字，其斜度应是从字的底线逆时针向上倾斜 75°。斜体字的高度与宽度应与相应的直体字相等。分数、百分数和比例数的注写，应采用阿拉伯数字和数学符号，例如：四分之三、百分之二十五和一比二十应分别写成 3/4、25％和 1∶20。

拉丁字母、阿拉伯数字与罗马数字的字例如图 1-6 所示。

ABCDEFGHIJKLMNOPQRSTUVWXYZ

abcdefghijklmnopqrstuvwxyz

ABCDEFGHIJKLMNOPQRSTUVWXYZ

abcdefghijklmnopqrstuvwxyz

1234567890

1234567890

Ⅰ　Ⅱ　Ⅲ　Ⅳ　Ⅴ　Ⅵ　Ⅶ　Ⅷ　Ⅸ　Ⅹ

Ⅰ　Ⅱ　Ⅲ　Ⅳ　Ⅴ　Ⅵ　Ⅶ　Ⅷ　Ⅸ　Ⅹ

图 1-6　拉丁字母、阿拉伯数字与罗马数字示例

四、图样的比例

（1）图样的比例，为图形与实物相对应的线性尺寸之比。比例的大小，是指其比值的大小，如 1∶50 大于 1∶100。

（2）比例的符号为"∶"，比例应以阿拉伯数字表示，如 1∶1、1∶2、1∶100 等。

（3）比例宜注写在图名的右侧，字的基准线应取平；比例的字高宜比图名的字高小一号或二号。比例标注的样例如图 1-7 所示。

平面图 1∶100　　②1∶100

图 1-7　比例的注写

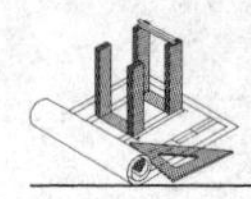

（4）绘图所用的比例，应根据图样的用途与被绘对象的复杂程度，从表 1－5 中选用，并优先用表中常用比例。

表 1－5　　**绘图所用的比例**

常用比例	1：1　1：2　1：5　1：10　1：20　1：50　1：100　1：150　1：200　1：500　1：1000　1：2000　1：5000　1：10000　1：20000　1：50000　1：100000　1：200000
可用比例	1：3　1：4　1：6　1：15　1：25　1：30　1：40　1：60　1：80　1：250　1：300　1：400　1：600

五、尺寸标注

1. 尺寸的组成

图样上的尺寸标注，包括尺寸界线、尺寸线、尺寸起止符号和尺寸数字，如图 1－8 所示。

（1）尺寸界线：尺寸界线应用细实线绘制，一般应与被注长度垂直，其一端应离开图样轮廓线不小于 2mm，另一端宜超出尺寸线 2～3mm，图样轮廓线可兼用作尺寸界线，如图 1－9 所示。

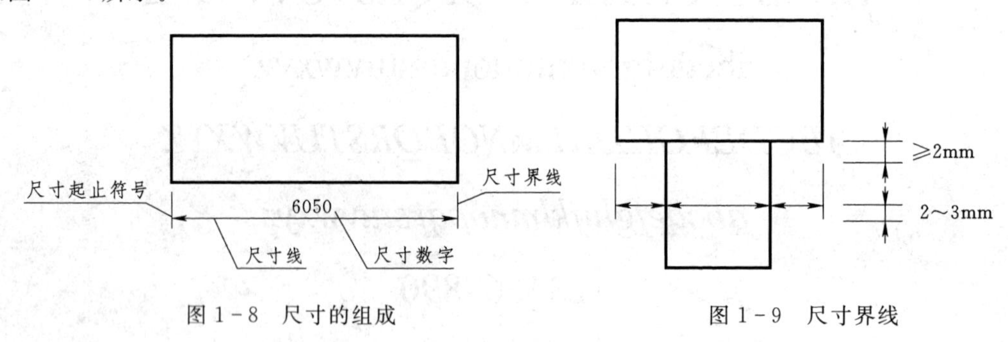

图 1－8　尺寸的组成　　　　图 1－9　尺寸界线

（2）尺寸线：尺寸线应用细实线绘制，应与被注长度平行，如图 1－8 所示，图样本身的任何图线均不得用作尺寸线。

（3）尺寸起止符号：建筑制图中尺寸起止符号一般用中粗斜短线绘制，其倾斜方向应与尺寸界线成顺时针 45°，长度宜为 2～3mm，样式如图 1－10（a）所示，半径、直径、角度与弧长的尺寸起止符号，宜用箭头表示，箭头样式尺寸如图 1－10（b）或图 1－10（c）所示。

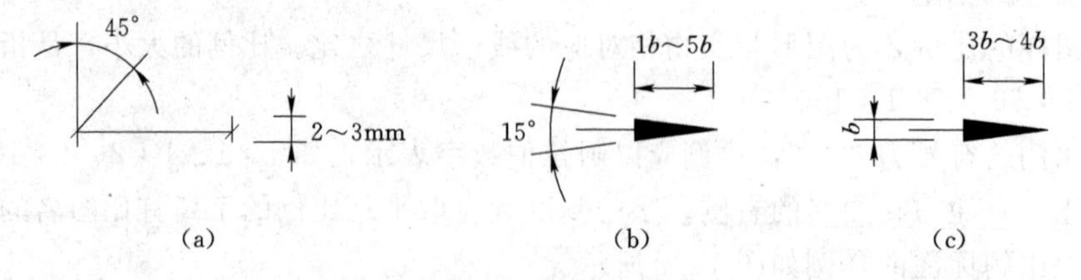

图 1－10　尺寸起止符号画法

（4）尺寸数字：图样上的尺寸，应以尺寸数字为准，不得从图上直接量取。图样上的尺寸单位，除标高及总平面以 m 为单位外，其他必须以 mm 为单位。

尺寸数字的方向有如下的规定：水平尺寸注在尺寸线的上方，字头向上；竖直尺寸注

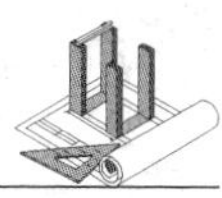

在尺寸线的左方，字头向左；倾斜尺寸注在尺寸线的上方，字头有朝上的趋势，如图 1-11（a）所示；若尺寸在 30°斜线区内，宜按图 1-11（b）所示形式注写。

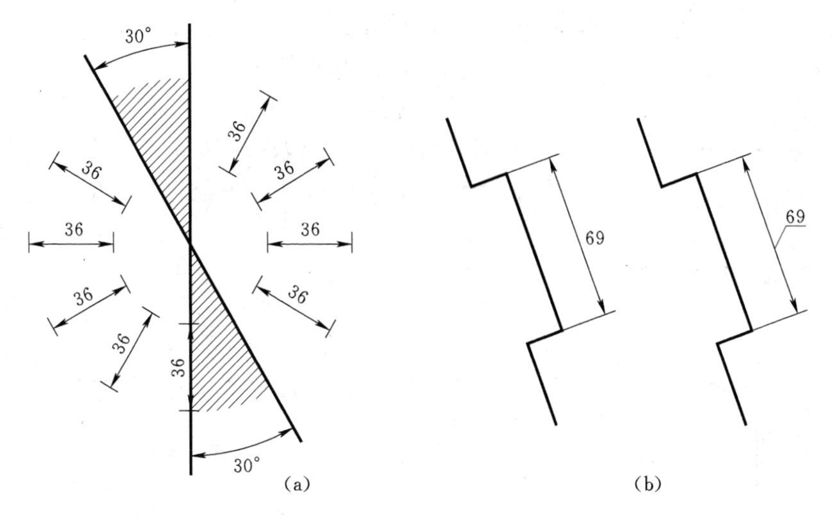

图 1-11　尺寸数字的注写方向

尺寸数字一般应依据其方向注写在靠近尺寸线的上方中部。如没有足够的注写位置，最外边的尺寸数字可注写在尺寸界线的外侧，中间相邻的尺寸数字可错开注写，如图 1-12 所示。

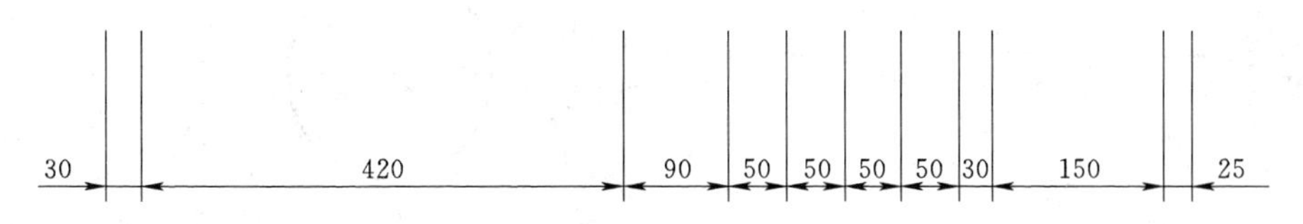

图 1-12　尺寸数字的注写位置

2. 尺寸的排列与布置

尺寸宜标注在图样轮廓以外，不宜与图线、文字及符号等相交，如果尺寸数字与图线相交不可避免，则应将图线断开，如图 1-13 所示。

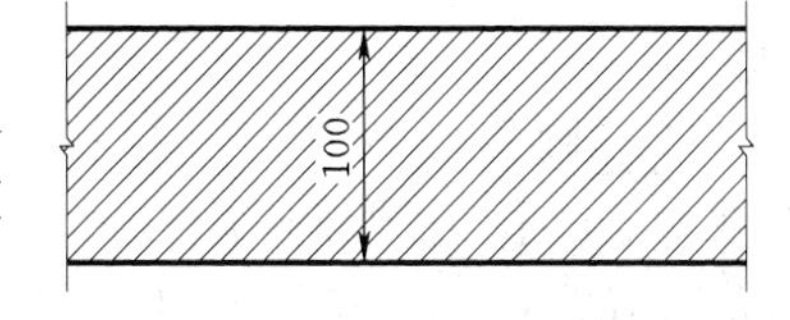

图 1-13　尺寸数字处图线应断开

互相平行的尺寸线，应从被注写的图样轮廓线由近向远整齐排列，较小尺寸应离轮廓线较近，较大尺寸应离轮廓线较远，如图 1-14 所示。

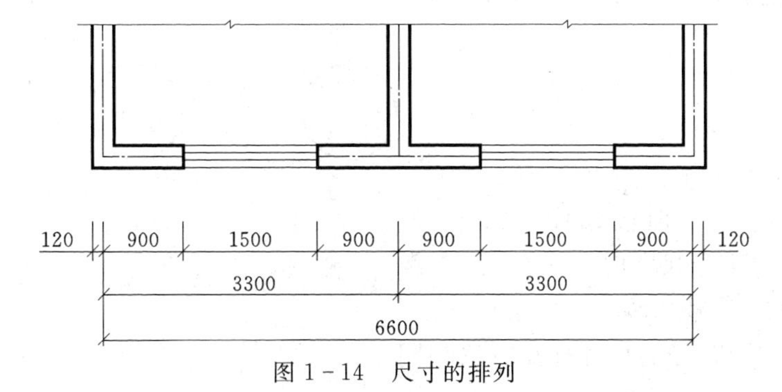

图 1-14　尺寸的排列

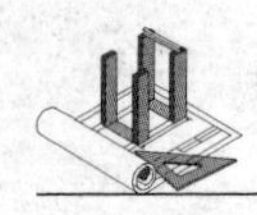

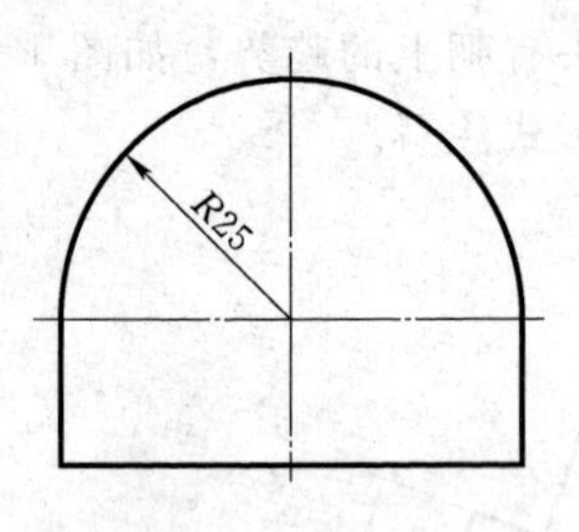

图 1-15　半径标注方法

图样轮廓线以外的尺寸界线，距图样最外轮廓之间的距离，不宜小于 10mm。平行排列的尺寸线的间距，宜为 7～10mm，并应保持一致。

3. 圆弧、圆、球的尺寸标注

（1）圆弧半径标注：一般情况下，小于或等于半圆的圆弧标注半径。圆弧半径的尺寸线应一端从圆心开始，另一端画箭头指向圆弧，半径数字前应加注半径符号“*R*”，样式如图 1-15 所示。

较小圆弧的半径，可按图 1-16 样式标注。

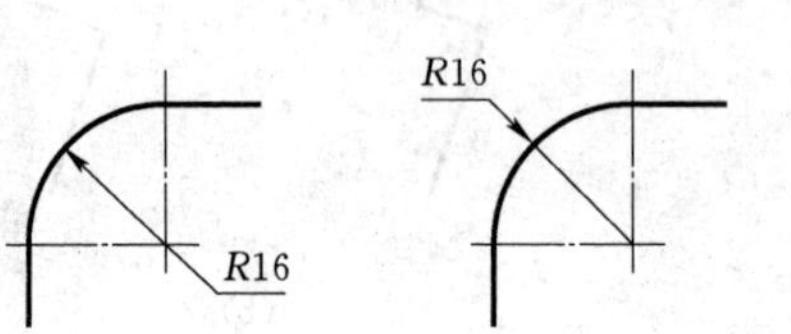

图 1-16　小圆弧半径标注

较大尺寸圆弧的半径，可按图 1-17 样式标注。

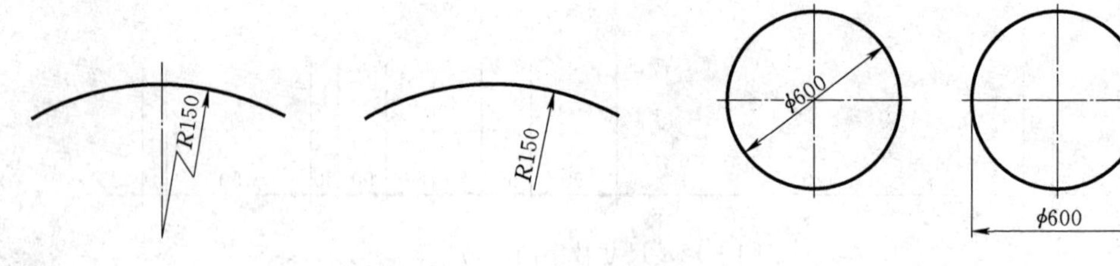

图 1-17　大圆弧半径标注　　图 1-18　圆直径标注

（2）圆直径标注：一般情况下，圆或大于半圆的圆弧标注直径。标注圆的直径尺寸时，圆内标注的尺寸线应通过圆心，直径数字前应加直径符号 ϕ。在两端画箭头指至圆弧，样式如图 1-18 所示。

较小圆的直径尺寸，可标注在圆外，样式如图 1-19 所示。

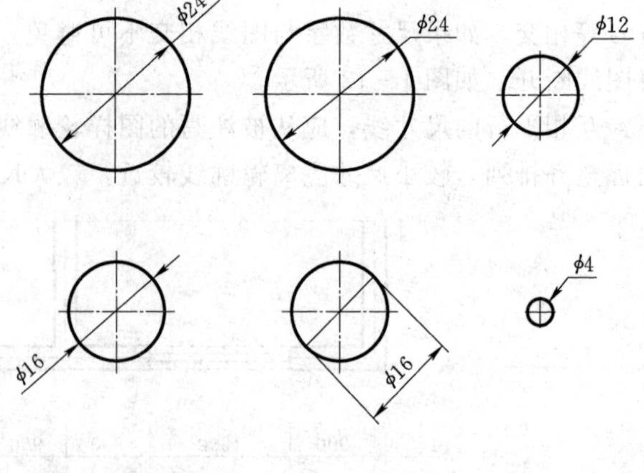

图 1-19　小圆直径标注

（3）圆球标注：标注球的半径尺寸时，应在尺寸数字前应加注符号“*SR*”；标注球的直径尺寸时，应在尺寸数字前应加注符号“*S*ϕ”。注写方法与圆弧半径和圆直径的尺寸标注方法相同。

4. 角度、弧度、弧长的标注

（1）角度标注：角度的尺寸线用细实线圆弧表示，该圆弧的圆心为角的顶点，角的两条边为尺寸界线，起止符号应以箭头表示，如没有足够位置画箭头，可以圆点代替，角度数字方向应沿尺寸线方向注写。如图 1－20 所示。

（2）弦长标注：标注圆弧的弦长时，尺寸线应以平行于该弦的直线表示，尺寸界线垂直于该弦，起止符号用中粗斜短线表示，如图 1－21（a）所示。

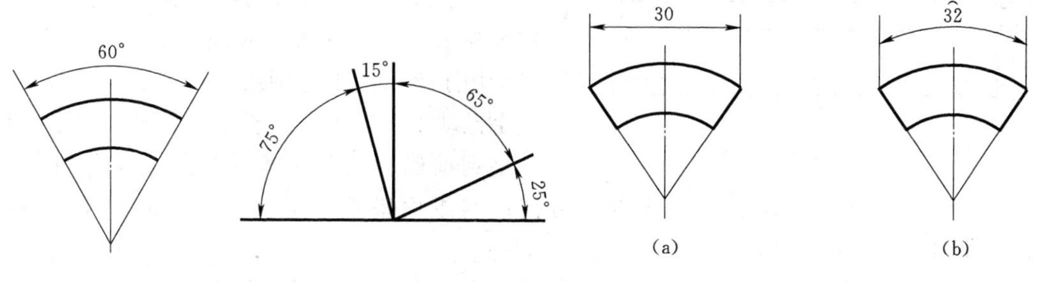

图 1－20 角度的标注

图 1－21 弦长、弧长的标注

（a）弦长的标注；（b）弧长的标注

（3）弧长标注：标注圆弧的弧长时，尺寸线应以与圆弧同心的细圆弧线表示，尺寸界线应垂直于该圆弧的弦，起止符号用箭头表示，弧长数字上应加圆弧符号“⌒”，如图 1－21（b）所示。

5. 尺寸的简化标注

连续排列的等长尺寸，可用“个数×等长尺寸＝总长”的形式标注，如图 1－22 所示。

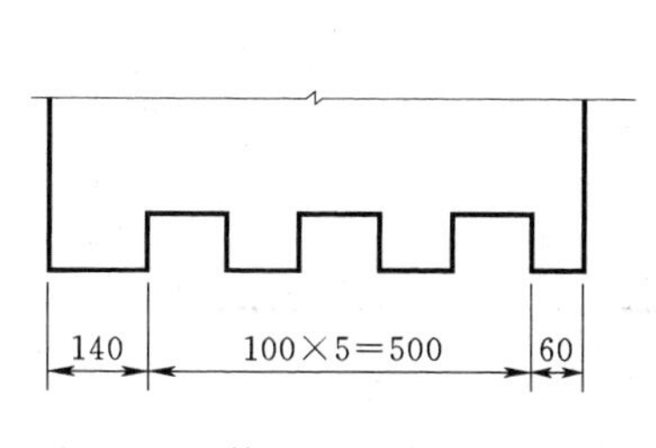

图 1－22 等长尺寸简化标注方法

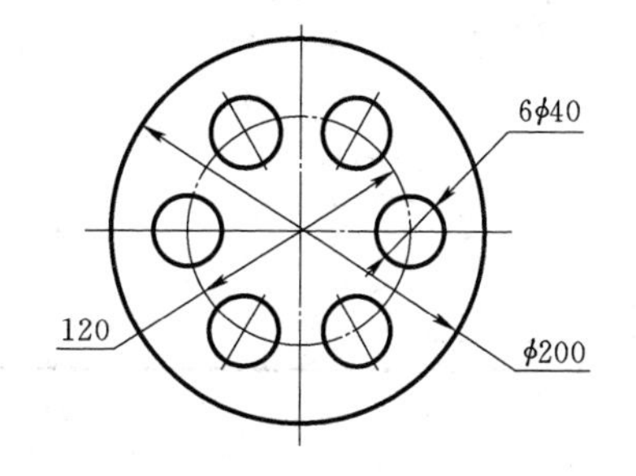

图 1－23 相同要素尺寸标注方法

构配件内如果有相同的构造要素（如孔、槽等），可仅标注其中一个要素的尺寸，并在尺寸数字前注明个数，如图 1－23 所示。

第二节 常用手工绘图工具及使用方法简介

正确使用绘图工具和仪器，是保证绘图质量和绘图效率的一个重要方面。为此将手工绘图工具及其使用方法介绍如下。

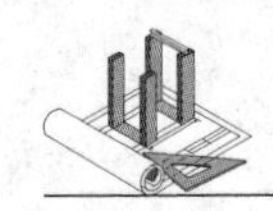

一、图板、丁字尺和三角板

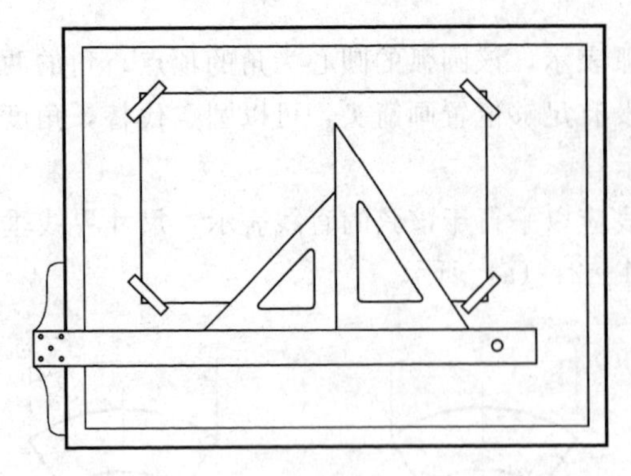

图 1-24 图纸与图板

图板是铺贴图纸用的，要求板面平滑光洁；又因它的左侧边为丁字尺的导边，所以必须平直光滑，图纸用胶带纸固定在图板上。当图纸较小时，应将图纸铺贴在图板靠近左上方的位置，如图 1-24 所示。

丁字尺由尺头和尺身两部分组成。它主要用来画水平线，其头部必须紧靠绘图板左边，然后用丁字尺的上边画线。移动丁字尺时，用左手推动丁字尺头沿图板上下移动，把丁字尺调整到准确的位置，然后压住丁字尺进行画线。画水平线是从左到右画，铅笔前后方向应与纸面垂直，而在画线前进方向倾斜约30°，如图 1-25（a）、（b）所示。

三角板分 45°和 30°、60°两块，可配合丁字尺画铅垂线及 15°倍角的斜线；或用两块三角板配合画任意角度的平行线或垂直线，如图 1-25（c）所示。

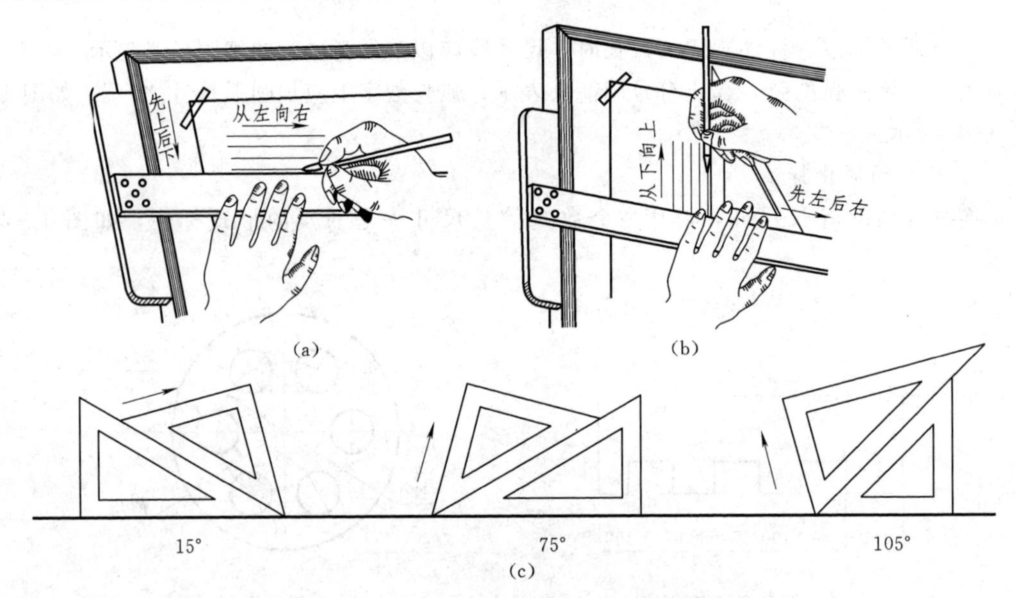

图 1-25 丁字尺和三角板的使用方法
（a）画水平线；（b）画垂直线；（c）画常用角度的线

绘图用铅笔的铅芯分别用 B 和 H 表示其软、硬程度，绘图时根据不同使用要求，应准备以下几种硬度不同的铅笔：

B 或 HB——画粗实线用；

HB 或 H——画箭头和写字用；

H 或 2H——画各种细线和画底稿用。

其中用于画粗实线的铅笔磨成矩形，其余的磨成圆锥形，如图 1-26 所示。

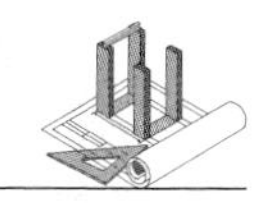

二、圆规和分规

圆规用来画圆和圆弧。画图时应尽量使钢针和铅芯都垂直于纸面，钢针的台阶与铅芯尖应平齐，使用方法如图 1-27 所示。

分规主要用来量取线段长度或等分已知线段。分规的两个针尖应调整平齐。从比例尺上量取长度时，针尖不要正对尺面，应使针尖与尺面保持倾斜。用分规等分线段时，通常要用试分法。分规的用法如图1-28所示。

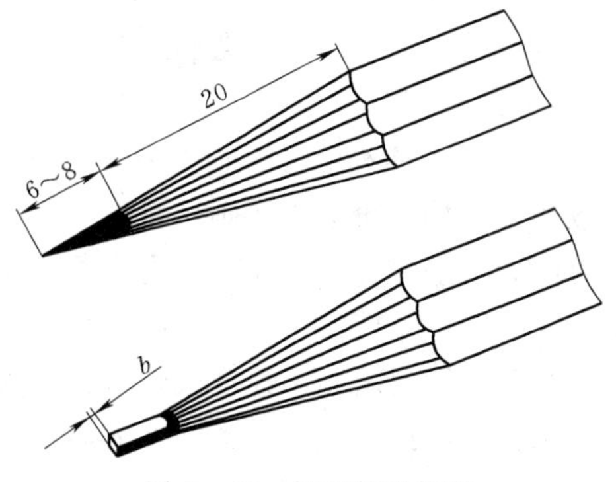

图 1-26 铅芯的形状图

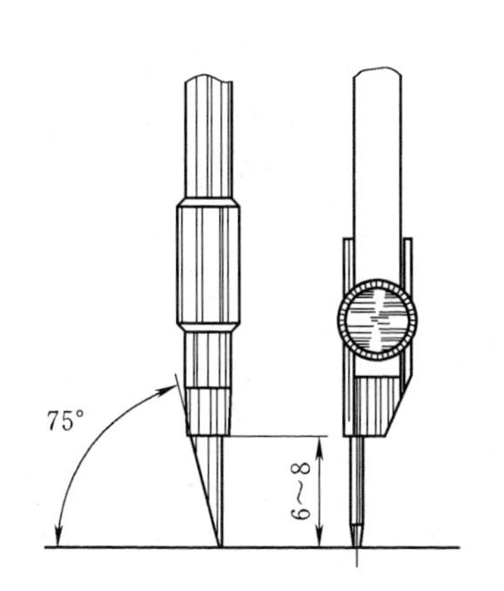

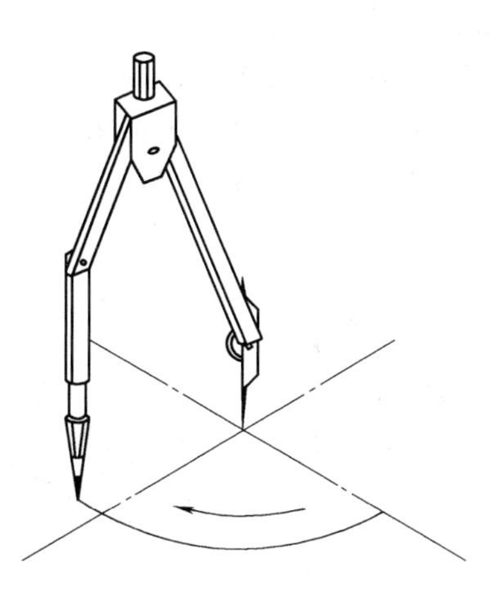

图 1-27 圆规的用法

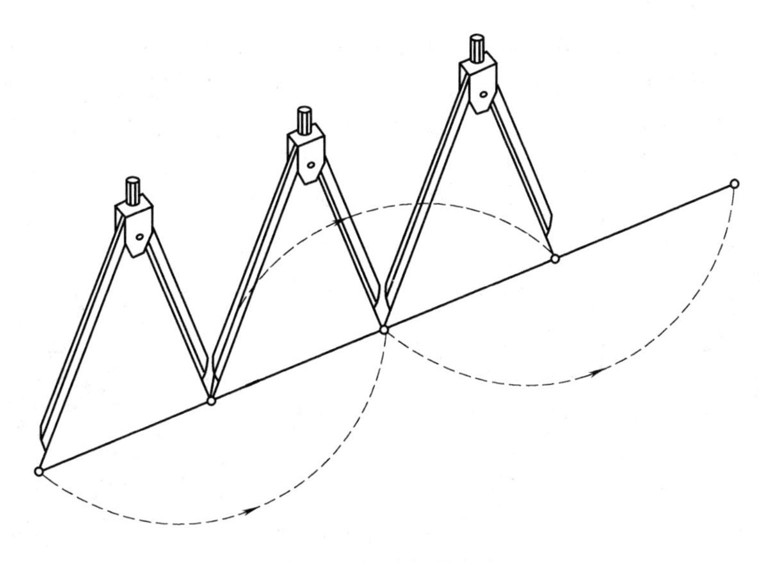

图 1-28 分规的用法

第三节　草图的徒手画法

徒手图就是不用仪器而徒手画的图。徒手图也叫草图，但没有潦草的涵义。在施工现场或作设计构思阶段常要画出草图，经确认后再画成仪器图。用计算机绘图也要先徒手画出草图后再上机绘制。所以，徒手图不但是传统制图的需要，在计算机绘图的今天更显得重要。

徒手画图要求画图速度较快，比例大致准确，图形正确，标注清晰，图面整洁。草图一般画在白纸或小方格纸上。在方格纸上画草图可以较好地画出直线，也容易确定图样的比例。

一、徒手画直线的方法

徒手画直线时，眼睛应看着线的末点，手腕放松，笔尖沿着视线方向画过去。画线的方向应自然，切不可为了加粗线型而来回地涂画。如果感到直线的方向不够顺手，可将图纸转动适当的角度。特殊倾角直线可按图 1－29 所示的按格子取向画出。

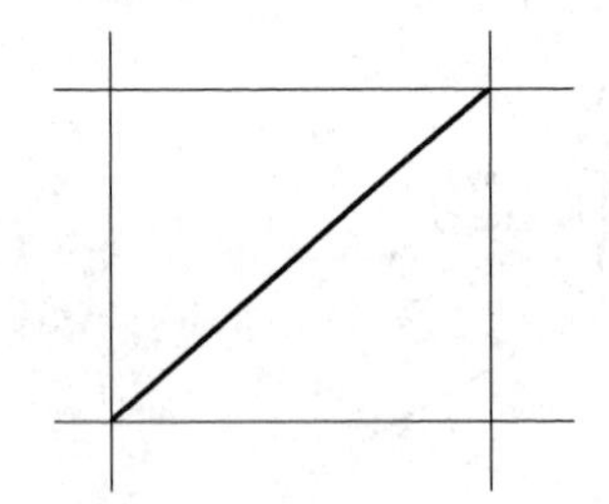
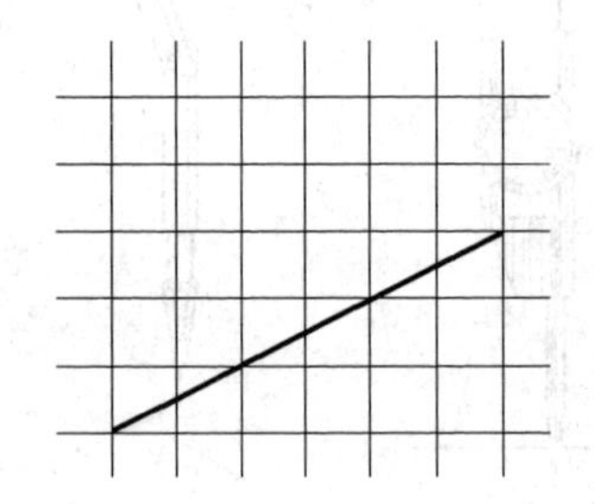
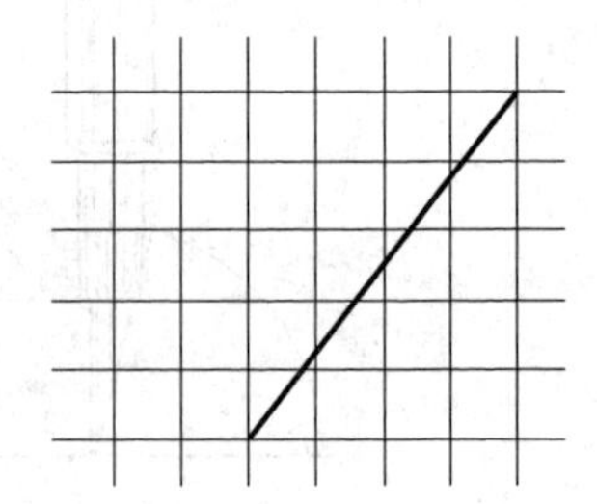

图 1－29　徒手画直线的方法

二、徒手画圆的方法

确定了圆心后，可根据半径用目测方法在中心线定出 4 个点，再分别通过 3 点圆两段弧而成整圆，如图 1－30（a）所示。对于较大的圆，可以通过圆心作两条互相垂直的 45°辅助线，同样每过 3 点作一段圆弧，由 4 段圆弧合成整圆，如图 1－30（b）所示。

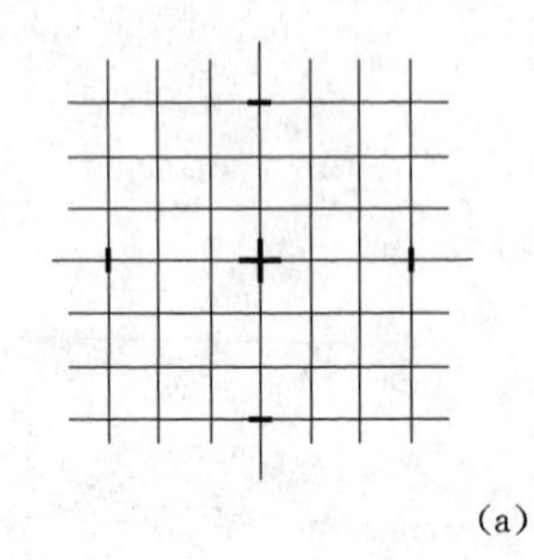
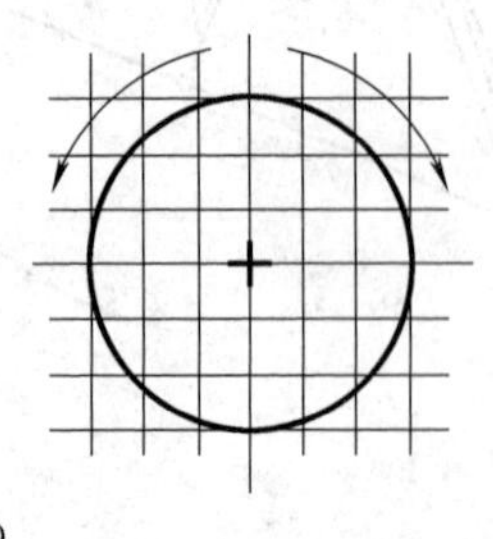
(a)

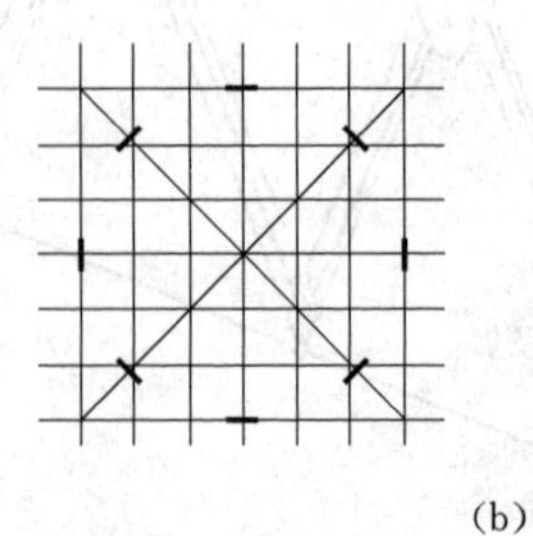
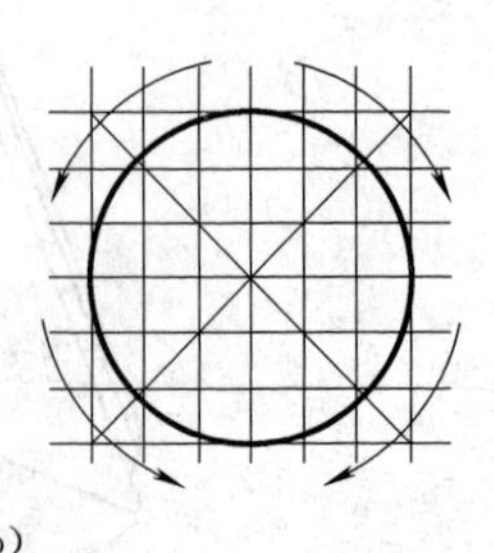
(b)

图 1－30　徒手画圆的方法

（a）定 4 点，分两段画弧；（b）定 8 点，分 4 段画弧

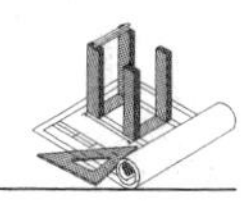

三、徒手画椭圆的方法

已知长、短轴画椭圆时，应先画出长、短轴；再过长、短轴上的端点画出外切矩形，连矩形的对角线，等分对角线的每一侧为三等分，取最外等分点稍偏外一点的分点（亦可在半对角线上，从角点向中心取 3：7 的分点）；最后用圆滑曲线将作出的长、短轴上的端点和对角线上的四个分点顺序连成椭圆，如图 1－31 所示。

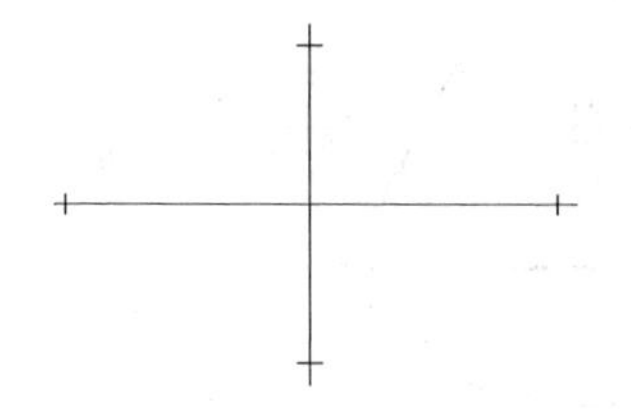
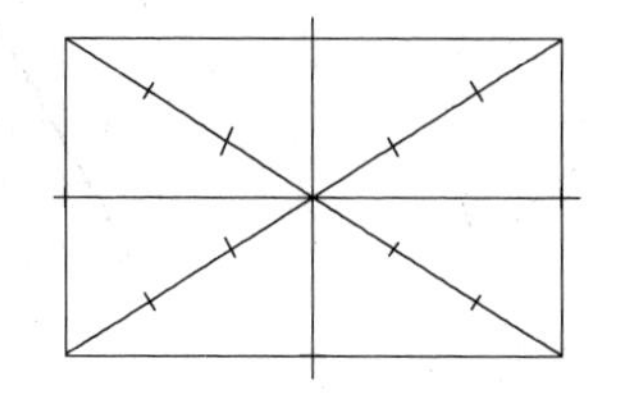
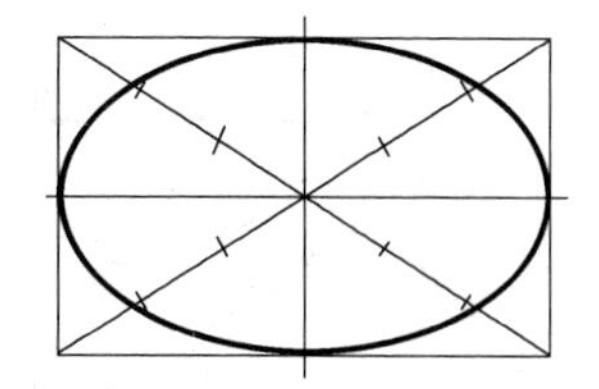

图 1－31　椭圆的徒手画法

四、徒手画平面图形举例

在画徒手图时应尽量利用方格纸上的线条和方格子的对角点。

图形的大小比例，特别是各部分、几何元素的大小和位置，应做到大致符合比例，应有意识地培养目测的能力。图 1－32 为徒手画平面图形的举例。

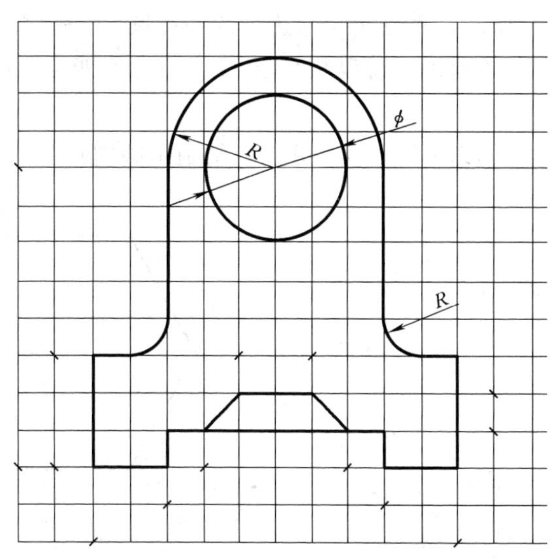

图 1－32　徒手画平面图形的方法

第四节　绘制平面几何图形

一、绘制常见正多边形

绘制正多边形一般是先画出正多边形的外接圆，然后用圆规等分外接圆圆周，再连接等分点。

1. 正三边形

正三边形画法如图 1－33 所示，画图步骤如下：

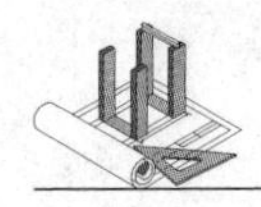

(1) 先画出正三边形的外接圆 O，如图 1-33 (a) 所示，以 O_1 为圆心，以 $R_1=R$ 为半径画弧与圆 O 相交于 2、3 两点，则图中 1、2、3 点为圆 O 上三等分点。

(2) 如图 1-33 (b) 连接圆 O 上三等分点，则画出圆内接正三边形。

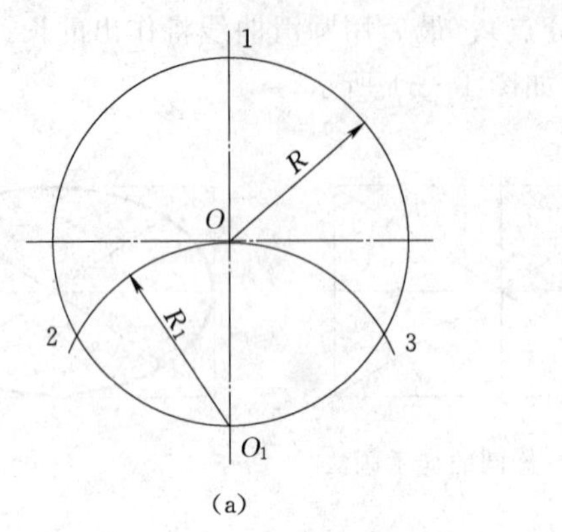

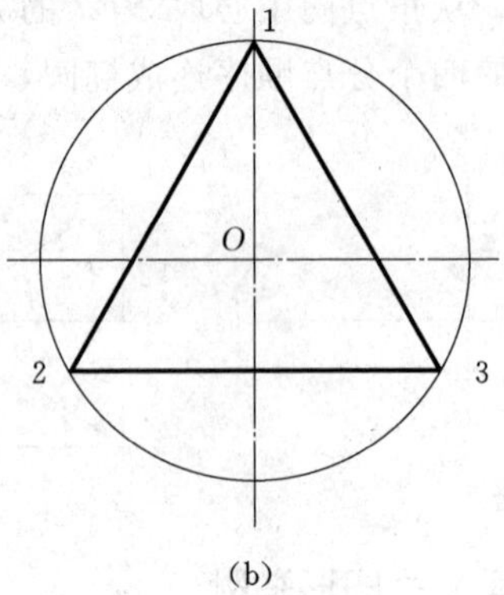

图 1-33　正三边形画法

2. 正六边形

正六边形画法如图 1-34 所示，画图步骤如下：

(1) 如图 1-34 (a) 所示，先画出正六边形的外接圆 O，分别以 O_1、O_2 为圆心，以 R_1、R_2($R_1=R_2=R$) 为半径画弧与圆 O 相交于 3、4、5、6 四点，则图中 O_1、O_2、3、4、5、6 点为圆 O 上六等分点。

(2) 如图 1-34 (b) 连接圆 O 上六等分点，则画出圆内接正六边形。

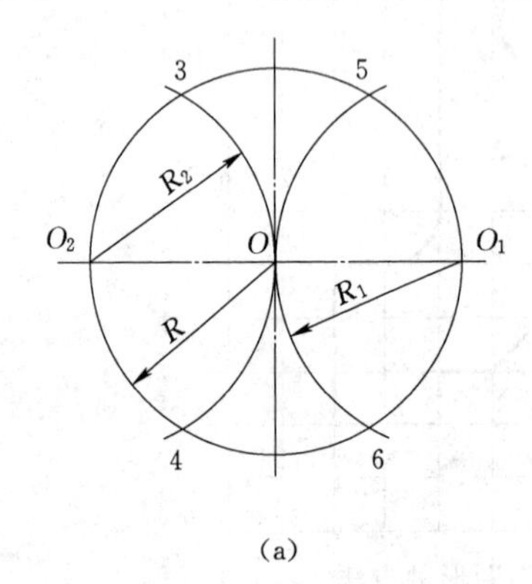

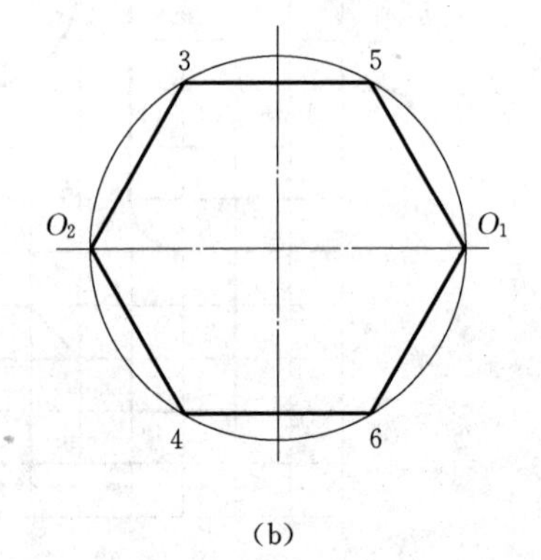

图 1-34　正六边形画法

3. 正五边形

正五边形画法如图 1-35 所示，画图步骤如下：

(1) 如图 1-35 (a) 所示，先画出正五边形的外接圆 O，以 O_1 为圆心，以 R_1($R_1=R$) 为半径画弧与圆 O 相交于 A_1、A_2 两点，连接 A_1、A_2，与圆 O 的水平中心线交于 O_2 点。

(2) 如图 1-35 (b) 所示，以 O_2 点为圆心，以 R_2($R_2=O_2O_3$) 为半径画弧与圆 O 的水平中心线交于 B 点。

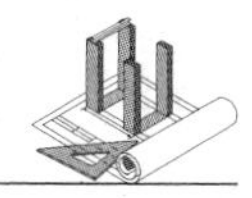

(3) 如图 1－35 (c) 所示，以 O_3 点为圆心，以 $R_3(R_3=O_3B)$ 为半径画弧与圆 O 交于 1、2 两点。再分别以 1、2 两点为圆心，以 R_3 为半径画弧与圆 O 交于 3、4 两点。则 O_3、1、2、3、4 五点为圆 O 的五等分点。

(4) 如图 1－35 (d) 连接圆 O 上五等分点，则画出圆内接正五边形。

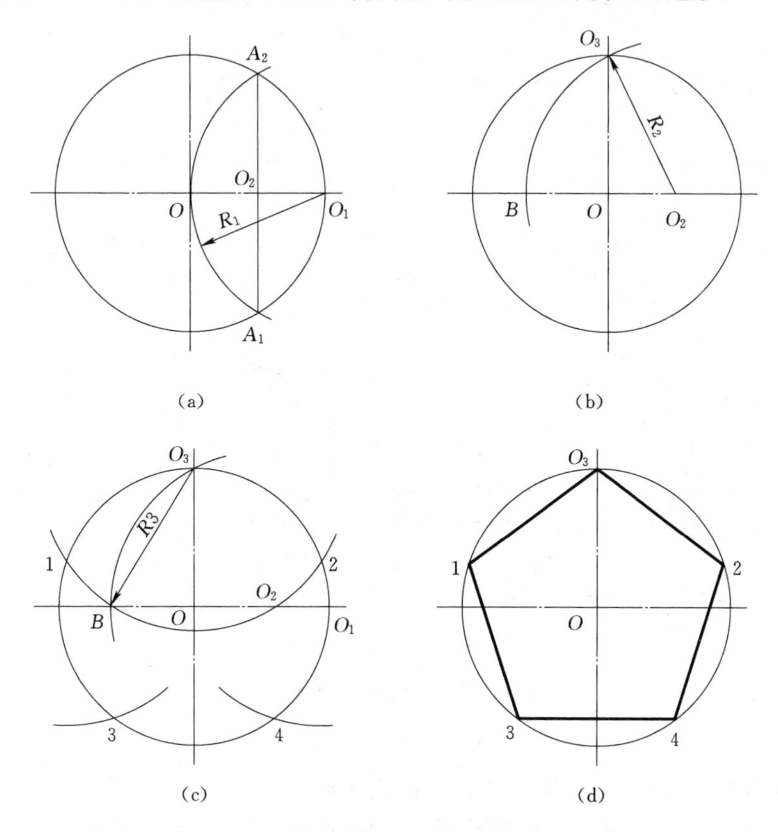

图 1－35　正五边形画法

二、绘制椭圆

椭圆有两条相互垂直而且对称的轴，即长轴和短轴。常见的椭圆画法主要有同心圆法和四心圆法两种。同心圆法是先求出椭圆曲线上一定数量的点，再徒手将各点连接成椭圆；四心圆法是用四段圆弧连接成近似椭圆。下面分别介绍其画法。

1. 同心圆法

已知椭圆长轴和短轴，用同心圆画法绘制椭圆的步骤如下：

(1) 以长轴和短轴为直径画两同心圆，如图 1－36 (a) 所示。

(2) 过圆心作一系列直线与两圆相交，本例将圆周 12 等分，过等分点和圆心均匀画出直线，直线与内外圆均有交点，如图 1－36 (b) 所示。

(3) 如图 1－36 (c) 所示，从每一个直线与外圆的交点画竖直线，再从每一个直线与内圆的交点画水平线，水平面和竖直线的交点就是椭圆上的点。

(4) 徒手连接各点，即得所求椭圆，如图 1－36 (d) 所示。

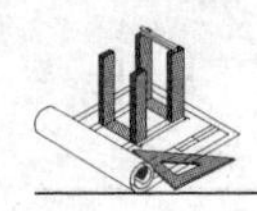

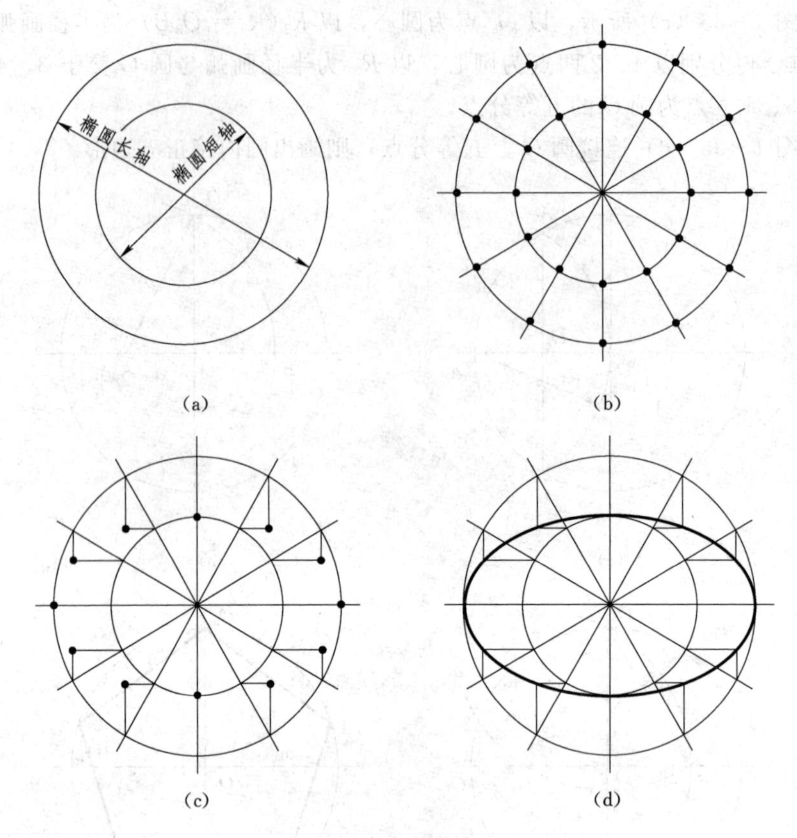

图 1-36　同心圆法画椭圆

2. 四心圆法

已知椭圆长轴 AB 和短轴 CD，用四心圆法作椭圆的步骤如下：

(1) 如图 1-37 (a) 所示，画出椭圆的长短轴中心线，量取长轴 AB 和短轴 CD。

(2) 如图 1-37 (b) 所示，连接 AC，以 O 点为圆心，OA 为半径画圆弧交 OC 延长线于点 E，再以点 C 为圆心，CE 为半径画弧交 AC 于 E_1 点。

(3) 如图 1-37 (c) 所示，作 AE_1 的垂直平分线，与长、短轴及延长线分别交于 O_1、O_2 两点。

(4) 作对称点 O_3、O_4，连接 O_1O_4、O_2O_3、O_3O_4 并延长，如图 1-37 (d) 所示。

(5) 以 O_1、O_2、O_3、O_4 各点为圆心，AO_1、CO_2、BO_3、DO_4 为半径，O_1O_2、O_1O_4、O_2O_3、O_3O_4 为分界线，分别画弧，即得近似椭圆，如图 1-37 (e)、(f) 所示。

三、圆弧连接

(一) 圆弧连接的概念

在绘图时，经常需要用圆弧光滑的连接相邻的两条已知线段。这种用一段圆弧光滑的连接两相邻已知线段的作图方法，称为圆弧连接。圆弧连接的实质就是要使连接圆弧与相邻线段或曲线相切，以达到光滑连接的效果。圆弧连接作图的关键就是如何准确找到连接圆弧的圆心和切点。表 1-6 说明了各种连接方式下找圆心和找切点的作图原理。

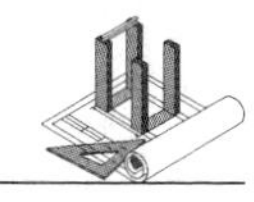

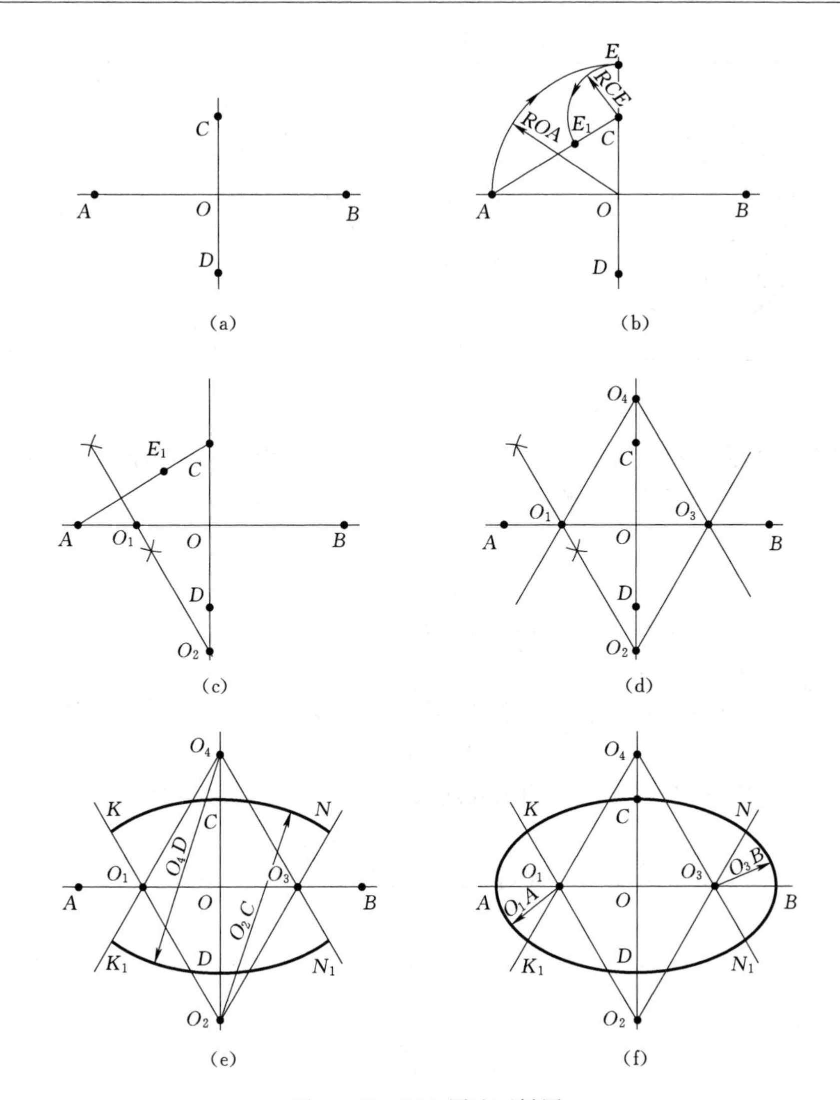

图 1－37　四心圆法画椭圆

表 1－6　　圆弧连接的作图原理

类别	图　　形	求连接弧圆心	求　切　点
圆弧与直线相切		连接弧（R）的圆心位于与直线（L）相距为 R 的平行线上	切点 k 为由圆心向直线作垂线的垂足上
圆弧与圆弧相外切		连接弧（R）的圆心位于与已知圆弧（R_1）同心，并以 $R+R_1$ 为半径的圆周上	切点 k 为两圆心连线与已知圆的交点上

续表

类别	图　形	求连接弧圆心	求切点
圆弧与圆弧相内切	R　O　O_1　R_1　k　R_1-R	连接弧（R）的圆心位于与已知圆弧（R_1）同心，并以 R_1-R 为半径的圆周上	切点 k 为两圆心连线的延长线与已知圆的交点上

（二）圆弧连接的作图方法

圆弧连接有圆弧连接直线、圆弧外切连接圆弧、圆弧内切连接圆弧等连接形式。下面介绍不同连接形式下圆弧连接的作图方法。

1. 用圆弧连接两直线

如图 1-38（a）所示，用半径为 R 的圆弧连接两已知直线。作图步骤如下：

（1）找圆心。分别做两已知直线距离为 R 的平行线，两平行线的交点即连接圆弧的圆心 O，如图 1-38（b）所示。

（2）找切点。过连接圆弧的圆心分别向两已知直线做垂直线，垂足点即为连接圆弧与已知直线的切点 m_1、m_2，如图 1-38（c）所示。

（3）画连接弧。以 O 为圆心，用圆规连接 m_1、m_2，画出连接圆弧，如图 1-38（d）所示。

（4）擦除作图线和多余图线，得到的连接圆弧如图 1-38（e）所示。

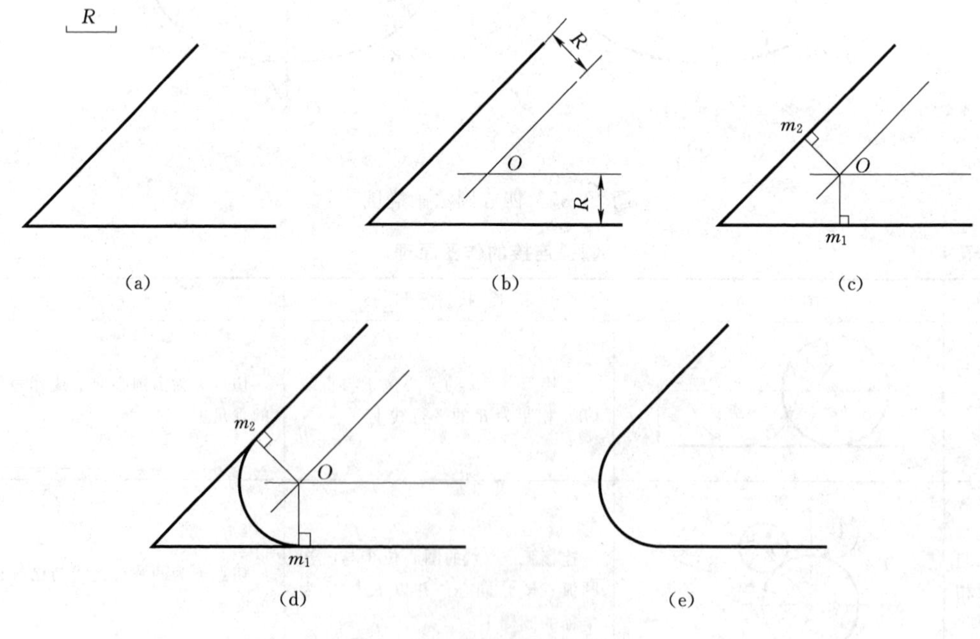

图 1-38　用圆弧连接两直线

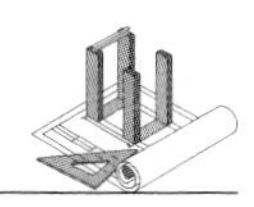

2. 用圆弧外切连接两圆弧

如图 1－39（a）所示，用半径为 R 的圆弧外切连接两已知圆弧。作图步骤如下：

（1）找圆心。分别以 O_1、O_2 为圆心，以 R_1+R、R_2+R 为半径画圆弧将于 O 点，O 点即连接圆弧的圆心，如图 1－39（b）所示。

（2）找切点。分别连接 O_1O 和 O_2O，两连心线与圆 O_1、O_2 的交点即为连接圆弧与已知圆弧的切点 m_1、m_2，如图 1－39（c）所示。

（3）画连接弧。以 O 为圆心，用圆规连接 m_1、m_2，画出连接圆弧，如图 1－39（d）所示。

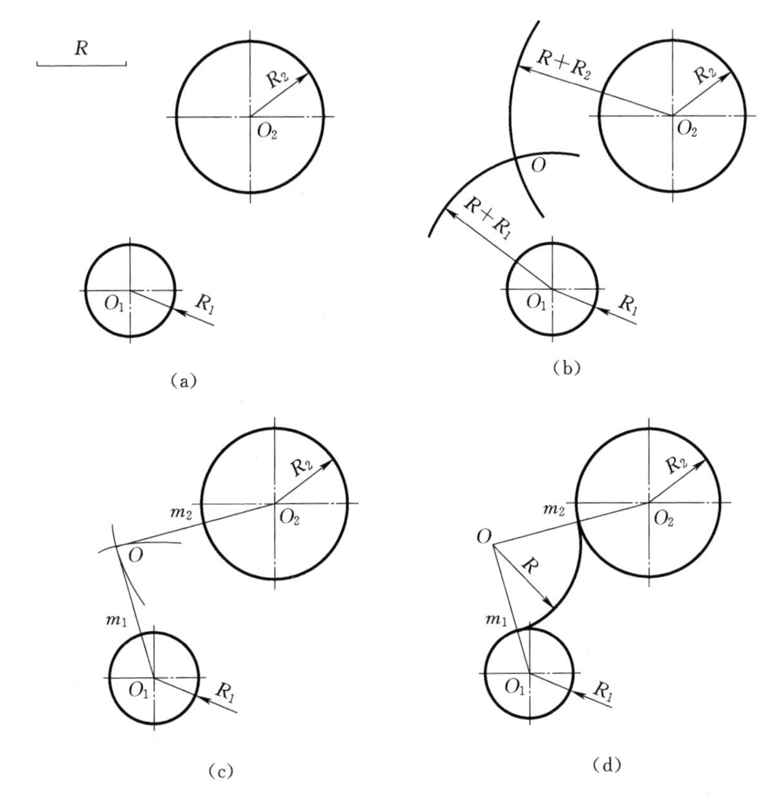

图 1－39　用圆弧外切连接两圆弧

3. 用圆弧内切连接两圆弧

如图 1－40（a）所示，用半径为 R 的圆弧内切连接两已知圆弧。作图步骤如下：

（1）找圆心。分别以 O_1、O_2 为圆心，以 $R-R_1$、$R-R_2$ 为半径画圆弧，两圆弧交于 O 点，O 点即连接圆弧的圆心，如图 1－40（b）所示。

（2）找切点。如图 1－40（c）所示，分别连接 O_1O 和 O_2O 两连心线并延长与圆 O_1、O_2 相交，交点即为连接圆弧与已知圆弧的切点 m_1、m_2。

（3）画连接弧。以 O 为圆心，用圆规连接 m_1、m_2，画出连接圆弧，如图 1－40（d）所示。

4. 用圆弧内外切连接两圆弧

如图 1－41（a）所示，用半径为 R 的圆弧外切连接 O_1 圆弧，内切连接 O_2 圆弧，作

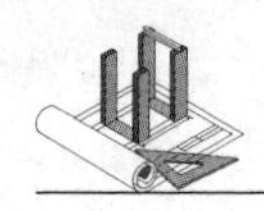

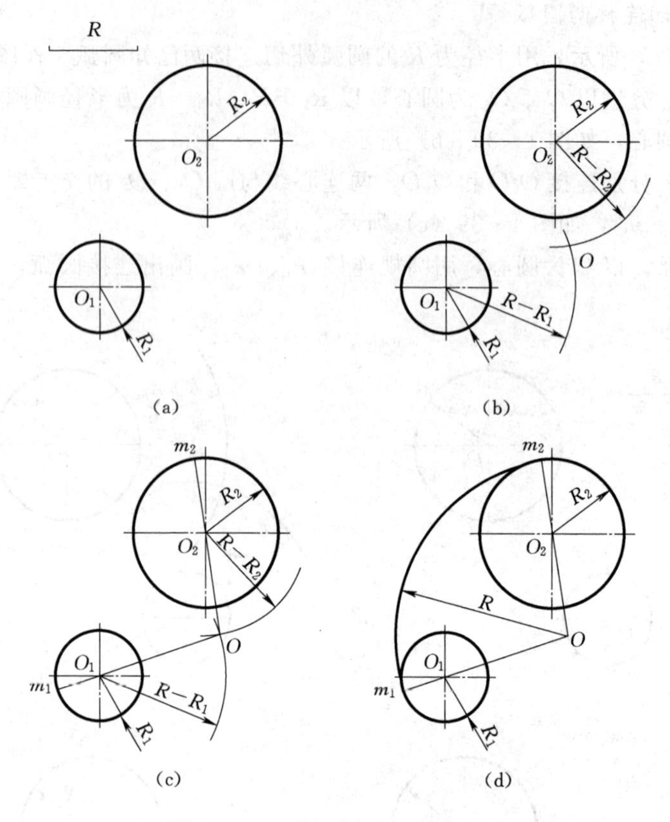

图 1-40 用圆弧内切连接两圆弧

图步骤如下：

(1) 找圆心。以 O_1 为圆心，以 $R+R_1$ 为半径画圆弧；再以 O_2 为圆心，以 $R-R_2$ 为半径画圆弧。以上两圆弧交于 O 点，O 点即连接圆弧的圆心，如图 1-41 (b) 所示。

(2) 找切点。连接 O_1O 连心线与圆 O_1 相交，交点即为连接圆弧与 O_1 圆弧的切点 m_1，连接 O_2O 连心线并延长与圆 O_2 相交，交点即为连接圆弧与 O_2 圆弧的切点 m_2，如图 1-41 (c) 所示。

(3) 画连接弧。以 O 为圆心，用圆规连接 m_1、m_2，画出连接圆弧，如图 1-41 (d) 所示。

四、圆弧连接平面图形分析与绘图步骤

1. 尺寸分析

圆弧连接平面图形的尺寸按其作用分为定形尺寸和定位尺寸。为了确定画图时所需要的尺寸数量及画图的先后顺序，必须首先确定尺寸基准。

(1) 尺寸基准：尺寸基准是标注尺寸的起点，一个平面图形应有两个方向的尺寸基准。平面图形的尺寸基准一般以图形的对称线、较大圆的中心线或主要轮廓线作为基准线。在图 1-42 中大圆的中心线是长和高两个方向的尺寸基准。

(2) 定形尺寸：确定平面图形中各线段形状大小的尺寸称为定形尺寸，如直线段的长度、圆和圆弧的直径或半径、角度的大小等。如图 1-42 中的 $R20$、$R15$、$R16$、$R30$ 等

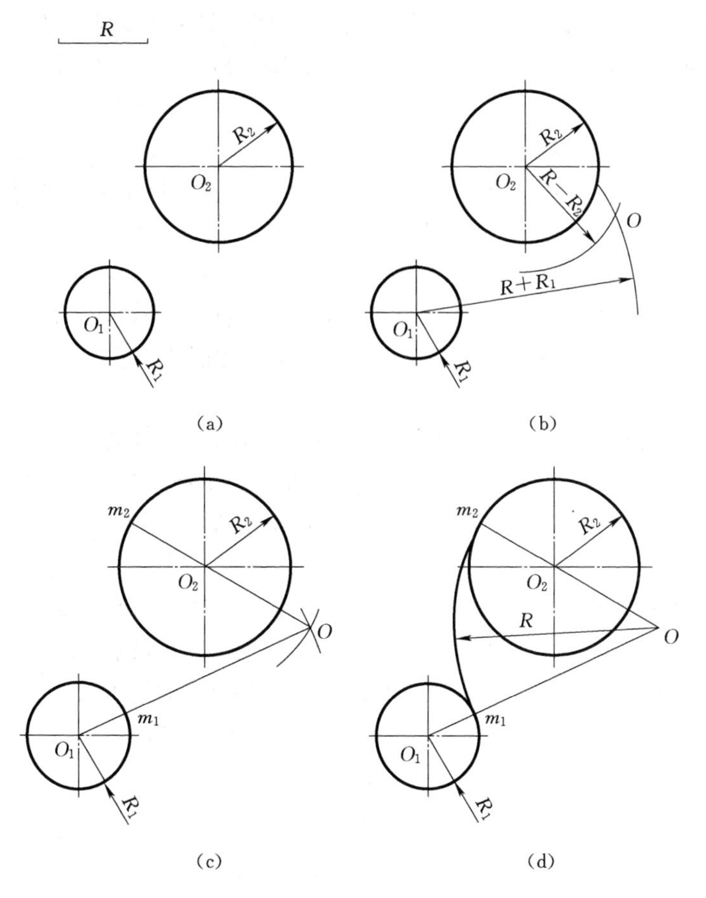

图 1-41　用圆弧内外切连接两圆弧

尺寸均为定形尺寸。

(3) 定位尺寸：确定平面图形中各线段之间相对位置的尺寸称为定位尺寸。图 1-42 中，60、6 是确定 $R20$ 和 $R15$ 圆心位置的定位尺寸，3 是 $R30$ 圆弧的圆心与 $R20$ 圆弧的圆心在水平方向上的定位尺寸。

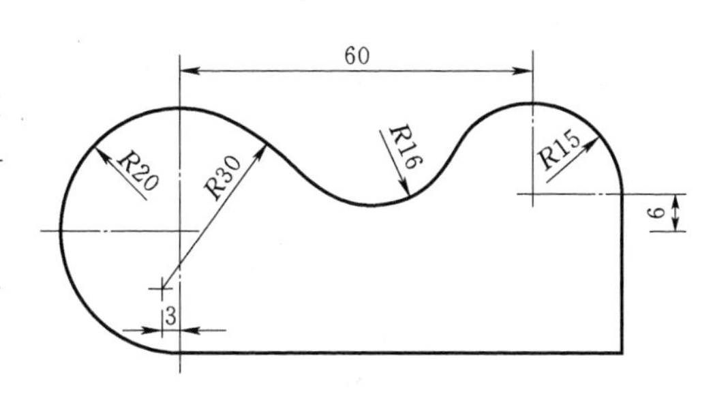

图 1-42　平面图形尺寸分析和线段分析

2. 线段分析

圆弧连接平面图形的线段按所给尺寸的多少和类型可分为：已知线段、中间线段和连接线段。

(1) 已知线段：定形尺寸和定位尺寸均给出的线段称为已知线段。已知线段可根据基准线位置和图中所注尺寸直接画出。如图 1-42 中的 $R20$、$R15$ 等线段。

(2) 中间线段：除图形所标注的尺寸外，还需要根据一个连接关系才能画出的线段称为中间线段。如图 1-42 中圆弧 $R30$ 属中间线段。由于该圆心只有一个为 3 的定位尺寸，还必须依靠该圆弧与 $R20$ 圆弧相切的关系，通过几何作图的方法确定圆心的位置。

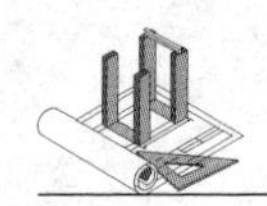

（3）连接线段：没有定位尺寸，需要根据两个连接关系才能画出的线段，称之为连接线段。如图1-42中的$R16$圆弧。$R16$是利用与$R30$和$R15$相切，再利用几何作图的方法找到圆心。

3. 圆弧连接平面图形绘图步骤

通过对圆弧连接平面图形的尺寸与线段分析可知，在绘制平面图形时，首先应画已知线段，其次画中间线段，最后画连接线段。

图1-10圆弧连接平面图形的绘图步骤如图1-43所示。

（1）绘制基准线：绘制两圆的中心线作为图形的定位基准线，如图1-43（a）所示。

（2）绘制已知线段：绘制$R20$和$R15$两已知圆弧和底边、右边两已知直线，如图1-43（b）所示。

（3）绘制中间线段：$R30$圆弧的圆心在距$R20$圆心为3的竖直线上，$R30$和$R20$两圆内切，以$R20$的圆心为圆心，以$R10$（$R30-R20$）为半径画弧交于竖直线上的点则为中间圆弧$R30$的圆心；连接$R30$和$R20$圆心并延长交于$R20$圆弧于一点，该点即为$R30$与$R20$两圆弧的切点，绘出$R30$圆弧如图1-43（c）所示。

（4）绘制连接线段：以$R30$圆心为圆心，以$R30+R16$为半径画弧；再以$R15$圆心为圆心，以$R15+R16$为半径画弧，两弧的交点为$R16$连接圆弧的圆心；作$R30$和$R16$连心线交于$R30$圆弧丁一点，该点即为$R30$与$R16$两圆弧的切点，作$R15$和$R16$连心线交于$R15$圆弧于一点，该点即为$R15$与$R16$两圆弧的切点，绘出$R16$圆弧如图1-43（d）所示。

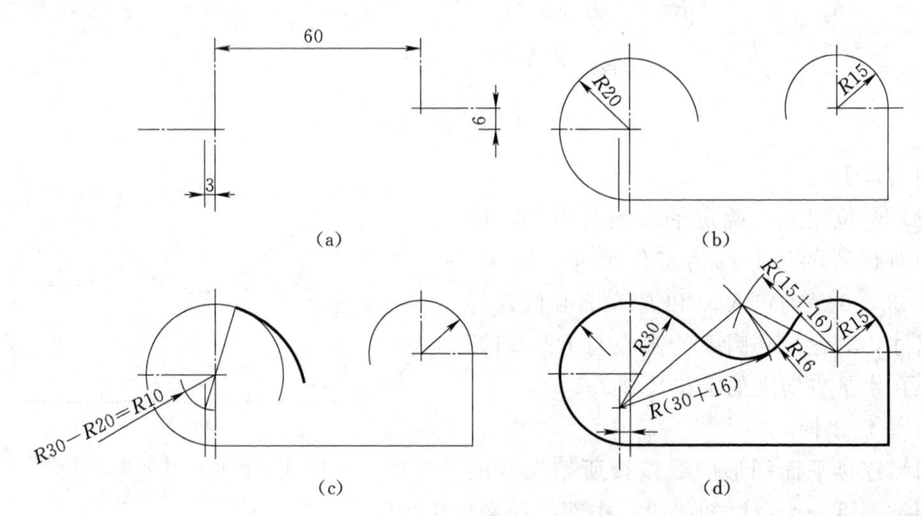

图1-43　圆弧连接图形绘图步骤

第二章　正投影与三视图

第一节　正投影的概念

1. 投影法概念

古人在探索用图形来表达物体的过程中，发现物体在太阳光或灯光的照射下，在墙面或地面上产生影子，于是根据这个现象探索影子与物体之间的关系，总结了将物体的影子形状用图线画出来的方法，这种绘图的方法沿袭到今天，被称为投影法制图，简称投影法。

投影法因为光源、光线等条件的不同，分为中心投影法、斜投影法、正投影法等多种，分别应用于美术绘画、摄影、透视绘图、轴测绘图、工程制图等工作领域。

2. 正投影概念

为了生产和建造的需要，工程图必然要准确表达物体的形状和大小。一般自然投影条件下，投影会有变形，不符合生产建造对图形的要求。通过人们不断地探索，发现物体的影子在正投影的条件下能够准确地表达物体的形状和大小。所以经过人们的科学抽象，形成了正投影条件下的绘图方法，称为正投影法。

当互相平行光线垂直照射投影面得到的物体投影，称为物体的正投影，如图 2-1 所示。按正投影法画出的图称正投影图。

物体的正投影图能够准确反映物体一个方面的实际形状和大小，而且作图简单，所以正投影法被广泛应用于工程制图。

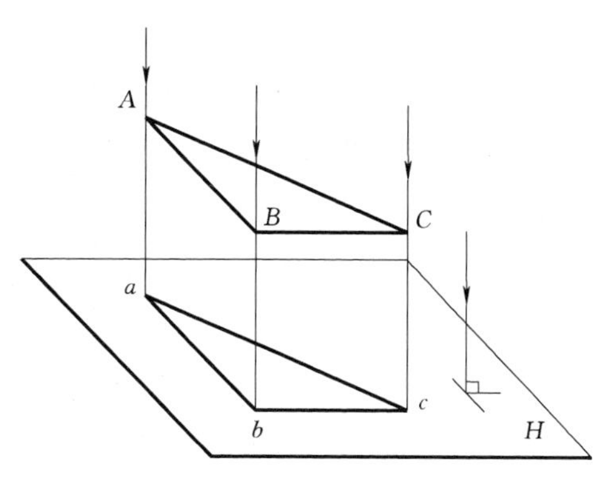

图 2-1　正投影概念

物体的正投影图不同于影子，影子只反映物体的外形轮廓，如图 2-2（a）所示，正投影图是假定投影线能穿透物体或者物体透明，因而能反映物体的所有内外轮廓线，如图 2-2（b）所示。

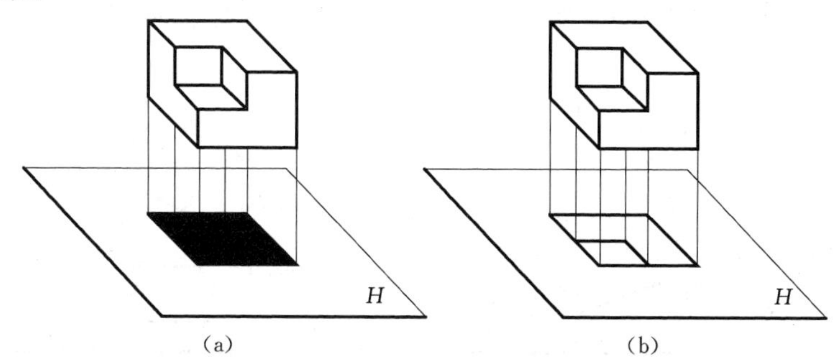

图 2-2　物体的正投影图

（a）正投影；（b）正投影图

规定物体的可见轮廓线在正投影图中用粗实线画，不可见轮廓线用细虚线画。

第二节　正投影的基本特性

1. 实形性

当直线或平面平行于投影面时，在投影面上的投影反映直线的实长或平面图形的实际形状，如图 2-3 所示，这种投影特性称为实形性。

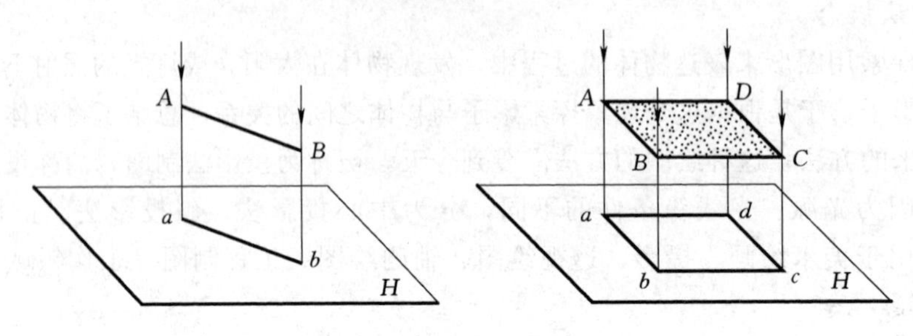

图 2-3　实形性

2. 积聚性

当直线或平面垂直于投影面时，在投影面上的投影积聚成一个点或一条直线，如图 2-4所示，这种投影特性称为积聚性。

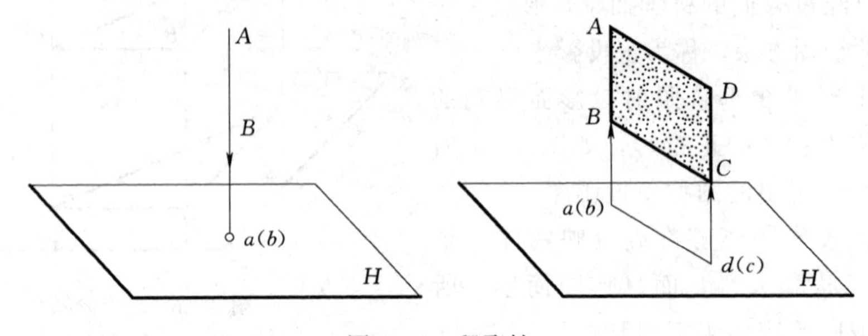

图 2-4　积聚性

3. 类似性

当直线或平面倾斜于投影面时，直线的投影长度缩短，平面的投影尺寸发生变化，形状类似于平面的实形，如图 2-5 所示，这种投影特性称为类似性。

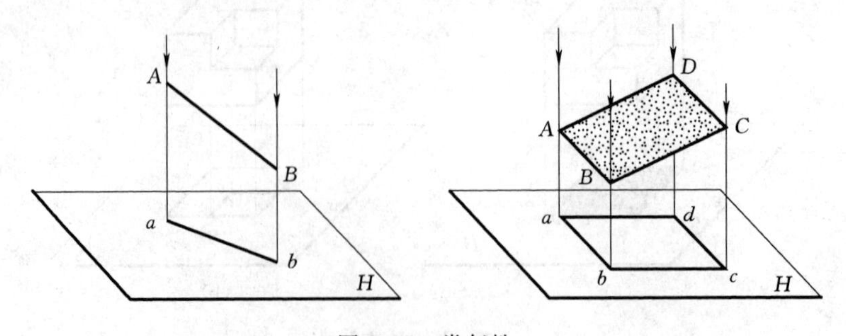

图 2-5　类似性

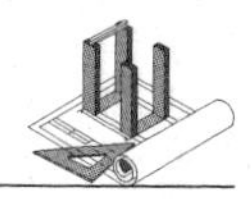

第三节　正投影图的画法

设置一个投影面，用正投影法从物体的一个方向垂直于投影面进行投射，画出物体的图形称为正投影图，图 2-6 为几种形体的正投影图。物体可以画出多个不同方向的正投影图。

画物体的正投影图时，我们先观察物体的组成形状，分析物体表面与投影面的相对位置，然后根据正投影的投影特性，想象出物体的投影，将其画在图纸上。因为正投影图是通过观察和分析画出的，所以正投影图又称为视图。

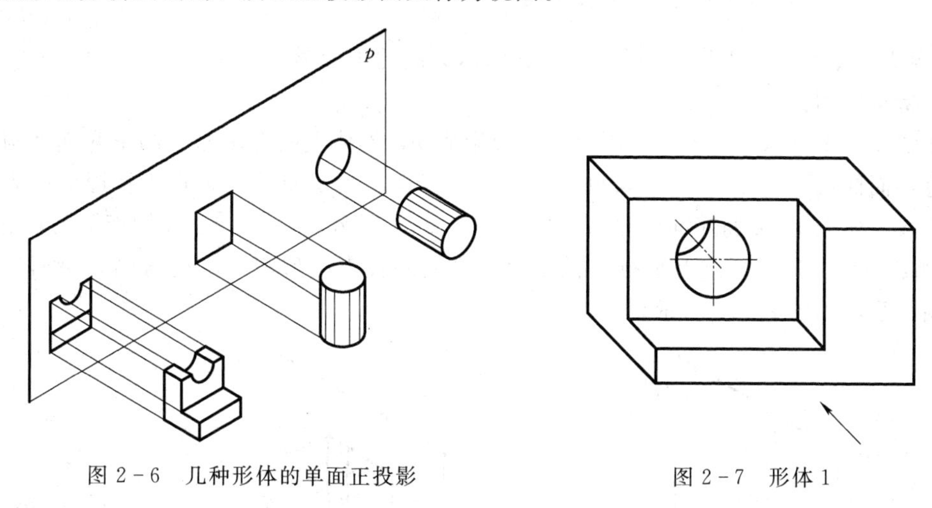

图 2-6　几种形体的单面正投影　　　图 2-7　形体 1

【例 2-1】　画出如图 2-7 所示物体在图示方向上的单面正投影图。

分析与作图：

如图 2-8 所示，在图示方向上设置投影面 p，形体上的共有三个表面与投影面平行，其余都与投影面垂直。根据正投影特性，平行于投影面的表面画出实形，垂直于投影面的表面积聚成直线。本例只需画出 1、2 两面的实形，3 表面自然构成，表面的积聚投影与 1、2、3 面的边线重合，已经隐含，不用再画。

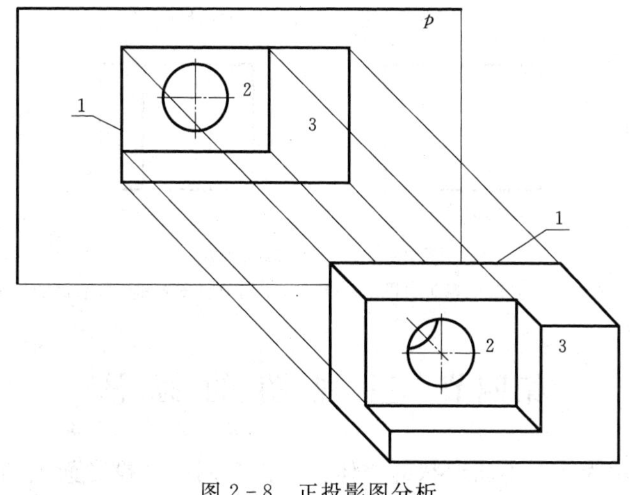

图 2-8　正投影图分析

正投影图的画图步骤如图 2－9 所示。

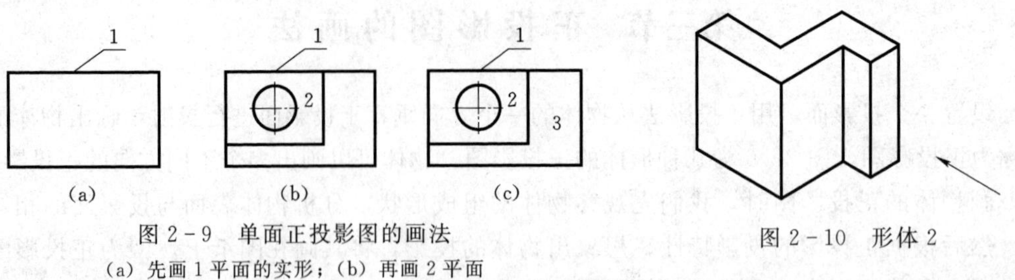

图 2－9　单面正投影图的画法
(a) 先画 1 平面的实形；(b) 再画 2 平面的实形；(c) 3 平面的投影自动形成

图 2－10　形体 2

【例 2－2】 画出图 2－10 所示物体在图示方向的正投影。

分析与作图：

如图 2－11 所示，在图示方向上设置投影面 p，形体上的上底面 1 和下底面 2 与投影面垂直，而侧面 3、4、5、6 也与投影面垂直，根据正投影特性，垂直于投影面的表面积聚成直线，所以 1、2 两底面的投影如图 2－11（a）所示，3、4、5、6 侧面的投影如图 2－11（b）所示。这样形体上平行于投影面的平面的投影已形成，不用再画。单面正投影图的画图步骤如图 2－12 所示。

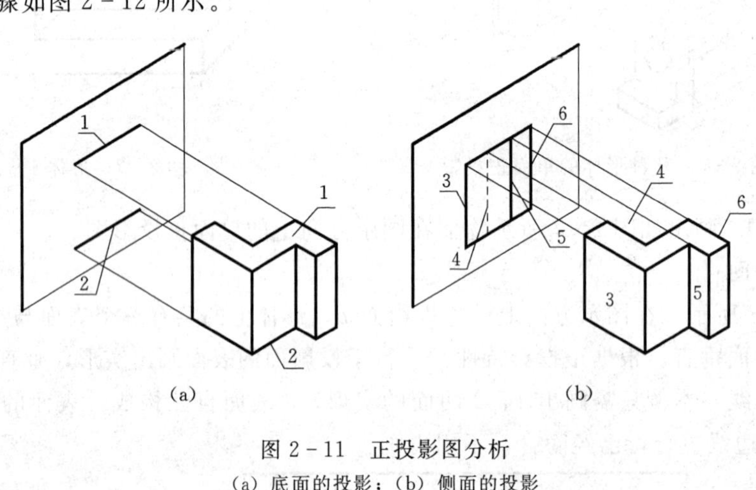

图 2－11　正投影图分析
(a) 底面的投影；(b) 侧面的投影

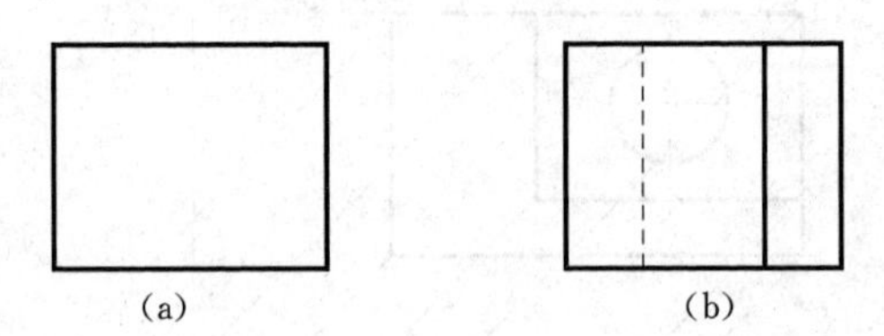

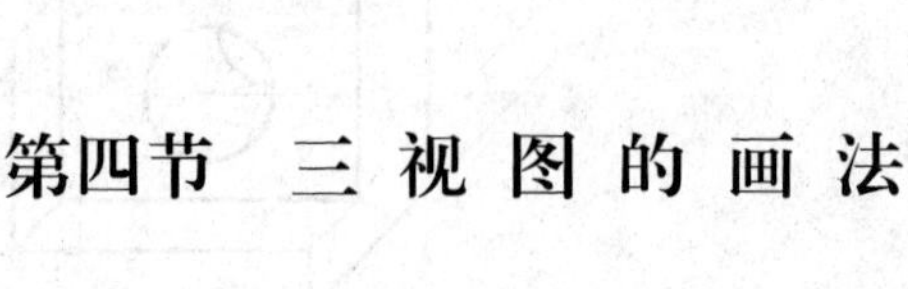

图 2－12　正投影的画法
(a) 画上下左右四个侧面的投影；(b) 画中间前竖直面和后竖直面的投影

第四节　三视图的画法

如图 2－13 所示为几个不同形状的物体，它们在同一个投影面上的投影却是相同的，

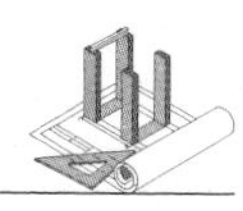

因此，在正投影法中物体的一个投影一般是不能准确确定空间物体结构形状的，必须有两个或者多个投影图表达才能准确清楚地表示物体的结构形状。由于物体一般有左右、前后和上下三个方向的形状，我们一般用三面投影图来表示物体，称为物体的三视图。

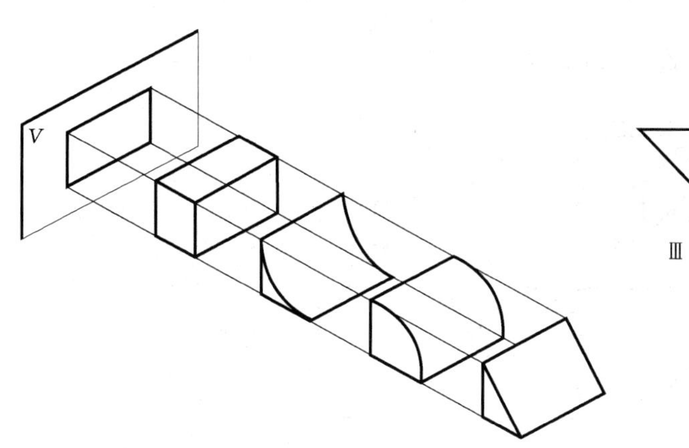

图 2－13　不同形体的单面正投影图

图 2－14　三投影面体系（8 个分角）

1. 三视图的形成

（1）三投影面体系的建立。

设置三个互相垂直相交的平面作为投影面，称为三投影面体系。把空间分成 8 个分角，如图 2－14 所示，我们国家选取第一分角作为投影空间，如图 2－15 所示。

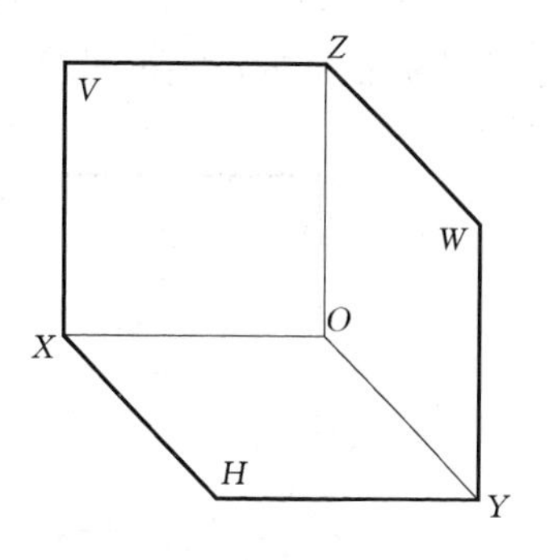

图 2－15　第一分角

其中：正立投影面，用字母 V 标记；水平投影面，用字母 H 标记；侧立投影面，用字母 W 标记。三个投影面的交线 OX、OY、OZ 称为投影轴。三根投影轴互相垂直相交于一点 O，称为原点。

物体有长、宽、高三个方向的尺寸以及上、下、前、后、左、右六个方位，通常规定：以原点 O 为基准，沿 X 轴方向量取物体的长度，确定左、右方位；沿 Y 轴方向量取物体的宽度，确定前、后方位；沿 Z 轴方向量取物体的高度，确定上、下方位。

（2）分面投影形成三视图。

如图 2－16 所示，将物体置于三投影面体系中，将其主要表面分别平行于投影面，然后分别将物体向三个投影面进行投影得到物体的三视图。

从物体的前面向后投影，在 V 面上得到的视图称为主视图；

从物体的上面向下投影，在 H 面上得到的视图称为俯视图；

从物体的左面向右投影，在 W 面上得到的视图称为左视图。

（3）三投影面的展开。

从图 2－16 可以看出，物体的三视图分别处在三个互相垂直的投影面上，将 V 面保持不动，使 H 面绕 OX 轴向下旋转 90°，将 W 面绕 OZ 轴向右旋转 90°，使之与 V 面摊平成

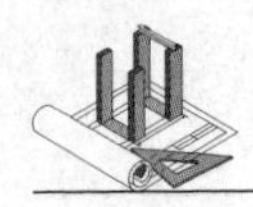

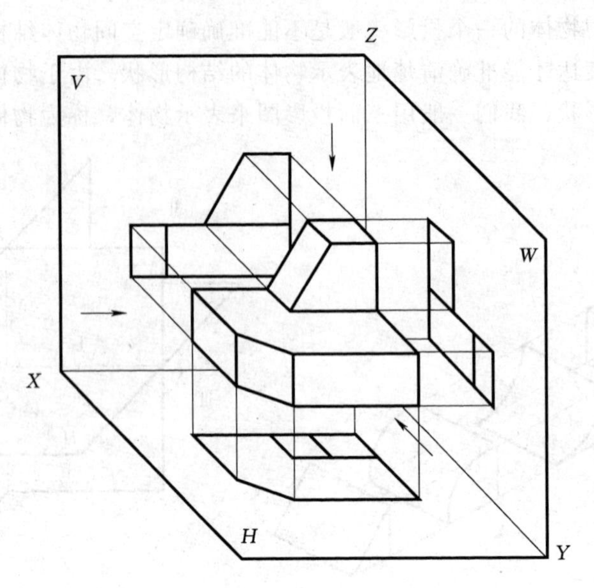

图 2-16 分面进行投影

一个平面，如图 2-17（a）所示。展开后三视图的位置如图 2-17（b）所示，俯视图在主视图的正下方，左视图在主视图的正右方。

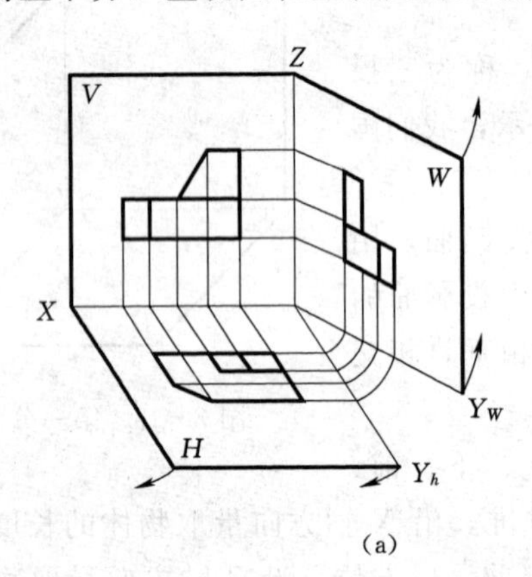

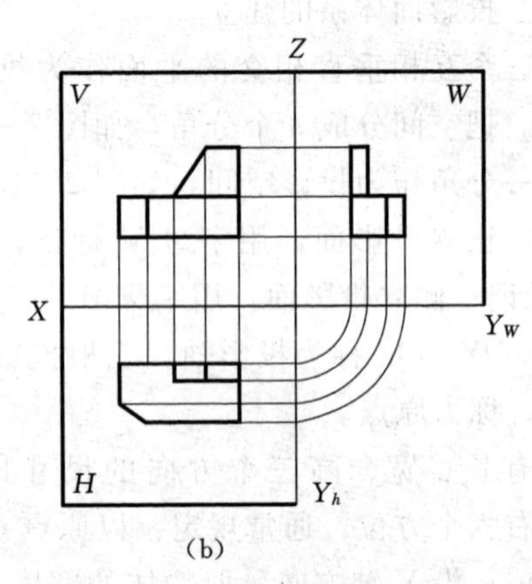

图 2-17 投影面的展开

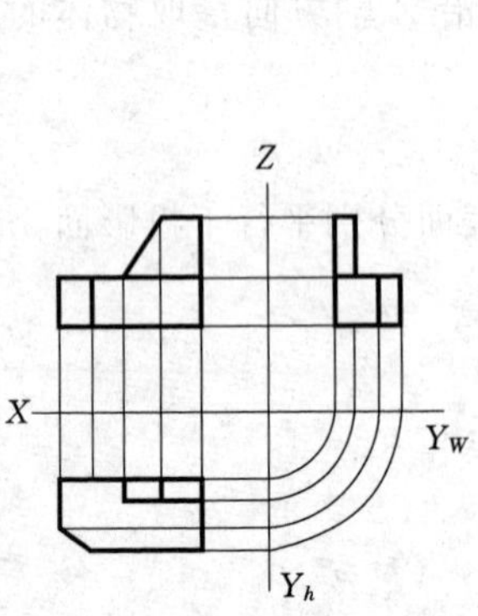

工程图纸上的三视图是不画投影面的边框线和轴线的，按上述位置排列时，也不需标注图名。

在绘制三视图时，为了三视图位置准确，常常画出投影轴线和投影线，如图 2-18 所示。

图 2-18 物体的三视图

2. 三视图的投影规律

三视图表达的是同一物体在同一位置分别向三投影面所作的投影。所以，三视图间必然具有以下所述的投影规律：

主视图和俯视图都反映物体的长度，因此主俯视图长对正；

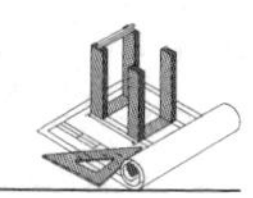

主视图和左视图都反映物体的高度，因此主左视图高平齐；

左视图和俯视图都反映物体的宽度，因此俯左视图宽相等。

简单概括为："长对正，高平齐，宽相等"。如图 2－19 所示。这个规律是画图和读图的基本规律，无论是整个物体还是物体的局部，三视图间都必须符合这个规律。

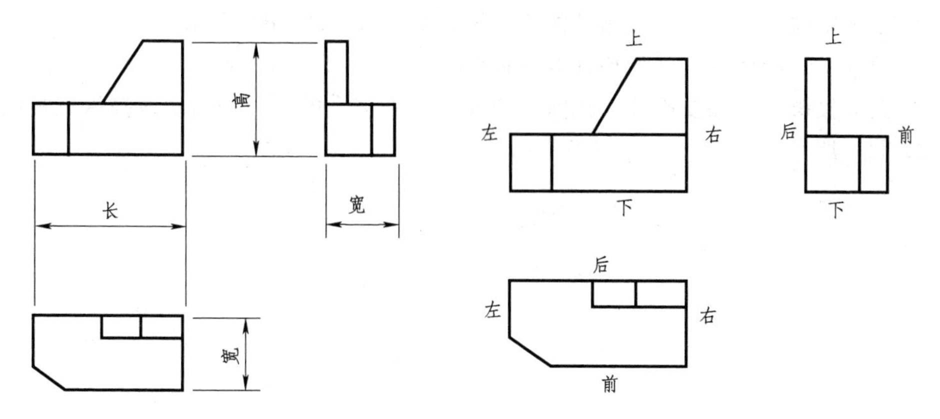

图 2－19　三视图的投影规律　　　图 2－20　三视图的位置对应关系

3. 三视图与物体方位的对应关系

从三视图的形成过程可以看出，主视图反映了物体的上下、左右方位；左视图反映了物体前后、上下方位；俯视图反映了物体前后、左右方位。如图 2－20 所示。

4. 三视图的画法步骤

以图 2－21 所示物体为例，三视图的画法步骤如下：

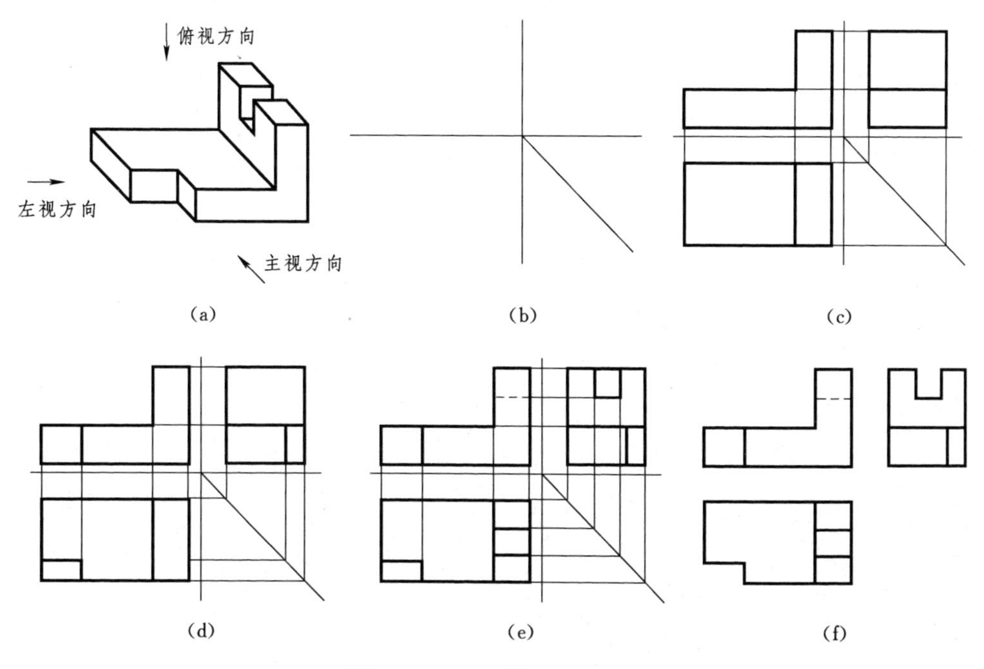

图 2－21　三视图的画法步骤

（1）确定物体摆放位置和主视方向，思考物体三个方向投影图的画法，或者画出草图三视图，如图 2-21（a）所示。

（2）用细实线绘制投影轴和 45°倾斜线，如图 2-21（b）所示。

（3）用细实线先绘制物体完整形状的三视图，如图 2-21（c）所示。

（4）用细实线绘制左前下切角处的三视图，如图 2-21（d）所示。

（5）用细实线绘制右上处切槽处的三视图，如图 2-21（e）所示。

（6）擦除投影轴线和投影线，擦除切角和切槽处多余的线，用粗实线描深三视图，如图 2-21（f）所示。

第三章　点、直线、平面的投影

组成物体的基本元素是点、线、面，在绘制较复杂的工程图时，为了能够准确地确定物体细部结构的投影位置，掌握几何元素的投影特性是非常必要的。

第一节　点　的　投　影

一、点在三投影面体系中的投影

空间点在投影面上的投影仍然是点。为了统一起见，规定空间点用大写字母表示，如 A、B、C 等；水平投影用相应的小写字母表示，如 a、b、c 等；正面投影用相应的小写字母加撇表示，如 a'、b'、c'；侧面投影用相应的小写字母加两撇表示，如 a''、b''、c''。

将点 A 置于三投影面体系中，由点 A 分别向三个投影面作投射线，在三个投影面上得到其相应的垂足 a'、a、a''，如图 3-1（a）所示，a'称为点 A 的正面（V 面）投影；a 称为点 A 的水平（H 面）投影；a''称为点 A 的侧面（W 面）投影。投影面体系展开后，如图 3-1（b）所示，点的三个投影在同一平面内，称为点的三面投影图。在绘制点的三面投影图时，习惯投影面的边框线省略不画，如图 3-1（c）所示。应注意的是：投影面展开后，同一条 OY 轴旋转后出现了两个位置。

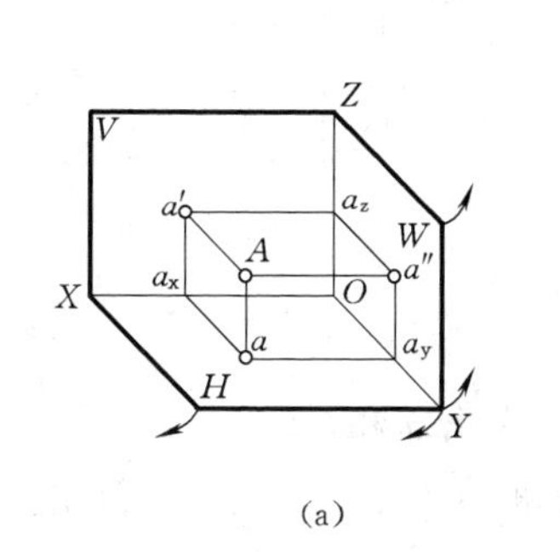

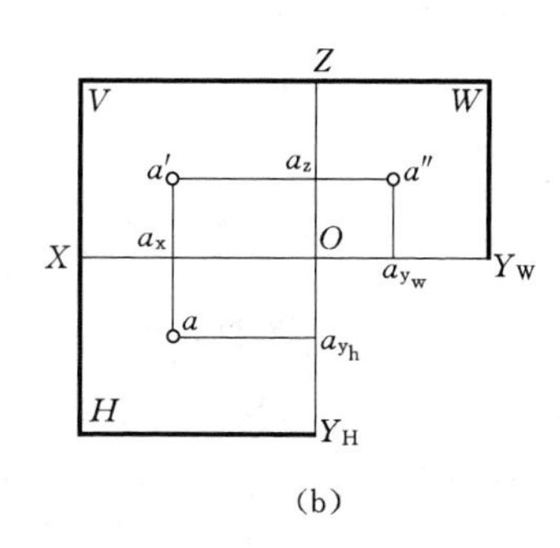

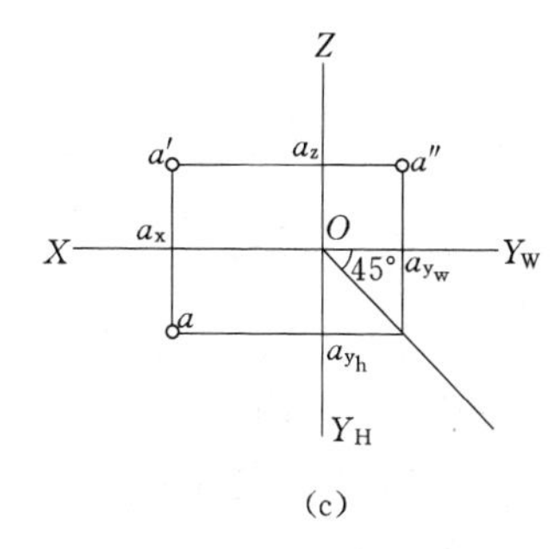

图 3-1　点的三面投影

二、点的坐标

若将三投影面体系看成空间直角坐标系，即投影面为坐标面，投影轴为坐标轴，O 为坐标原点，则点的空间位置可用一组直角坐标表示，例如 A（x，y，z），其三个直角坐标分别表示了空间点到三个投影面的距离。从图 3-1（a）中可看出点的直角坐标与点的投影及点 A 到投影面的距离的关系为：

点 A 的 x 坐标$=a'a_z=aa_y=$点到 W 面的距离 Aa''；

点 A 的 y 坐标$=aa_x=a''a_z=$点到 V 面的距离 Aa'；

点 A 的 z 坐标$=a'a_x=a''a_y=$点到 H 面的距离 Aa。

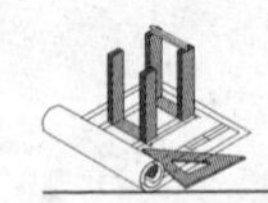

由此可知，点的 H 面投影由点的（x，y）两坐标决定；点的 V 面投影由点的（x，z）两坐标决定；点的 W 面投影由点的（z，y）两坐标决定。

三、点的投影规律

从图 3-1 可知，点 A 的 V 面投影和 H 面投影共同反映点 A 的 x 坐标；点的 V 面投影和 W 面投影共同反映点 A 的 z 坐标；点的 H 投影和 W 投影共同反映点 A 的 y 坐标。由此可得出点的三面投影规律：

点的 V 面投影和 H 面投影的连线垂直于 OX 轴，即 $aa' \perp OX$；（长对正）；

点的 V 面投影和 W 面投影的连线垂直于 OZ 轴，即 $a'a'' \perp OZ$（高平齐）；

点的 H 面投影至 OX 轴的距离等于点的 W 投影至 OZ 轴的距离，即 $aa_x = a''a_z$，同时 $aa_{y_h} \perp OY_H$，$a''a_{y_w} \perp OY_W$（宽相等）。

为了表示点的水平投影到 OX 轴的距离等于侧面投影到 OZ 轴的距离，即：$aa_x = a''a_z$，点的水平投影和侧面投影的连线相交于自点 O 所作的 45°角平分线，如图 3-1（c）所示。

【例 3-1】 已知点 A 和点 B 的两投影，如图 3-2（a）所示，分别求其第三投影，并求出点 A 的坐标。

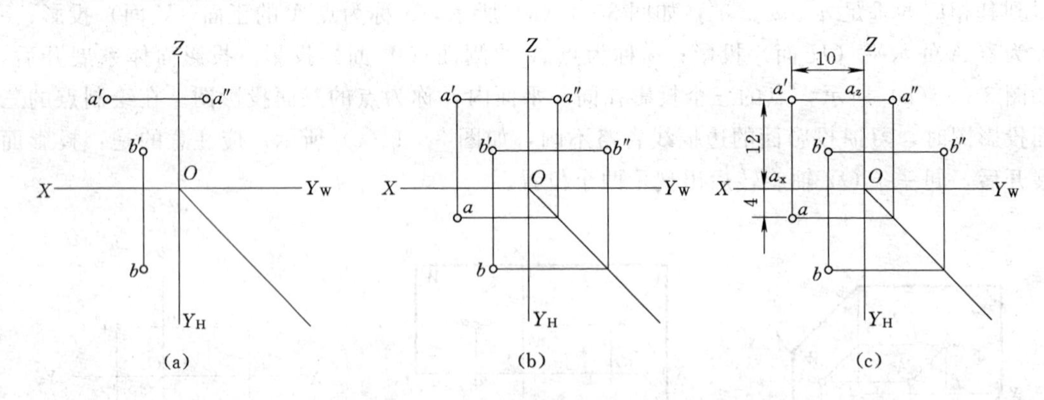

图 3-2　已知点的两面投影求第三投影

解：（1）如图 3-2（b）所示，根据点的投影特性，可分别作出 a 和 b''。

（2）如图 3-2（c）所示，分别量取 $a'a_z$、aa_x、$a'a_x$ 的长度为 10、4、12，可得出点 A 的坐标（10，4，12）。

【例 3-2】 已知空间点 A（30，10，20），试作点 A 的三面投影。

解：根据点投影与坐标的关系，可以由点的已知坐标定出各面投影的位置。H 投影可由 $x=30$，$y=10$ 作出；V 投影可由 $x=30$，$z=20$ 作出；W 投影可由 $y=10$，$z=20$ 作出。

作图过程如下：

（1）作相互垂直的投影轴，分别在各投影轴上截取 $x=30$，$y=10$，$z=20$，如图 3-3（a）所示。

（2）由各坐标点作所在投影轴的垂线，分别相交于 a、a' 和 a'' 三点，即得点 A 的三面投影，如图 3-3（b）所示。

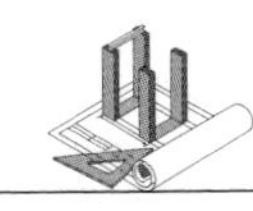

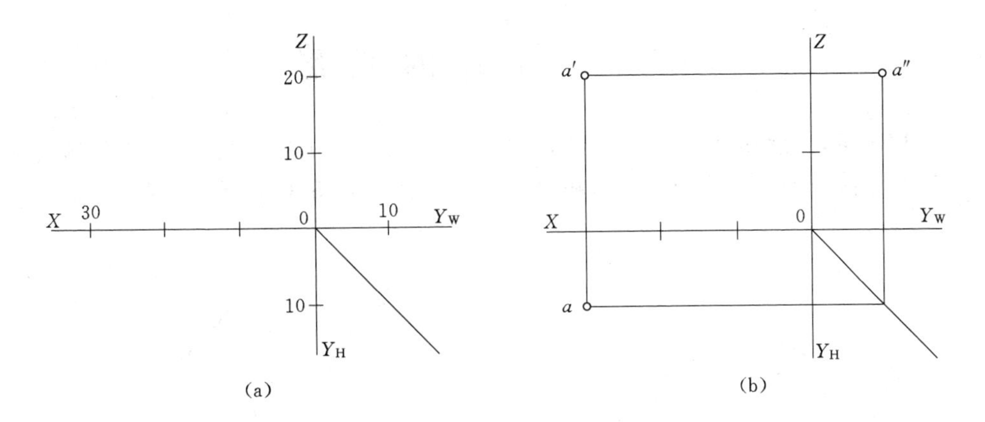

图 3-3 根据点的坐标作点的三面投影

四、两点之间的相对位置关系

观察分析两点的各个同面投影之间的坐标关系，可以判断空间两点的相对位置。根据 x 坐标值的大小可以判断两点的左右位置；根据 z 坐标值的大小可以判断两点的上下位置；根据 y 坐标值的大小可以判断两点的前后位置。如图 3-2（c）所示，点 B 的 x 和 z 坐标均小于点 A 的相应坐标，而点 B 的 y 坐标大于点 A 的 y 坐标，因而，点 B 在点 A 的右方、下方、前方。

若 A、B 两点无左右、前后距离差，点 A 在点 B 正上方或正下方时，两点的 H 面投影重合（图 3-4），点 A 和点 B 称为对 H 面投影的重影点。同理，若一点在另一点的正前方或正后方时，则两点是对 V 面投影的重影点；若一点在另一点的正左方或正右方时，则两点是对 W 面投影的重影点。

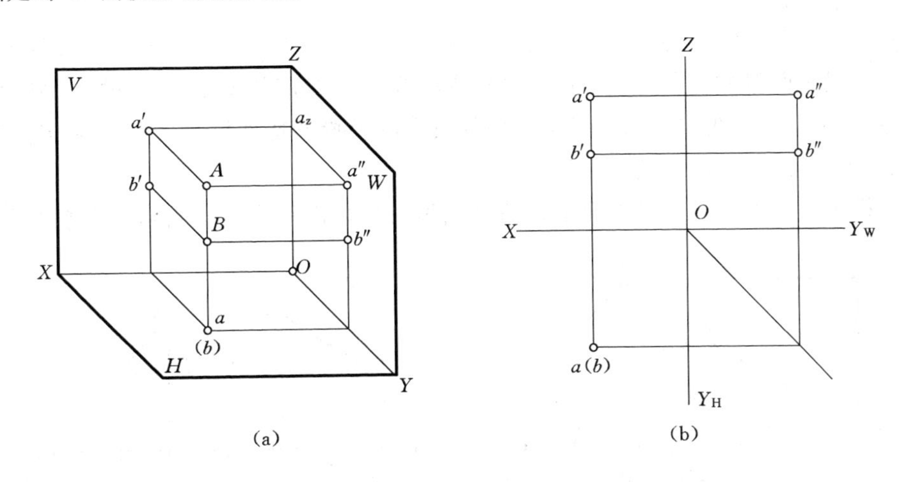

图 3-4 重影点

重影点需判别可见性。根据正投影特性，可见性的区分应是前遮后、上遮下、左遮右。图 3-4 中的重影点应是点 A 遮挡点 B，点 B 的 H 面投影不可见。规定不可见点的投影加括号表示。

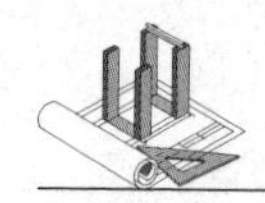

第二节　直线的投影

一般情况下，直线的投影仍是直线，如图 3－5（a）所示的直线 AB。在特殊情况下，若直线垂直于投影面，直线的投影可积聚为一点，如图 3－5（a）所示的直线 CD。

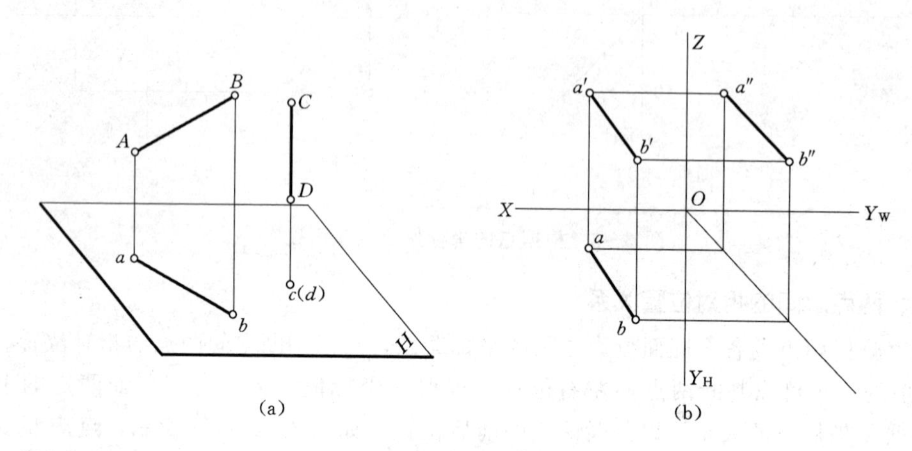

图 3－5　直线的投影

直线的投影可由直线上两点的同面投影连接得到。如图 3－5（b）所示，分别作出直线上两点 A、B 的三面投影，将其同面投影相连，即得到直线 AB 的三面投影图。

一、各种位置直线的投影特性

在三投影面体系中，直线对投影面的相对位置可以分为三种：投影面平行线、投影面垂直线、一般位置直线。

（1）投影面平行线。与投影面平行的直线称为投影面平行线，它与一个投影面平行，与另外两个投影面倾斜。与 H 面平行的直线称为水平线，与 V 面平行的直线称为正平线，与 W 面平行的直线称为侧平线。它们的投影图及投影特性见表 3－1。规定直线（或平面）对 H、V、W 面的夹角分别用 α、β、γ 表示。

（2）投影面垂直线。与投影面垂直的直线称为投影面垂直线，它与一个投影面垂直，

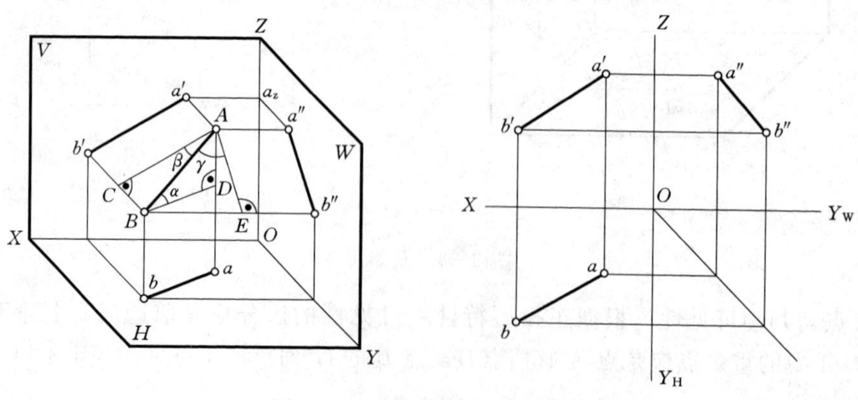

图 3－6　一般位置直线的投影

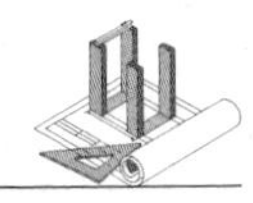

与另外两个投影面平行。与 H 面垂直的直线称为铅垂线，与 V 面垂直的直线称为正垂线，与 W 面垂直的直线称为侧垂线。它们的投影图及投影特性见表 3－2。

（3）一般位置直线。一般位置直线与三个投影面都倾斜，因此在三个投影面上的投影都不反映实长，投影与投影轴之间的夹角也不反映直线与投影面之间的夹角，如图 3－6 所示。

表 3－1　　投影面平行线的投影特性

名　称	水　平　线	正　平　线	侧　平　线
立体图	V Z a′ b′ a″ b″ A O B W b″ X a b H Y	V c′ Z d′ C c″ W X O d″ D d H c Y	V e′ Z E f′ e″ O W f″ X F e f H Y
投影图	Z a′ b′ a″ b″ X O Y_W β a γ b Y_H	c′ Z c″ γ d′ α d″ X O Y_W d c Y_H	Z e″ e′ β α f″ f′ X O Y_W e f Y_H
投影特性	1. 水平投影反映实长，与 X 轴夹角为 β，与 Y 轴夹角为 α； 2. 正面投影平行 X 轴； 3. 侧面投影平行 Y 轴	1. 正面投影反映实长，与 X 轴夹角为 β，与 Z 轴夹角为 γ； 2. 水平投影平行 X 轴； 3. 侧面投影平行 Z 轴	1. 侧面投影反映实长，与 Y 轴夹角为 α，与 Z 轴夹角为 γ； 2. 正面投影平行 Z 轴； 3. 水平投影平行 Y 轴

表 3－2　　投影面垂直线的投影特性

名　称	铅　垂　线	正　垂　线	侧　垂　线
立体图	V a′ Z A b′ a″ W X O b″ B a(b) H Y	V c′(d′) Z d″ W D C X O c″ d H c Y	V e′ f′ Z W E O F e″(f″) X e H f Y
投影图	a′ Z a″ b′ b″ X O Y_W a(b) Y_H	c′(d′) Z d″ c″ X O Y_W d c Y_H	e′ f′ Z e″(f″) X O Y_W e f Y_H
投影特性	1. 水平投影积聚为一点； 2. 正面投影和侧面投影都平行于 Z 轴，并反映实长	1. 正面投影积聚为一点； 2. 水平投影和侧面投影都平行于 Y 轴，并反映实长	1. 侧面投影积聚为一点； 2. 正面投影和水平投影都平行于 X 轴，并反映实长

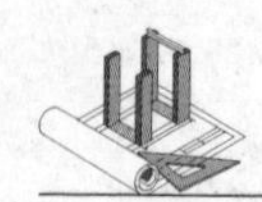

二、直线上点的投影特性

（1）从属性：属于直线的点的投影在直线的同面投影上。如图 3－7（a）所示，点 C 属于直线 AB，则 c 在 ab 上，c' 在 $a'b'$ 上，同理 c'' 在 $a''b''$ 上。

（2）等比性：点分线段之比投影后保持不变。图 3－7 中点 C 将 AB 分为 2∶1 两段，在求作点 C 的投影时，只需将 AB 的任意一个投影分为 2∶1，即可求得点 C 的投影。

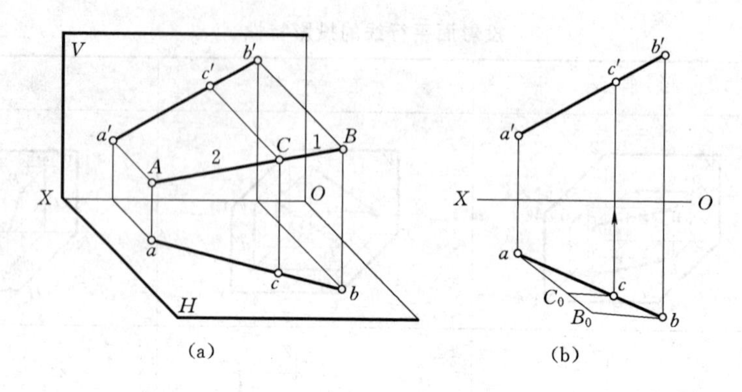

图 3－7　属于直线上点的投影

三、两直线的相对位置

空间两直线的相对位置分三种情况：平行、相交、交叉。平行和相交两直线属于共面直线，交叉两直线属于异面直线。相交和交叉关系中包含垂直关系。

1. 两直线平行

如图 3－8 所示，根据平行投影特性和初等几何知识，可以证明如下投影特性：如果空间两直线互相平行，则两直线的同面投影必互相平行；反之亦然。

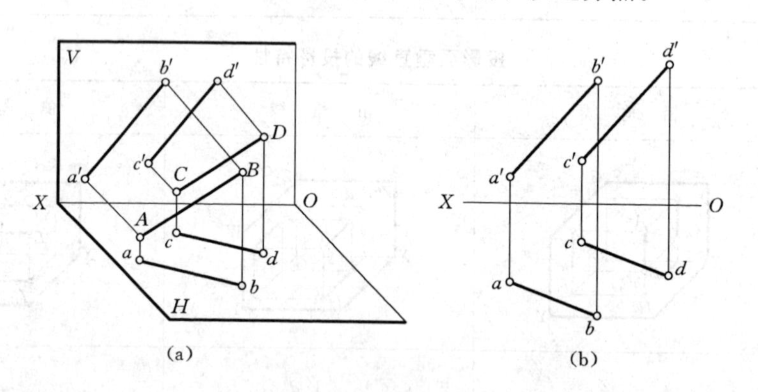

图 3－8　两直线平行

根据此投影特性，可以画出平行两直线的投影，也可以判断空间两直线是否平行。

【例 3－3】　如图 3－9（a）所示，试判断直线 AB 与 CD 是否平行。

解： 一般情况下，根据两个投影即可判断两直线是否平行。但当两直线平行某投影面，又未画出该投影面的投影时，如图 3－9（a）所示，则可以通过作第三面投影的方法判断［图 3－9（b）］。若第三面投影互相平行，则空间两直线互相平行，否则不平行。本题中的判断结果是两条直线不平行。

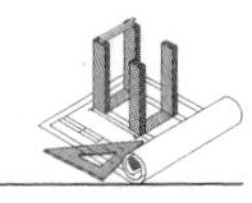

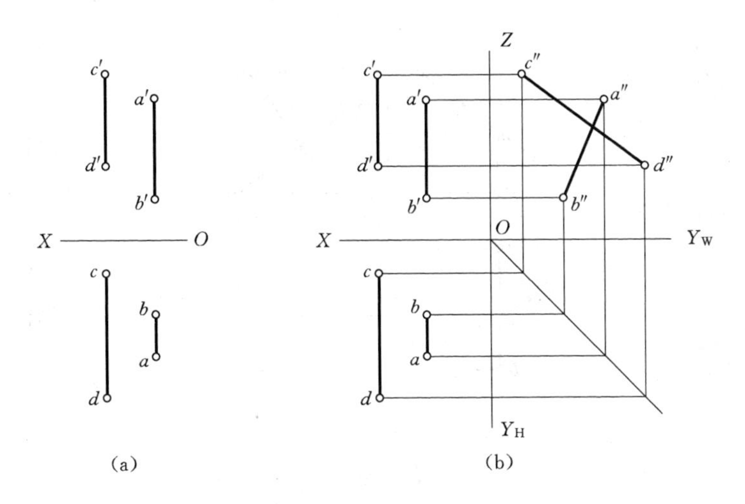

图 3-9 判断两直线是否平行

2. 两直线相交

如图 3-10 所示，如果空间两直线相交，则两直线的同面投影必相交，且交点的投影必符合点的投影规律；反之亦然。

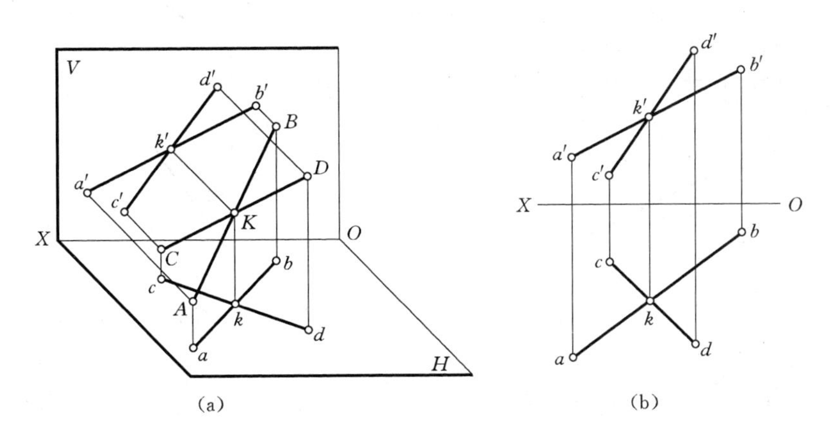

图 3-10 两直线相交

根据此投影特性，可以判断空间两直线是否相交。

【例 3-4】 如图 3-11（a）所示，试判断直线 AB 与 CD 是否相交。

解： 一般情况下，根据两个投影即可判断两直线是否相交。但当两直线之一平行于某投影面，又未画出该投影面的投影时，如图 3-11（a）所示，则投影图上的交点可能是重影点。可以通过作第三面投影的方法［图 3-11（b）］或定比的方法［图 3-11（c）］判断。本题中的判断结果是两条直线不相交。

3. 两直线交叉

如图 3-12 所示，空间两直线既不相交又不平行称为两直线交叉。交叉两直线不存在共有点，在投影图中虽然有时同面投影相交，但交点不符合点的投影规律，其仅为两直线上的重影点。重影点要判断可见性。

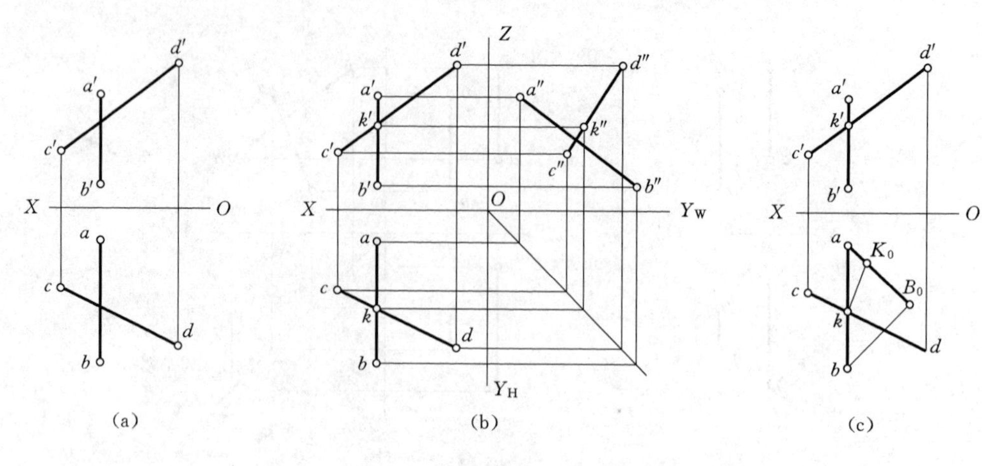

图 3－11　判断两直线是否相交

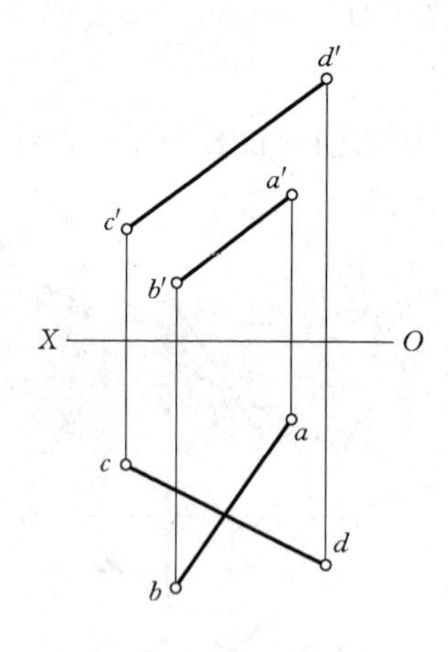

图 3－12　两直线交叉

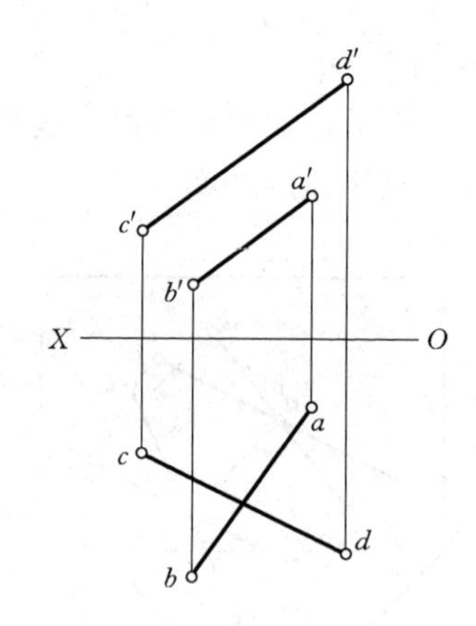

图 3－13　直角投影定理证明

4. 两直线垂直

两直线垂直（相交垂直或交叉垂直），一般情况下投影不反映直角，但在特定条件下投影反映直角。

直角投影定理： 两直线互相垂直，若其中一条直线为投影面平行线，则两直线在该投影面上的投影一定互相垂直，如图 3－13 所示。证明过程略。

直角投影定理逆定理： 若相交两直线在某投影面上的投影互相垂直且其中一条直线为该投影面的平行线时，两直线在空间必互相垂直。

利用直角投影定理及其逆定理，可以绘制某些空间垂直两直线的投影图或判断两直线在空间是否垂直，它是解决垂直问题的基础。

【例 3－5】　如图 3－14（a）所示，已知直线 AB、CD 的两面投影，试求直线 AB 与 CD 之间的距离。

解： 直线 AB、CD 之间的公垂线（与 AB、CD 都垂直相交的直线）的实长，就是两直线之间的距离。题中因为 AB 为铅垂线，所以公垂线为水平线，再根据直角投影定理，该公垂线的水平投影必垂直于 cd。具体作图时，如图 3－14（b）所示，先过 $a(b)$ 作直线

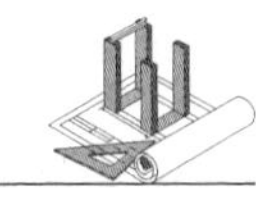

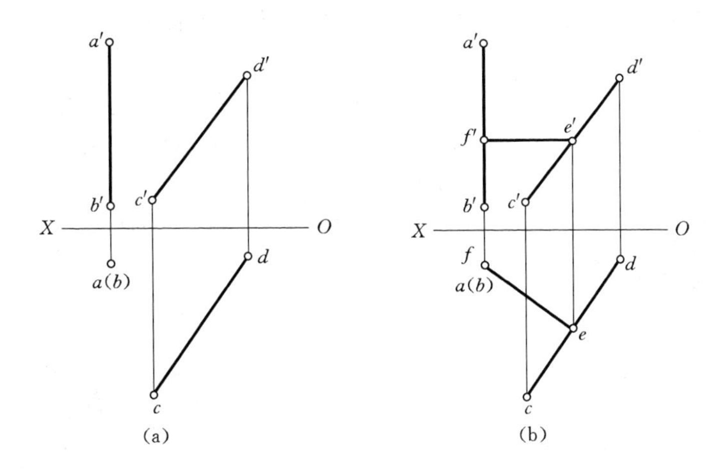

图 3-14　求两直线之间的距离

垂直 cd 于 e，求出 e'，再过 e' 作出水平线 EF。EF 即为所求公垂线，其水平投影长度即为实长，亦即直线 AB 与 CD 之间的距离。

第三节　平 面 的 投 影

一、平面的表示法

由初等几何可知，不属于同一直线的三点确定一平面。因此，可由下列任意一组几何元素的投影表示平面（图 3-15）：

1）不在同一直线上的三个点［图 3-15（a）］。

2）一直线和不属于该直线的一点［图 3-15（b）］。

3）相交两直线［图 3-15（c）］。

4）平行两直线［图 3-15（d）］。

5）任意平面图形［图 3-15（e）］。

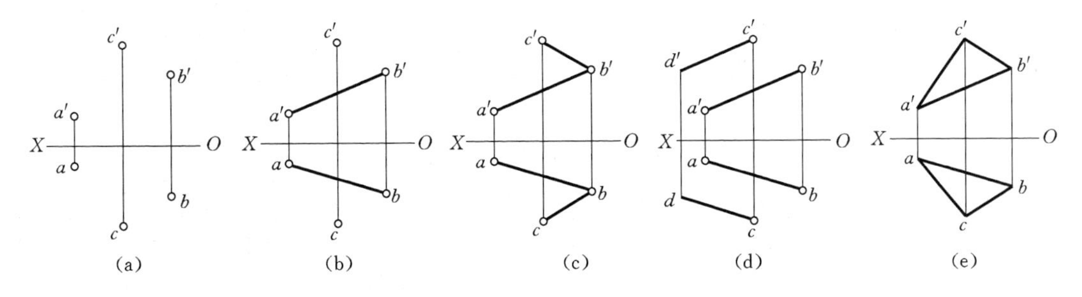

图 3-15　平面表示法

二、各种位置平面的投影特性

在三投影面体系中，平面和投影面的相对位置关系与直线和投影面的相对位置关系相同，可以分为三种：投影面平行面、投影面垂直面、一般位置平面。

（1）投影面平行面。投影面平行面是平行于一个投影面，并与另外两个投影面垂直的

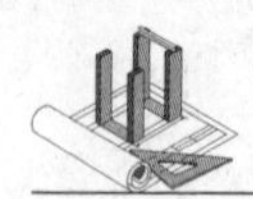

平面。与 H 面平行的平面称为水平面，与 V 面平行的平面称为正平面，与 W 面平行的平面称为侧平面。它们的投影图及投影特性见表 3－3。

（2）投影面垂直面。投影面垂直面是垂直于一个投影面，并与另外两个投影面倾斜的平面。与 H 面垂直的平面称为铅垂面，与 V 面垂直的平面称为正垂面，与 W 面垂直的平面称为侧垂面。它们的投影图及投影特性见表 3－4。

（3）一般位置平面。一般位置平面与三个投影面都倾斜，因此在三个投影面上的投影都不反映实形，而是缩小了的类似形，如图 3－16 所示。

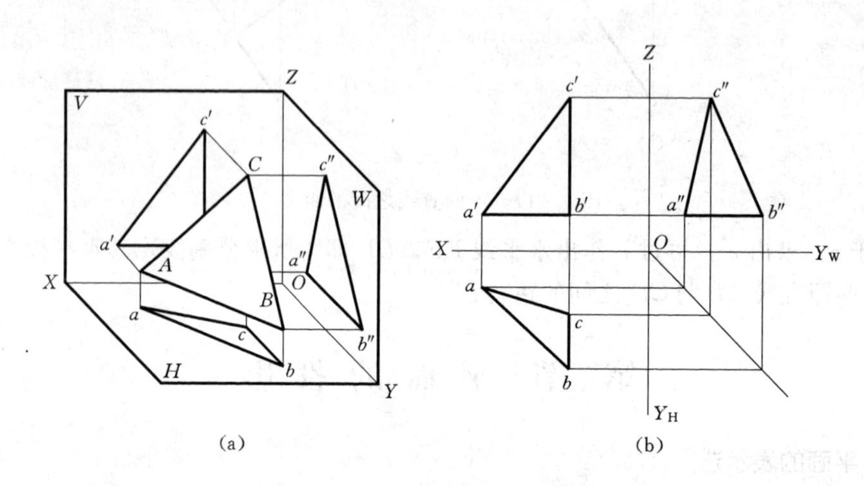

图 3－16　一般位置平面的投影

表 3－3　　投影面平行面的投影特性

名　称	水　平　面	正　平　面	侧　平　面
立体图	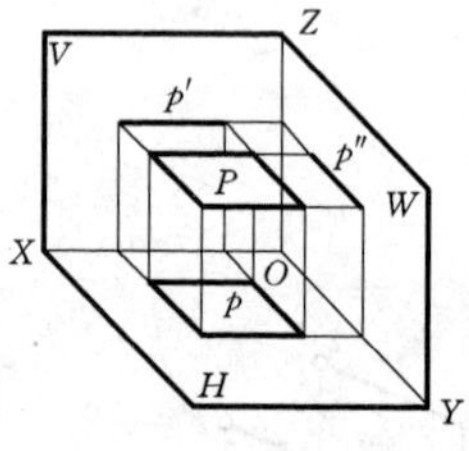	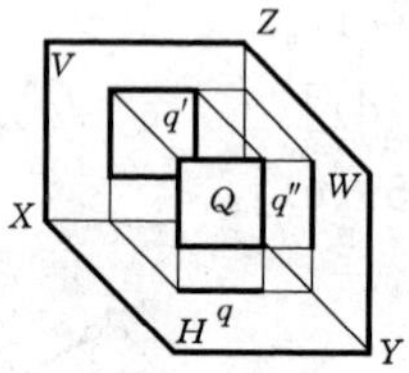	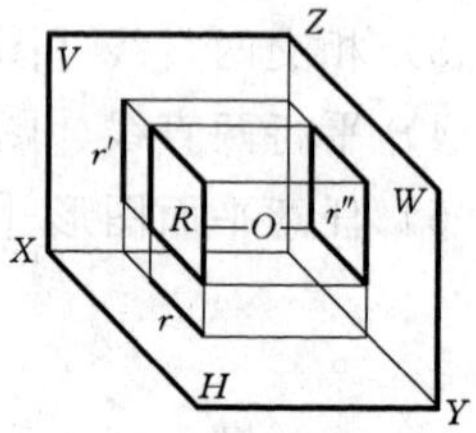
投影图	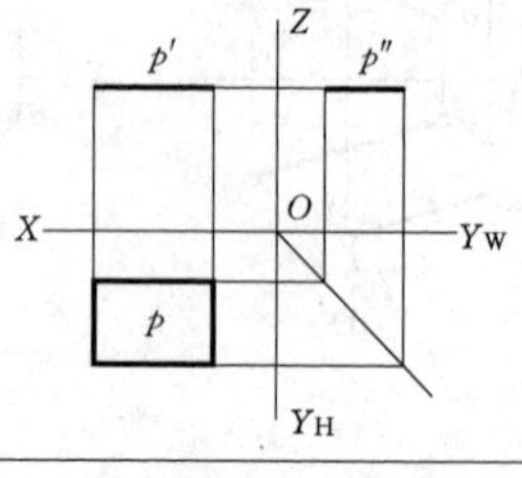	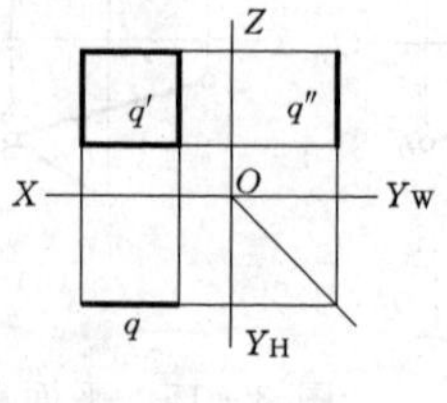	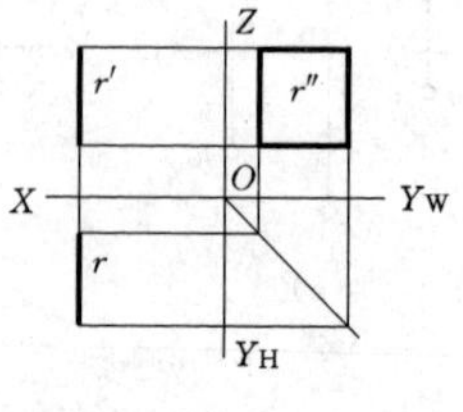
投影特性	1. 水平投影反映实形； 2. 正面投影积聚成平行于 X 轴的直线； 3. 侧面投影积聚成平行于 Y 轴的直线	1. 正面投影反映实形； 2. 水平投影积聚成平行于 X 轴的直线； 3. 侧面投影积聚成平行于 Z 轴的直线	1. 侧面投影反映实形； 2. 正面投影积聚成平行于 Z 轴的直线； 3. 水平投影积聚成平行于 Y 轴的直线

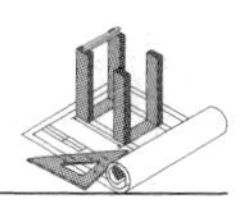

表 3-4　　　　投影面垂直面的投影特性

名　称	铅　垂　面	正　垂　面	侧　垂　面
立体图			
投影图			
投影特性	1. 水平投影积聚成直线，与 X 轴夹角为 β，与 Y 轴夹角为 γ； 2. 正面投影和侧面投影具有类似性	1. 正面投影积聚成直线，与 X 轴夹角为 α，与 Z 轴夹角为 γ； 2. 水平投影和侧面投影具有类似性	1. 侧面投影积聚成直线，与 Y 轴夹角为 α，与 Z 轴夹角为 β； 2. 正面投影和水平投影具有类似性

三、平面上的点和直线

点和直线属于平面的几何条件是：

1）属于平面的点，必属于平面内的已知直线；

2）属于平面内的直线，必通过属于平面的两点，或通过属于平面的一点且平行于平面内一已知直线。

根据上述几何条件，可作属于平面内点和直线的投影，也可判定点和直线是否属于平面。

【例 3-6】　如图 3-17（a）所示，已知点 K 的水平投影和点 L 的两面投影，且点

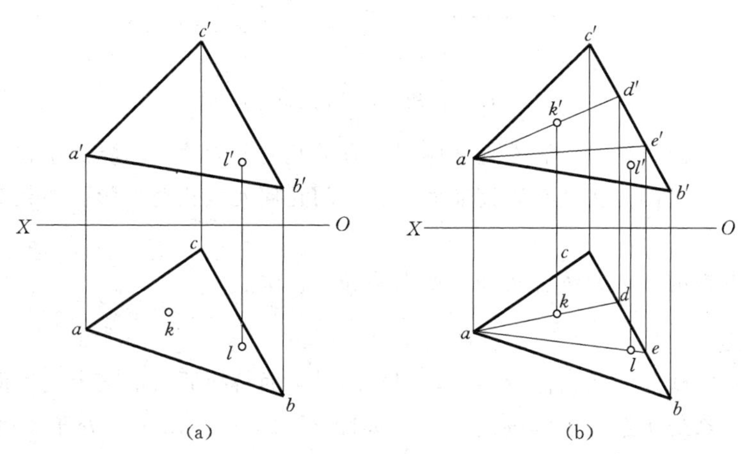

图 3-17　属于平面上点的判断

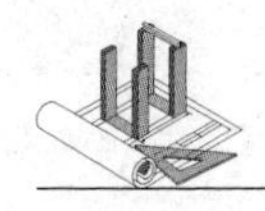

K 属于△ABC，试求点 K 的正面投影并判断点 L 是否属于△ABC 所确定的平面。

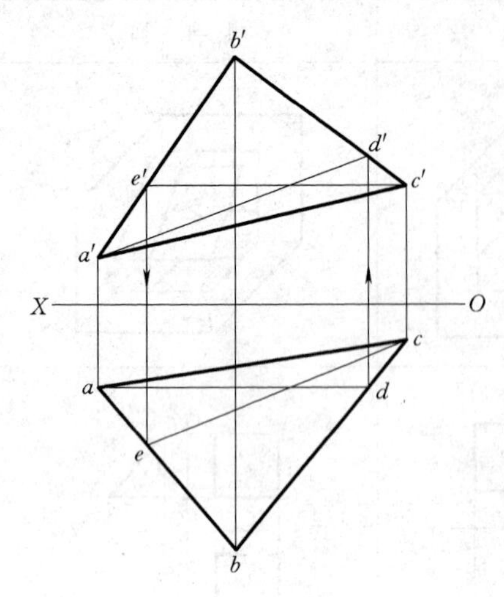

图 3－18 在平面上作水平线和正平线

解：如图 3－17（b）所示，依据点和直线属于平面的几何条件，分别连接 a 和 k、a 和 l，并延长与 bc 相交，然后求出属于平面的两条直线的正面投影；根据属于直线的点的投影特性，作出 k'并判定 L 不在平面上。

属于平面的投影面平行线具有投影面平行线的投影特性，同时又与所属平面保持从属关系。

【例 3－7】 如图 3－18 所示，已知△ABC 平面，试在平面上过点 A 作水平线，过点 C 作正平线。

解：如图 3－18 所示，根据水平线和正平线的投影特性，水平线的正面投影平行于 X 轴，正平线的水平投影平行于 X 轴，分别过 a' 和 c 作 X 轴的平行线 $a'd'$ 和 ce，再根据投影关系分别求出 ad 和 $c'e'$，AD 即为平面上的水平线，CE 即为平面上的正平线。

第四节 投影变换的基本方法

从前两节中对几何元素及其相对位置的投影分析可知，当几何元素相对于投影面处于特殊位置时，它们的投影具有积聚性并可能反映实长、实形及某些真实夹角等，比较容易解决其定位或度量问题，如图 3－19 所示。

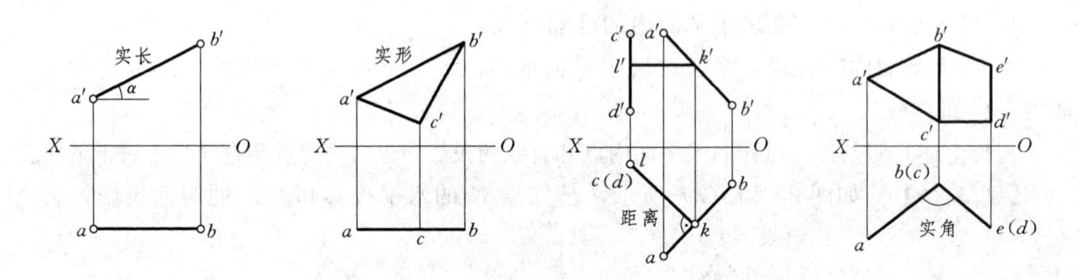

图 3－19 特殊位置几何元素的度量

由此想到，若能将相对投影面处于倾斜位置的几何元素改变为特殊位置，那么解题就方便多了。投影变换的方法就是研究如何改变空间几何元素相对投影面的相对位置，从而达到简化解题的目的。

常用投影变换的基本方法有两种：换面法和旋转法。

一、换面法

换面法是指空间几何元素保持不动，用新的投影面替换原有的某个投影面，使新投影面与空间几何元素处于有利于解题的位置。如图 3－20（a）所示，处于铅垂位置的三角形在 V、H 两投影面中不反映实形，现作一个与 H 面垂直的新投影面 V_1，并平行于三角

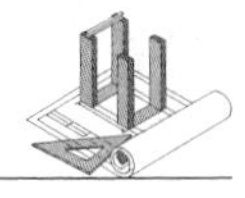

形确定的平面，将三角形向 V_1 面投影，则在该面上得到反映该平面实形的投影。

换面法中，选择的新投影面必须处于有利于解题的位置，并且必须垂直于原投影面体系中的一个投影面，组成一个新的两投影面体系。

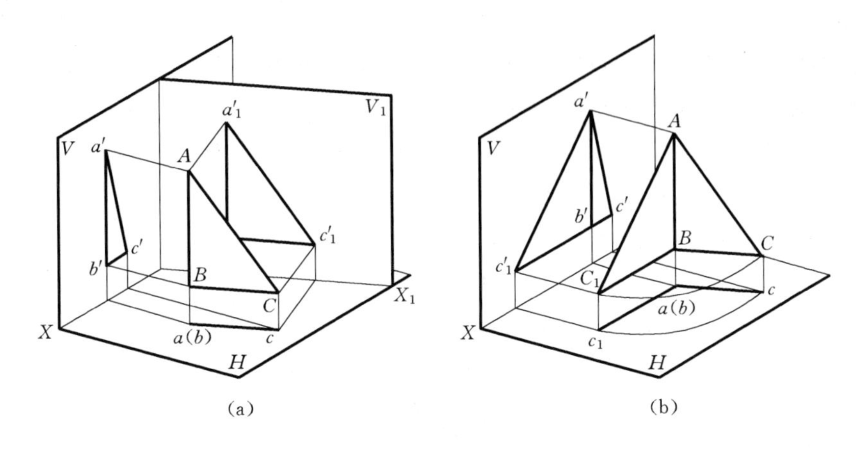

图 3-20　投影变换的基本方法

(一) 换面法的基本规律

点是最基本的几何元素，因此必须首先掌握点的投影变换规律。

1. 变换 H 面

如图 3-21 (a) 所示，以新的投影面 H_1 替换基本投影面 H，保留投影面 V，H_1 与 V 面的交线为 X_1 轴，空间点 A 在 H_1 面上的投影用 a_1 表示，将投影面展开得到新的投影体系，见图 3-21 (b)。根据点的投影特性，则有：

1) 点的新投影 a_1 与不变投影 a' 的连线垂直于新的投影轴 X_1；

2) 点 A 到 V 面的距离在新、旧投影体系中是相同的，即 $a_1a_{x_1}=aa_x=Aa'$。

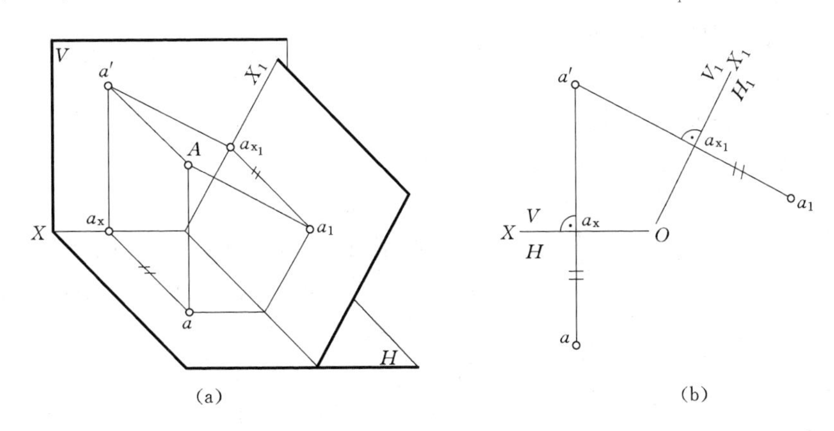

图 3-21　点的投影变换——变换 H 面

变换 H 面时点的投影图的作图步骤如下：

1) 在图上适当的位置画出新轴 X_1，以 H_1 面替换 H 面。

2) 由不变投影 a' 作直线垂直于 X_1 轴。

3) 在 X_1 轴另一侧取 $a_1a_{x_1}=aa_x$，a_1 即为 H_1 面上的新投影。

2. 变换 V 面

如图 3-22（a）所示，以新的投影面 V_1 替换基本投影面 V，保留投影面 H，V_1 与 H 面的交线为 X_1 轴，空间点 B 在 V_1 面上的投影用 b'_1 表示，将投影面展开得到新的投影体系，如图 3-22（b）所示。其投影图同样有如下特性：

1）点的新投影 b'_1 与不变投影 b 的连线垂直于新的投影轴 X_1；

2）点 B 到 H 面的距离在新、旧投影体系中是相同的，即 $b'_1 b_{x_1} = b' b_x = Bb$。

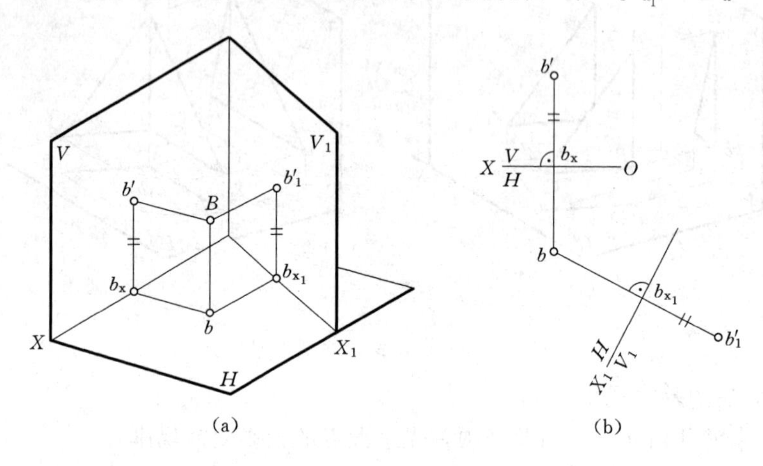

图 3-22　点的投影变换——变换 V 面

3. 点的二次或多次换面

点的二次换面是在一次换面的基础上再作一次换面，如图 3-23 所示。同样也可作多次换面，但要遵守两条规则：

1）为了保证投影特性不变，新增投影面必须与保留投影面垂直；

2）每次只能替换一个投影面，但可以交替更换。

两次或多次换面的作图方法与一次换面完全相同，只要注意前后三个投影面的投影规律即可。

基于两点决定一直线，不在一直线上的三点决定一平面的道理，直线与平面换面问题的实质都可归结为点的换面的具体运用与发展。

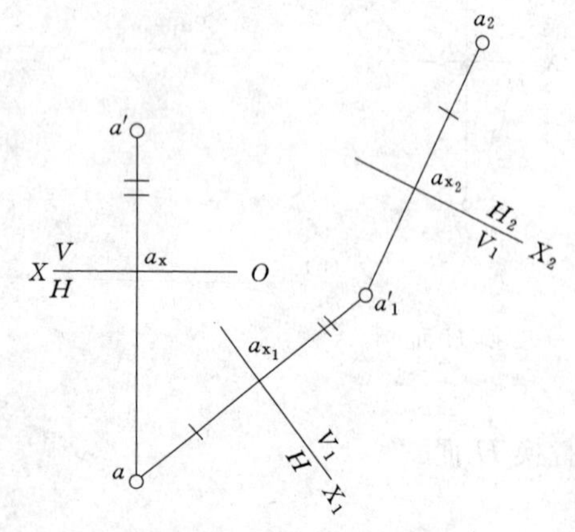

图 3-23　点的二次换面

（二）四个基本作图问题

应用换面法解决产品设计图解问题时，无论是度量还是定位问题，可能遇到各种各样的情况，但从其作图过程来看，可归结为下列四个基本作图问题。

1. 将一般位置直线变换为投影面平行线

如图 3-24（a）所示，AB 为一般位置直线，其 H 和 V 面投影均不反映实长。为此可设一个新投影面 V_1 平行于 AB，用以替换 V 面，则 AB 在新的投影体系中成为一正平线。

图 3-24（b）表示将 AB 变换为正平线的投

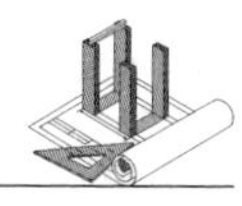

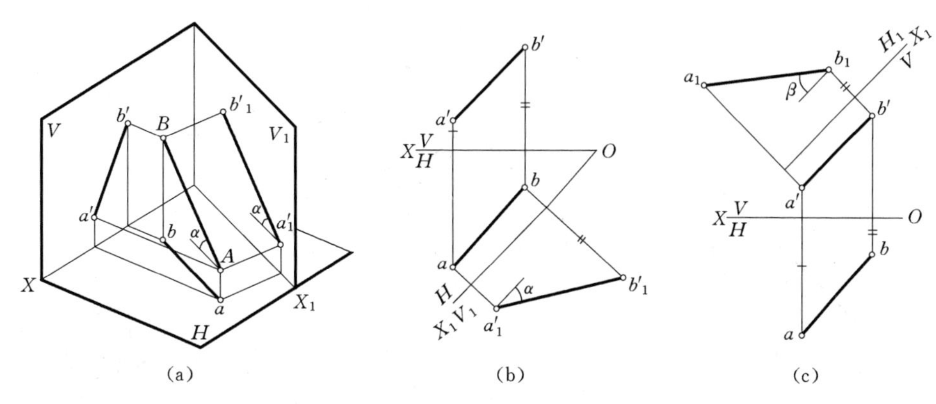

图 3-24　将一般位置直线变换为投影面平行线

影图作法。首先画出新投影轴 X_1，X_1 必须平行于 ab，与 ab 距离不限；然后按照点的投影变换规律作出 AB 两端点的新投影 a'_1、b'_1；连接 $a'_1b'_1$ 即为 AB 的新投影，同时反映 AB 的实长和与水平面的倾角 α。

图 3-24（c）为变换 H 面后求实长的投影变换作法。

2. 将一般位置直线变换为投影面垂直线

只有当直线为投影面平行线时，一次换面才能变换为投影面垂直线。将一般位置直线变换为投影面垂直线就要进行两次换面，即先将一般位置直线变换为投影面平行线，然后才能将投影面平行线变换为投影面垂直线。

具体作图如图 3-25 所示，先将一般位置直线变换为投影面平行线，再将投影面平行线变换为投影面垂直线。

【例 3-8】　如图 3-26（a）所示，用换面法求作交叉两直线 AB 和 CD 之间的公垂线 KL。

解：由［例 3-5］可知，交叉两直线中，若有一条为投影面垂直线，可以直接利用直角投影定理作出公垂线。因此，本题中只需将 CD 变换为投影面垂直线，即可在 H_2 投影面中求出公垂线的投影 k_2l_2；最后再由 k_2l_2 进行返回变换，即可得到两交叉直线之间的公垂线 KL。

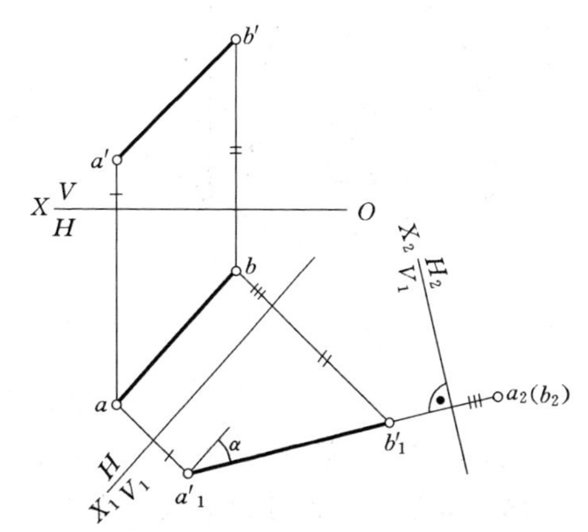

图 3-25　一般位置直线变换为投影面垂直线

3. 将一般位置平面变换为投影面垂直面

将一般位置平面变换为投影面垂直面时，新投影面既要垂直于一般位置平面，又要垂直于基本投影面。为了满足此条件，只需把一般位置平面内一条投影面平行线变成投影面垂直线即可。根据直线的投影变换可知，这种换面只需一次。

图 3-27 表示一般位置平面变换为投影面垂直面的作图过程。实际上是将属于△ABC 的一条正平线 AD 变换为投影面垂直线，在此过程中点 B 和 C 同时变换投影面，得到了△ABC 具有积聚性的投影。如图 3-27（b）所示，当变换 V 面时，积聚性投影 $a'_1b'_1c'_1$

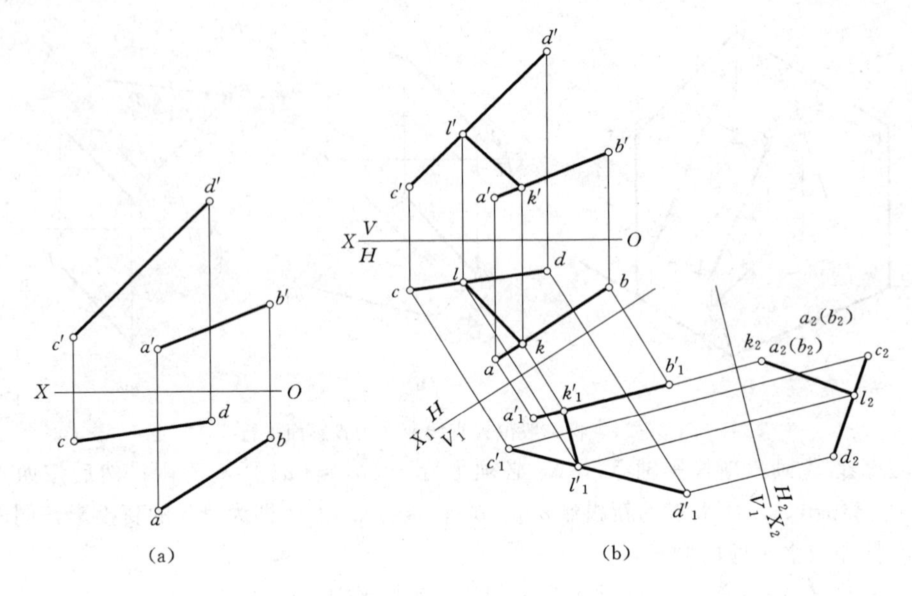

图 3-26　求交叉两直线的公垂线

与 X_1 轴的夹角为△*ABC* 平面对 *H* 面的倾角 α；见图 3-27（c），当变换 *H* 面时，积聚性投影 $a_1b_1c_1$ 与 X_1 轴的夹角为△*ABC* 平面对 *V* 面的倾角 β。

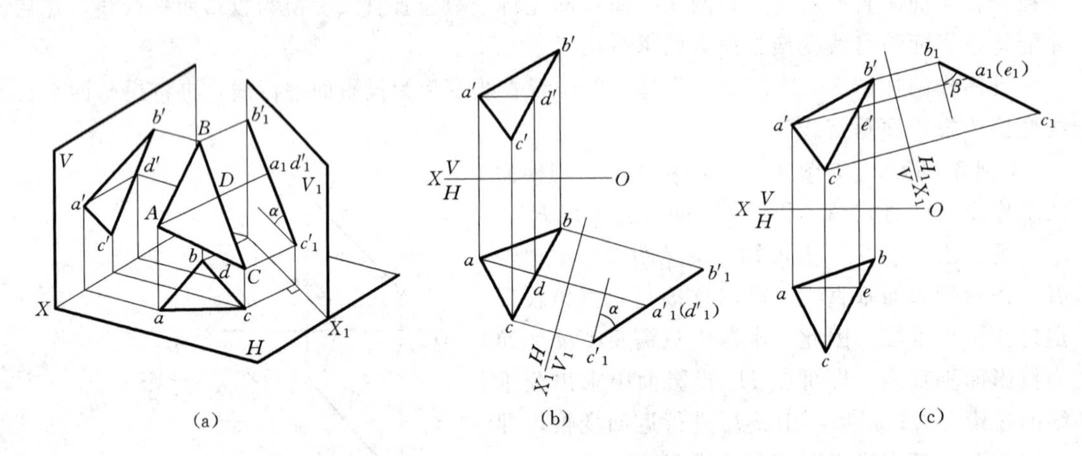

图 3-27　将一般位置平面变换为投影面垂直面

【例 3-9】　如图 3-28（a）所示，用换面法求点 *M* 到平面△*ABC* 的距离及垂足 *N*。

解： 如果将平面变换为投影面垂直面，点到平面的垂线则为该投影面平行线，并在该投影面中反映点到平面距离的实长。所以，在作图时需先将平面△*ABC* 变换为投影面垂直面，点 *M* 随之变换为点 m'_1；然后过点 m'_1 向平面的积聚性投影作垂线，垂足为 n'_1，$m'_1n'_1$ 即为点到平面的距离。将 $m'_1n'_1$ 进行返回变换，即得垂足点 *N* 的投影。

4. 将一般位置平面变换为投影面平行面

如需将一般位置平面变换为投影面平行面，必须变换两次投影面才行。首先将一般位置平面变换为投影面垂直面，然后再将投影面垂直面变换为投影面平行面。

图 3-29 表示一般位置平面变换为投影面平行面的作图过程。先变换 *H* 面，将

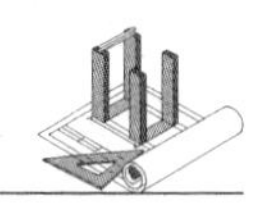

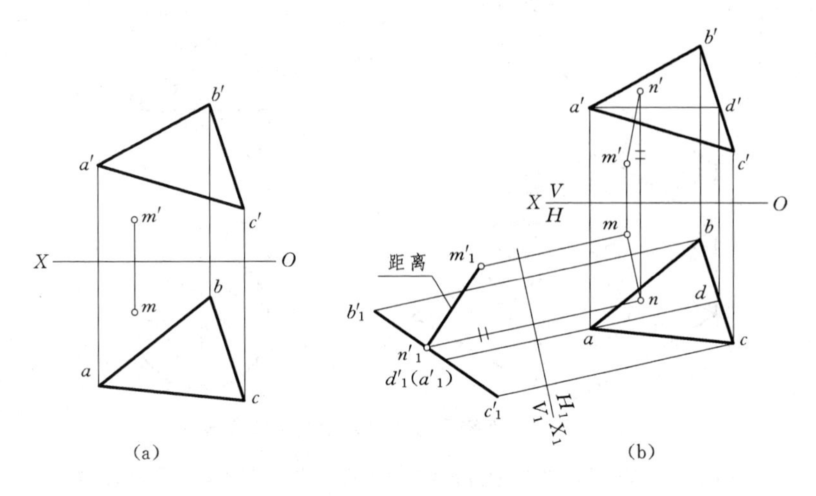

图 3-28 求点到平面的距离

△ABC 变换为投影面垂直面，得到了△ABC 具有积聚性的投影；再变换 V 面，取 X_2 轴平行于△ABC 具有积聚性的投影，求出点 A、B、C 的新投影 a'_2、b'_2、c'_2，则△$a'_2b'_2c'_2$ 反映△ABC 的实形。

二、旋转法

旋转法和换面法不同，它不需设立新投影面，而是保持投影面不动，使空间几何元素绕垂直于某投影面的轴线旋转到与另一投影面处于所需的特殊位置，如图 3-30 所示。

旋转法按所选旋转位置的不同可分为两大类；绕投影面垂直线旋转法和绕投影面平行线旋转法（只适宜于解决有关同一平面内的问题)。现将空间几何元素绕垂直线的旋转法概述如下。

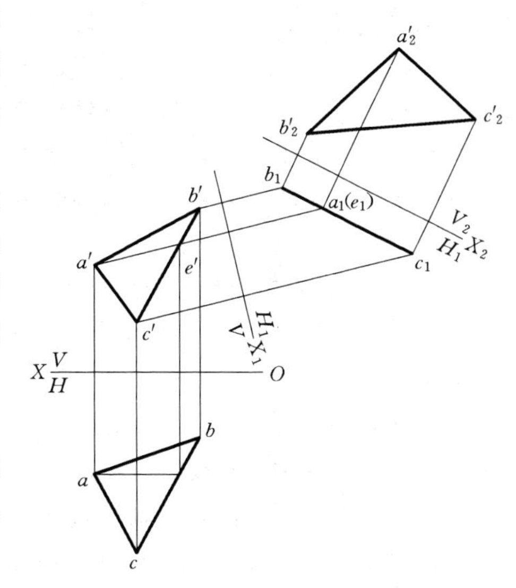

图 3-29 将一般位置平面变换为投影面平行面

（一）旋转法的基本规则

（1）旋转轴垂直于投影面，并按解题要求可选择以正垂线为旋转轴来旋转空间几何要素。为简化作图过程可使旋转轴通过几何要素。

（2）旋转时几何要素间必须遵守绕同一旋转轴、按同一方向及旋转同一角度的“三同”规则，将其旋转到有利于解决定位和度量的位置。

（3）旋转空间几何要素时，点、线、面的投影规律及作图规律仍适用。

（二）旋转的基本规律及其作图

（1）点绕垂直于投影面的轴线旋转时，它的旋转轨迹在该投影面上投影为一圆，而在另一投影面上的投影为平行于投影轴的直线（点旋转轨迹所在的平面为投影面的平行面），

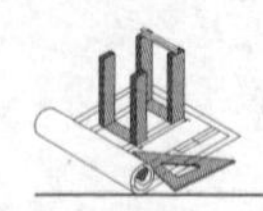

如图 3 - 30 所示。

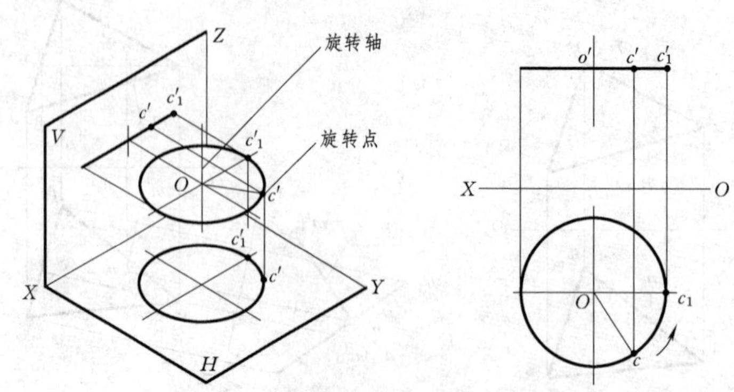

图 3 - 30　点绕垂直于投影面的轴线旋转

（2）旋转直线时，把确定直线空间位置的两点按照“三同”规则旋转。

（3）直线绕铅垂轴旋转时，其水平投影的长度不变，对 H 面的倾角 α 不变；直线绕正垂轴旋转时，其正面投影的长度不变，对 V 面的倾角 β 也不变。

（4）若将一般位置直线旋转为投影面平行线，可使旋转轴（正垂轴或铅垂轴）过直线两端点中的一端，来旋转直线成为投影面平行线。只需一次旋转就能实现。

（5）把投影面平行线旋转成投影面平行线，若直线为正平线其旋转轴应为正垂轴；若直线为水平线其旋转轴就应是铅垂轴。只需旋转一次就能实现。

（6）把一般位置直线旋转为投影面垂直线，首先应将一般位置直线旋转为投影面平行线，然后再将这一投影面平行线旋转为垂直线。即把一般位置直线旋转成投影面垂直线，须经二次旋转（先平行后垂直）才能实现。

旋转法用来求线段实长、平面的实形以及它们和投影面的倾角等问题，作图较简便。

（三）常用的旋转法应用示例

1. 将一般位置直线旋转成正平线

【例 3 - 10】　图 3 - 31 是将一般位置直线 AB 旋转成正平线的作图方法。

分析与作图：

首先必须选择取一个合适的旋转轴。由于线段绕垂直于正面的轴旋转时 β 角不变，因此不可能绕这样的轴将直线 AB 旋转成 $\beta=0$ 的正平线，所以应选垂直于水平面的轴，而且为了作图简便，可以使旋转轴通过线段 AB 的端点 A ［图 3 - 31 (a)］，这样 A 点在旋转时位置不变，只要旋转一个 B 点。要使直线 AB 成为正平线，必须在水平投影上将 b 点绕旋转轴旋转到使 $b_1a /\!/ OX$，然后按点的投影规律求得 b'_1，再用直线连接 ab_1 和 $a'b'_1$ 即得 AB 旋转成正平线的投影，它的正面投影反映了该线段的实长及对水平面的倾角 α，图 3 - 31 (b) 所示为作图方法。

将一般位置直线旋转为水平线方法与上类似。

2. 将平行线（正平线）旋转成垂线（铅垂线）

【例 3 - 11】　图 3 - 32 是正平线旋转成铅垂线的作图方法。

分析与作图：

要使正平线旋转成铅垂线，应选择垂直于正面的旋转轴，为了作图方便可使旋转轴通

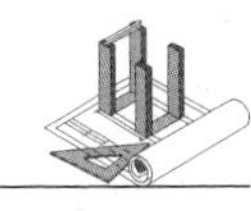

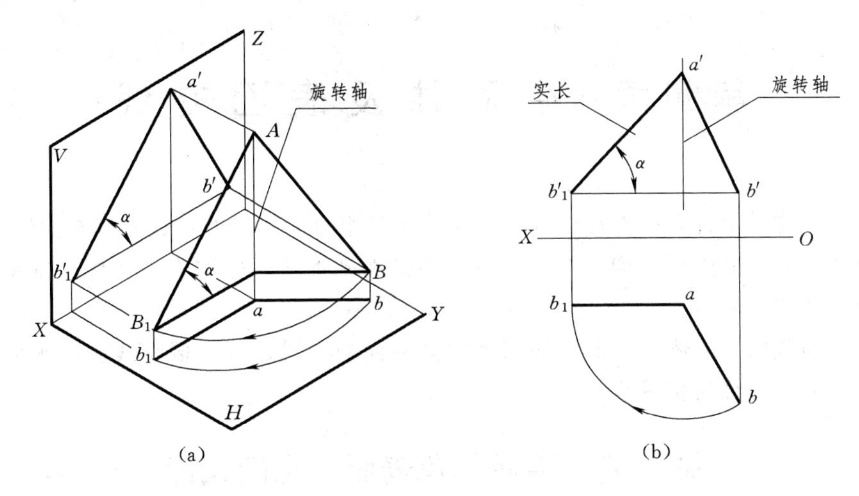

图 3-31　一般位置直线旋转成正平线

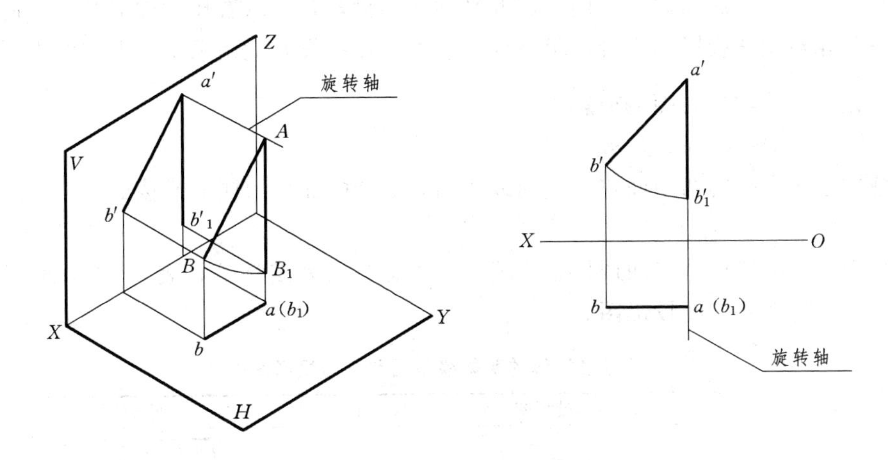

图 3-32　正平线旋转成铅垂线

过直线的一个端点 B，然后将 A 点绕轴旋转到使直线处于铅垂位置，具体作图如图 3-32 所示。将水平线旋转为正垂线方法与此类似。

从上述例子可以看出，直线绕垂直于某一投影面的轴旋转时，直线对该投影面的倾角不变，因此，要使一般位置直线旋转成投影面垂直线，必须旋转两次，即是先将它旋转成某投影面的平行线，然后再将它旋转成投影面垂直线。这与换面法中换两次面的情况是相似的。

第四章　平面体及表面交线

工程建筑物是由许多基本形体经过一定形式的组合而构成的，这些基本形体简称为基本体。形体表面全部由平面构成的基本体称为平面基本体，简称为平面体。常见的棱柱、棱锥都是平面体。

用截平面截切平面体，该截平面与平面体表面的交线，称为截交线。两平面体相交，表面形成的交线，称为相贯线。

第一节　平面体及表面上点的投影

由于平面体的构成面都是平面，因此平面体的投影，可以看作是构成基本几何体的各个平面按其相对位置投影的组合。求平面体表面上点的投影就是求平面上点的投影。

一、棱柱体及表面上点的投影

1. 常见棱柱体及其投影

棱柱中互相平行的两个面称为端面或底面，其余的面称为侧面或棱面，相邻两棱面的交线称为棱线。

工程中常见的棱柱体有四棱柱、三棱柱、五棱柱、六棱柱等，表 4－1 列出了常见棱柱体的实体模型图和三面投影图。

表 4－1　　常见棱柱体的实体模型图和三面投影图

名　称	实体模型图	三面投影图
三棱柱		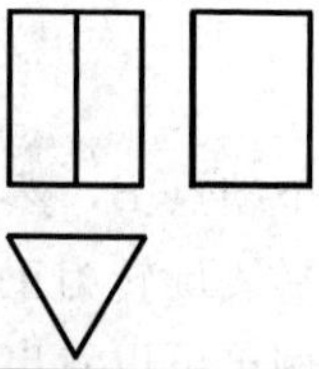
六棱柱		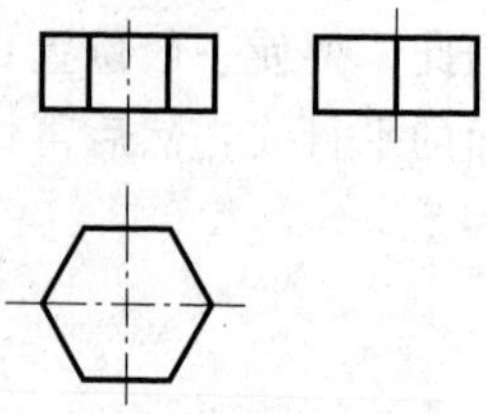
五棱柱	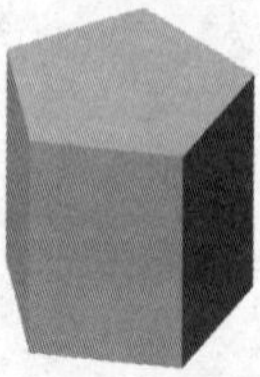	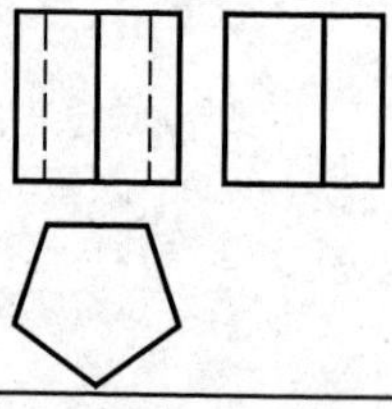

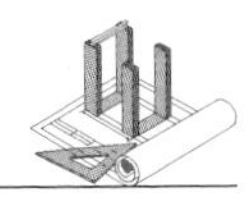

2. 棱柱体的投影分析

【例 4-1】　图 4-1 所示为一个正五棱柱在三面投影体系中的投影直观图和三面投影图，分析正五棱柱的三面投影。

分析与作图：

为画图简便，正五棱柱的上底面和下底面都是水平面，后侧面是正平面，其余侧面都是铅垂面。

正五棱柱的水平投影是一个正五边形线框，它是上底面 $ABCDE$ 和下底面 $A_1B_1C_1D_1E_1$ 投影的重合，并反映实形。正五棱柱的五条边是垂直于 H 面的五个侧面 AA_1BB_1、BB_1CC_1、CC_1DD_1、DD_1EE_1、EE_1AA_1 的积聚投影，五个棱点是垂直于 H 面的五条棱线 AA_1、BB_1、CC_1、DD_1、EE_1 的积聚投影。

正面投影是五个侧面 AA_1BB_1、BB_1CC_1、CC_1DD_1、DD_1EE_1、EE_1AA_1 的矩形线框，其中虚线框 $c'c'_1d'd'_1$ 是后侧面的投影，它反映了平面的实形，其余侧面的投影都为类似形。五条竖直线是五个棱线的投影，反映实长。两条水平线是上底面和下底面的积聚投影。

侧面投影中的两个矩形线框，是左右两个侧面投影的重合；三条铅垂线，最左边一条是后侧面的积聚投影，最右边一条是三棱柱最前面一条棱线的投影，中间一条是棱柱上左右两条棱线的投影；两条水平线是上底面和下底面的积聚投影。

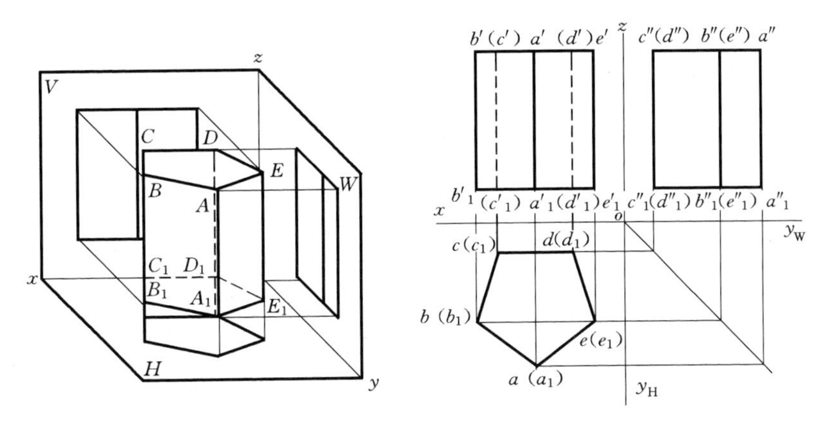

图 4-1　正五棱柱的投影分析

3. 棱柱体投影图的画法

棱柱体三面投影图的画法一般为先画两底面的积聚投影，再利用投影关系画出其余的投影图。

直立五棱柱体投影图的画法如图 4-2 所示。

具体步骤为：

(1) 画出俯视图的投影“正五边形”，见图 4-2 (a)。

(2) 利用长对正的投影关系画出主视图，见图 4-2 (b)。

(3) 利用宽相等的关系画出左视图，见图 4-2 (c)。

4. 棱柱体表面上的点和直线

在正棱柱体表面上求点的三面投影时，一般情况下各棱面均为投影面的垂直面，棱面

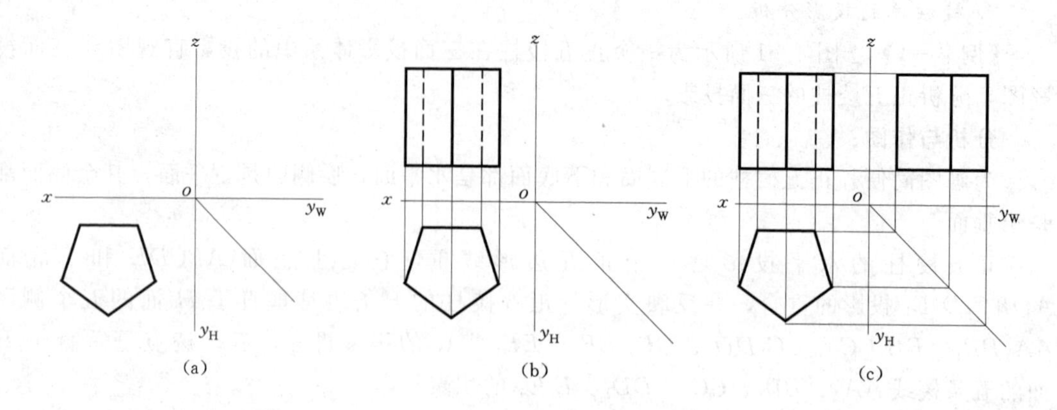

图 4-2　正五棱柱三面投影图的画法

在所垂直的投影面上的投影积聚成直线，则棱面上点的投影也积聚在该直线上，如果知道点的一面投影和所在的表面位置，利用投影关系可直接作出点的三面投影，这个方法称作积聚性法。如果点在某个视图中不可见则在表示点的符号时加上括号。

【例 4-2】　如图 4-3（a）所示，在五棱柱体主视图的棱面上有一点 A，左视图中的最左棱线上有一点 B。求 A、B 两点其余两面投影。

分析与作图：

五棱柱五个侧面的水平投影都积聚成直线与正五边形重合，点 A 的水平投影也积聚在该点所在棱面上的积聚投影上，点 B 的投影也在其所在棱线的投影上。

作图方法如图 4-3（b）所示。

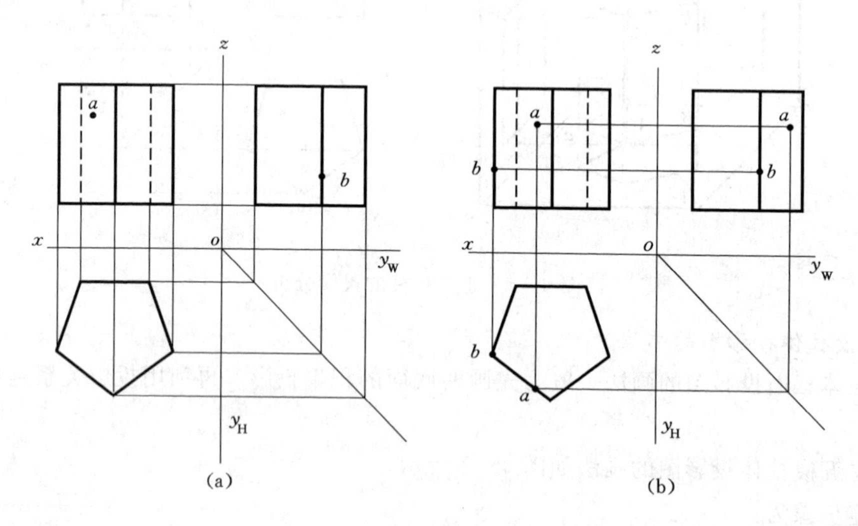

图 4-3　正五棱柱表面上点的投影

二、棱锥体的投影及表面上的点线

1. 棱锥体的投影

棱锥体由底面、棱面、棱线和锥顶组成。工程中常见的棱锥体有四棱锥、三棱锥等。表 4-2 列出了常见棱锥体的实体模型图和三面投影图。

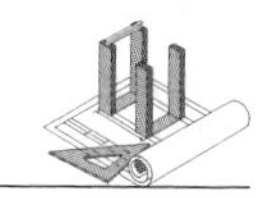

表 4-2　　　常见棱锥体的实体模型图和三面投影图

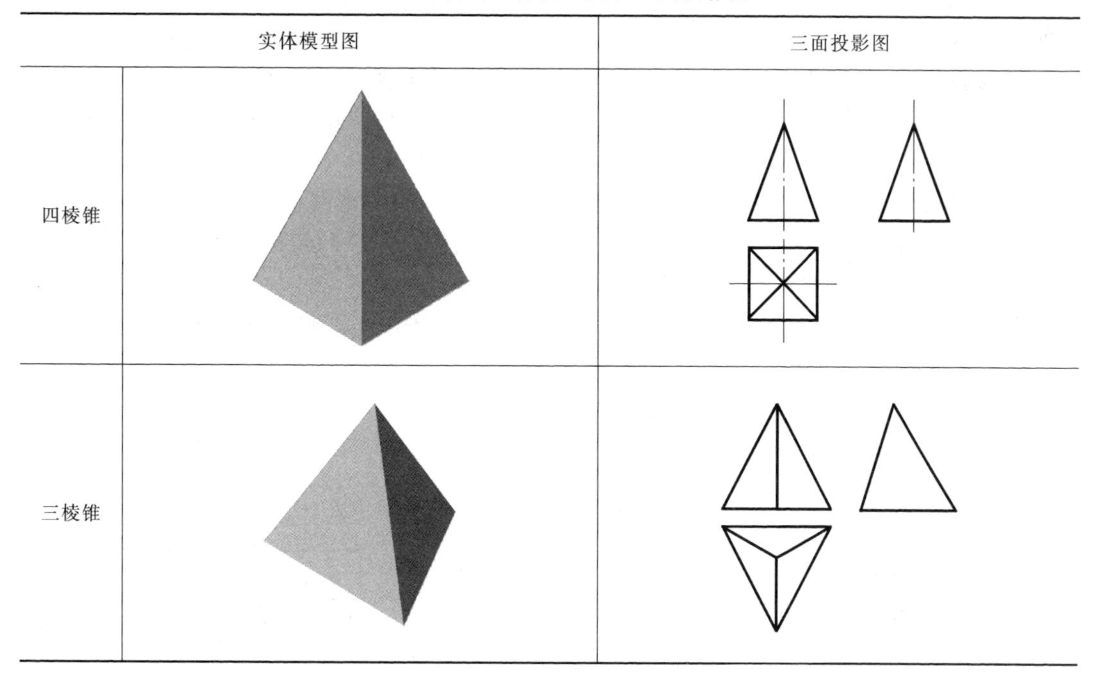

	实体模型图	三面投影图
四棱锥		
三棱锥		

2. 棱锥体的投影分析

【例 4-3】　如图 4-4 所示为三面投影体系中的一个正三棱锥，试分析其三面投影图。

分析与作图：

为画图简便，正三棱锥的底面放置为水平面，后侧面是侧平面，其余两侧面都是一般位置平面。棱线 SA 为侧平线，棱线 SB 和 SC 为一般位置直线。

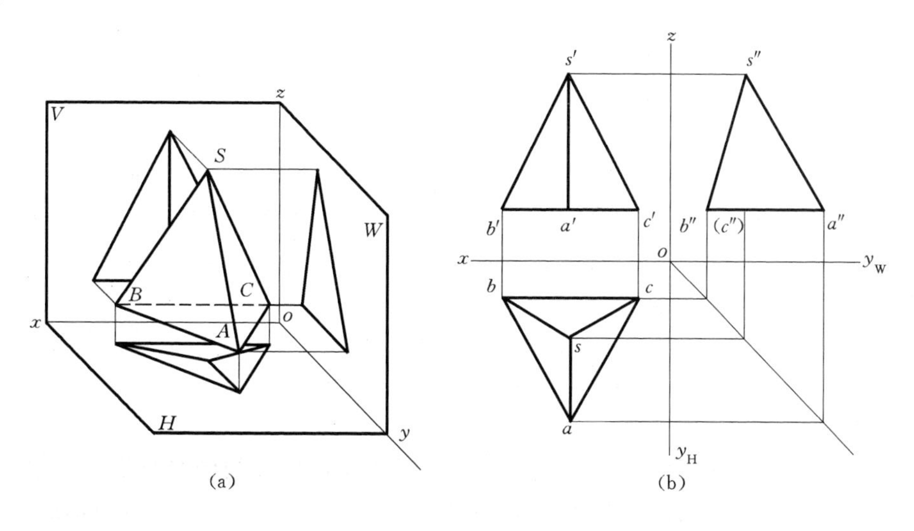

图 4-4　正三棱锥体投影分析

水平投影中的正三角形线框 abc 是底面的投影，反映实形。顶点的投影 s 在正三角形

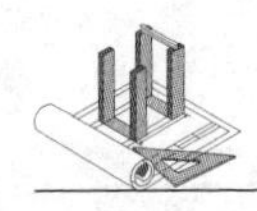

的中心，它与三个角点的连线是三条侧棱的投影，三个三角形线框 *sab*、*sac*、*sbc* 是三个侧面的投影。

正面投影中的水平线 $a'b'c'$ 是底平面 *ABC* 的积聚投影，$s'a'$、$s'b'$、$s'c'$ 直线是三棱锥上三条棱线的投影，三角形线框 $s'a'b'$、$s'a'c'$、$s'b'c'$ 分别是棱锥上三个棱面的投影。

侧面投影中的水平线 $a''b''c''$ 是棱锥底面的积聚投影。三角形线框 $s''a''b''$ 与 $s''a''c''$ 是左右两棱面的投影重合，后面的斜直线 $s''b''c''$ 是棱锥后方棱面 *SBC* 的积聚投影。

3. 棱锥体三面投影图的画法

棱锥体三面投影图一般是先画底面的实形，再利用投影关系画出其余的投影图。

直立正三棱锥体投影图的画法如图 4-5 所示。

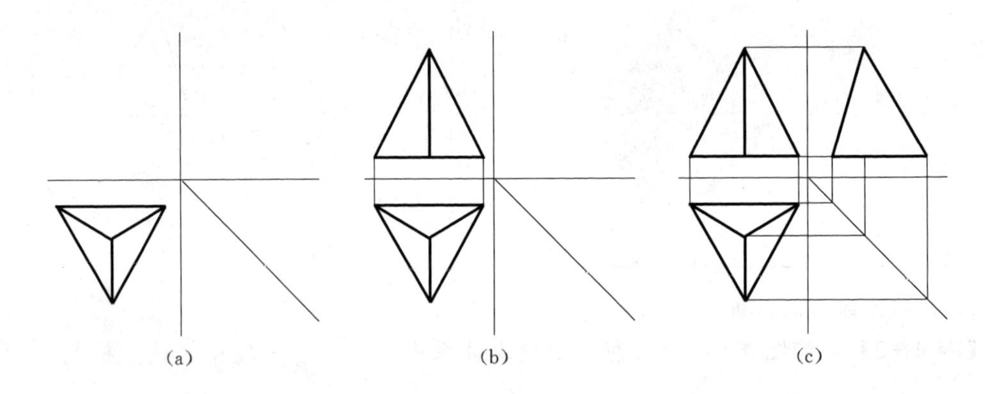

图 4-5　正三棱锥三面投影图的画法

作图步骤：

（1）画出俯视图的投影“正三角形”，并从三角形的角点向三角形的中点连线，如图 4-5（a）所示。

（2）利用长对正的对应投影关系画出主视图，如图 4-5（b）所示。

（3）利用宽相等的对应投影关系画出左视图，如图 4-5（c）所示。

4. 棱锥体表面上的点

在棱锥体表面取点时，需要知道点的一面投影和所在的表面位置，如果点所在的棱面是投影面的垂直面时，可利用积聚性法求点的三面投影；如果点所在的平面为一般位置平面时，可利用上一章讲到的点、直线、平面的从属性，在平面上作辅助线进行求点的三面投影，这种方法称为辅助线法。

【例 4-4】　如图 4-6（a）所示三棱锥三面投影图，左视图中三棱锥的棱线上有一点 g''，水平投影图中 *sbc* 棱面上有一点 *k*。求 *G*、*K* 两点其余投影。

分析与作图：

点 *G* 在三棱锥的 *SA* 棱线上，则点 *G* 的投影都在该棱线的同名投影上，利用点的投影规律可直接作出该点的各面投影，如图 4-6（b）所示。点 *K* 在棱面 *SBC* 上，*SBC* 平面是侧垂面，在左视图上积聚成直线，用积聚性法可求出该点的各面投影，如图 4-6（d）所示。求点 *K* 的投影，也可以应用辅助线法，如图 4-6（c）所示。

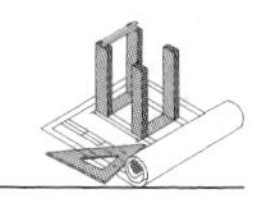

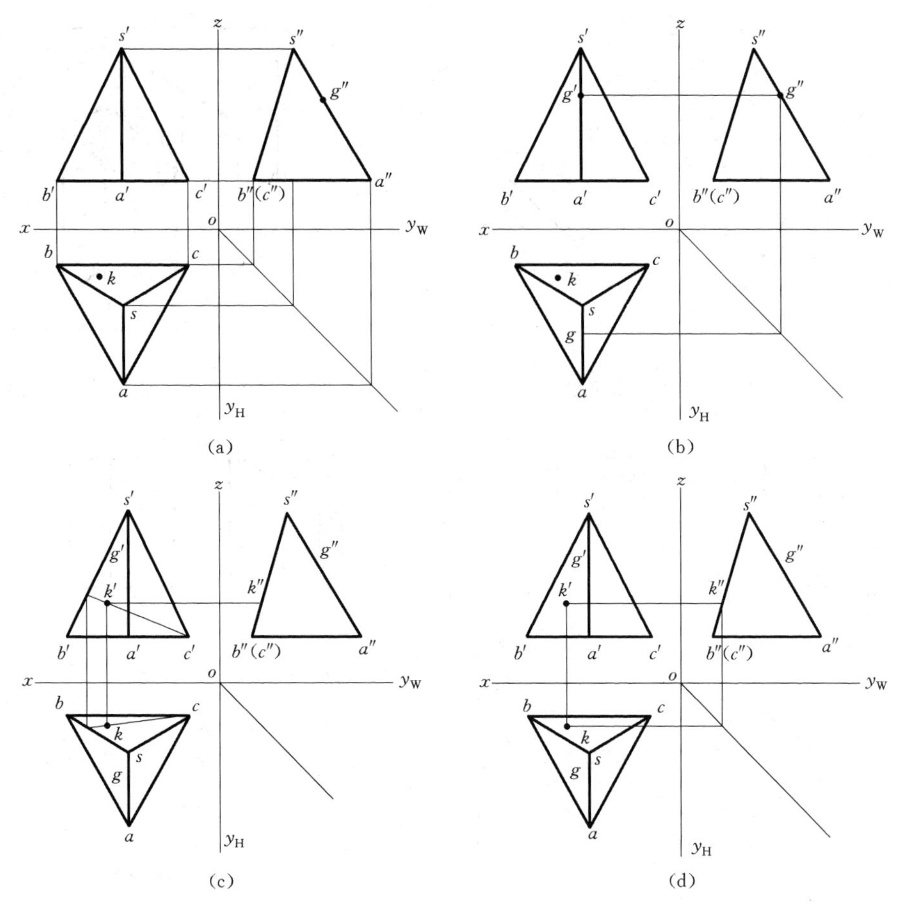

图 4-6 三棱锥表面上点的投影

第二节 平面体的截交线

图 4-7 所示是截平面截切四棱锥的情况。由于平面基本体的表面都是平面，所以截交线是封闭的多边形，多边形的各顶点是平面基本体各棱线上的点。因此，作平面体上截交线的投影，就是求直线上点的投影。

下面通过两个作图实例说明截交线作图的具体方法和过程。

【例 4-5】 绘出如图 4-8 所示的五棱柱被斜切后的三面投影图。

作图分析：

当截平面处于与投影面垂直的位置时，截平面的投影具有积聚性。也就是说截交线都积聚在该投影上，可利用截交线的该投影作出其余的投影。所以作截交线的投影时，让截平面处于与某个投影面垂直的位置，作图较简单。

作图步骤：

(1) 作截平面的积聚性投影。让截平面的位置与正面垂直，先绘出完整五棱柱的三面投影图，在正面投影上根据截平面的倾斜位置画出截平面的积聚性投影——斜直线，如图 4-9 (a) 所示。

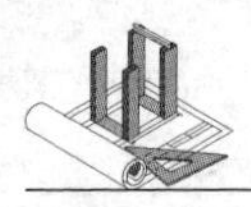

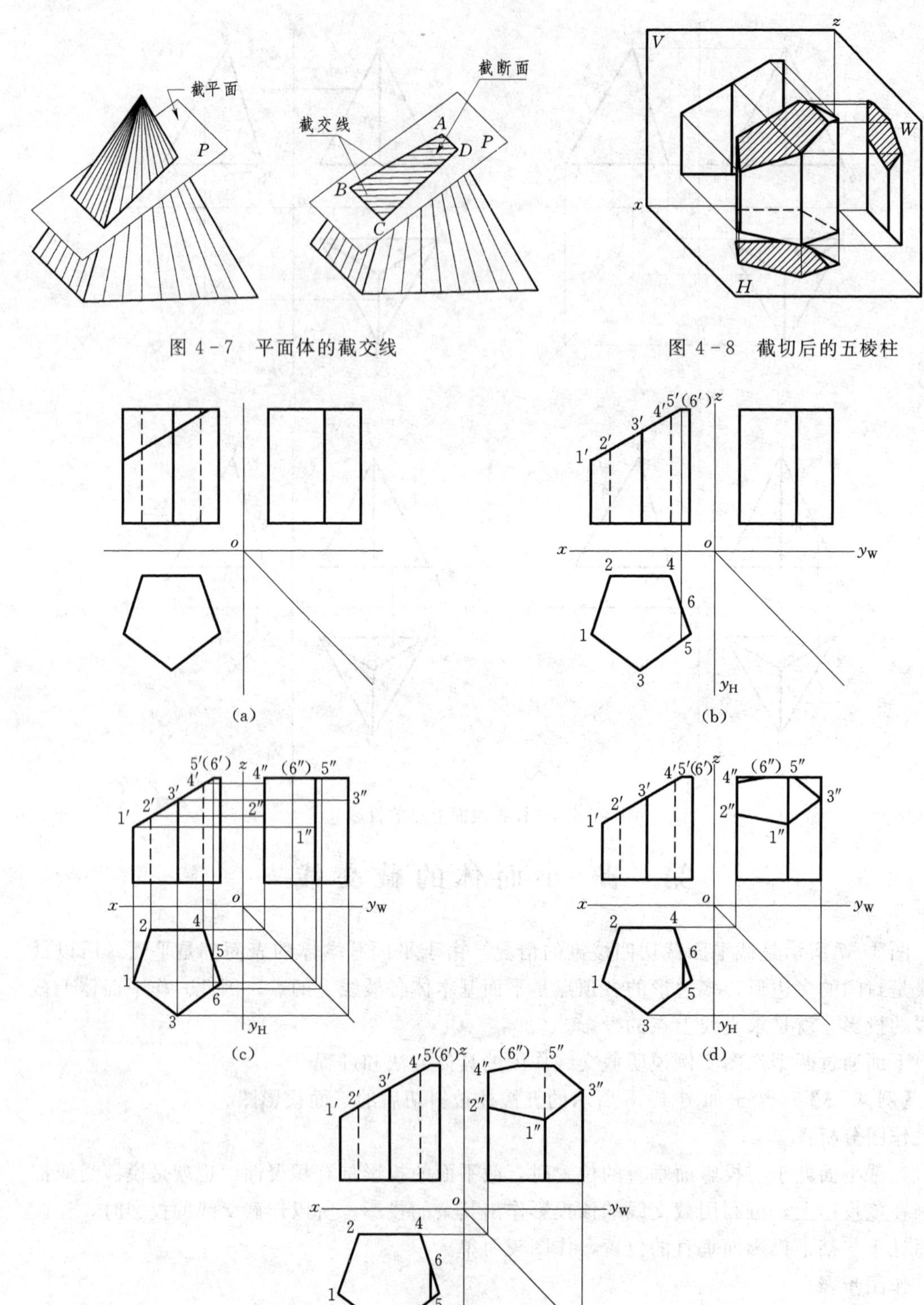

图 4-7　平面体的截交线

图 4-8　截切后的五棱柱

图 4-9　五棱柱三面投影图的作图过程

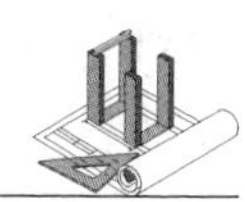

(2) 在截平面的积聚性投影上，确定截交线上所有点的投影位置。如图 4-9 (b) 所示，截平面在正面投影图上的积聚性投影为斜直线，首先可以确定棱线与斜直线的交点 1、2、3、4 四个点是截交线上的点。斜直线与上端面也有一个交点，由于上端面是水平面，有前、后的边线，它与截平面相交会形成 5、6 两个交点，5、6 两点是重影点。由此可以确定本例的截交线有六个点构成，其图形是封闭的六边形。

这六个点在水平投影图中的位置很容易被确定，1、2、3、4 在棱线上，5、6 在上端面的边线上。

(3) 作出截交线上各点的其余投影。确定了 1、2、3、4、5、6 点的正面投影位置，根据点、线的从属关系和投影规律，可求出各点的侧面投影，如图 4-9 (c) 所示。

(4) 连接截交线上各点的同名投影，得截交线的投影，如图 4-9 (d) 所示。

(5) 修剪或擦除多余的图线。去掉多余的图线，补上虚线，完成作图，如图 4-9 (e) 所示。

【例 4-6】　图 4-10 (a) 为一带缺口的三棱锥，试作出其截交线，完成棱锥体的三面投影图（图中双点划线为成型前原始轮廓线）。

作图分析：

三棱锥的缺口是由一个水平面和一个正垂面切割三棱锥而形成的。因水平截平面平行

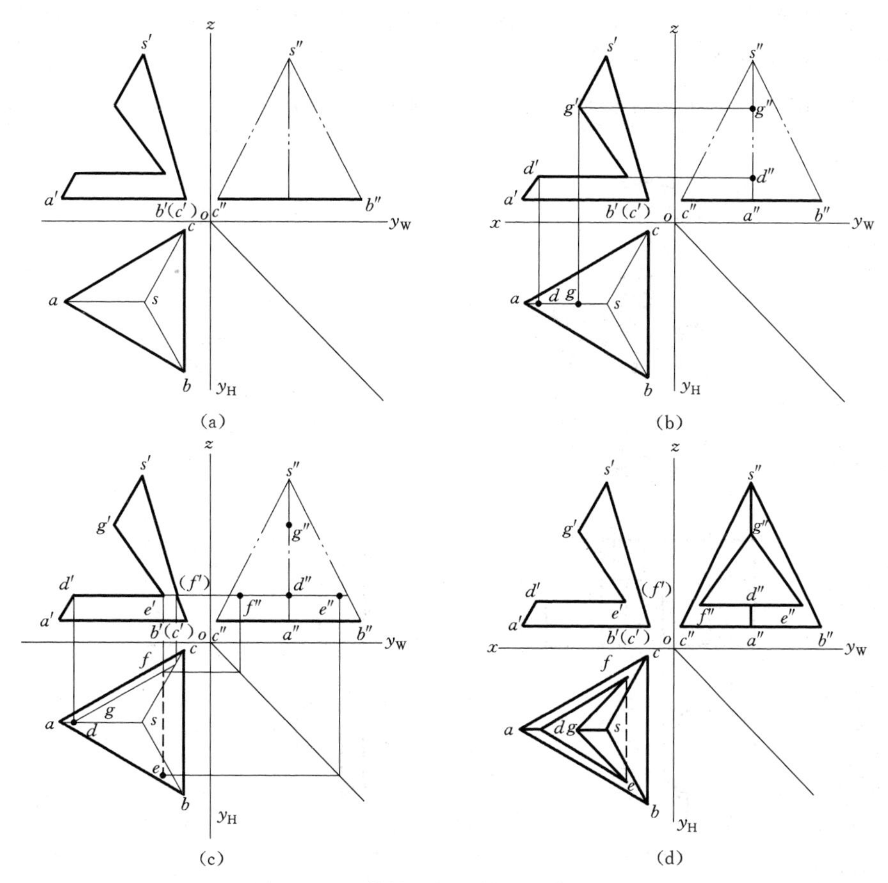

图 4-10　带缺口的三棱锥及作图过程

于底面，所以它与前棱面的交线 DE 必平行于底边 AB，与后棱面的交线 DF 必平行于底边 AC。正垂截平面分别与前、后棱面相交于直线 GE、GF。由于两个截平面都垂直于正面，所以它们的交线 EF 一定是正垂线。因这两个截平面都垂直于正面，所以 $d'e'$、$d'f'$ 和 $g'e'$、$g'f'$ 都分别重合在它们的有积聚性的正面投影上，$e'f'$ 则位于它们的有积聚性的正面投影的交点处。

作图步骤：

（1）如图 4-10（b）所示，由 d' 在 sa 上作出 d，由 d'、g' 分别在 sa、$s''a''$ 上作出 d、d''、g、g''。

（2）如图 4-10（c）所示，由 d 作 $de//ab$，$df//ac$，再分别由 e'、f' 在 de、df 上作出 e、f，由 e、e' 和 f'、f 作出 e''、f''。

（3）如图 4-10（d）所示，依次连接各点的同名投影，在水平投影中，因 ef 被三个棱面 SAB、SBC、SCA 的水平投影所遮而不可见，故画成虚线。

第三节　平面体与平面体的表面交线

两立体相交，表面产生的交线，称为相贯线。一般情况下，平面体与平面体的相贯线是封闭的空间折线，折线的顶点是平面体上参与相交的棱线或底边线与另一平面体表面的交点。所以，求两立体表面交线仍然是求平面上点的投影问题。

相贯线和截交线的作图方法是相似的，如图 4-11 所示，图 4-11（a）为六棱柱与四

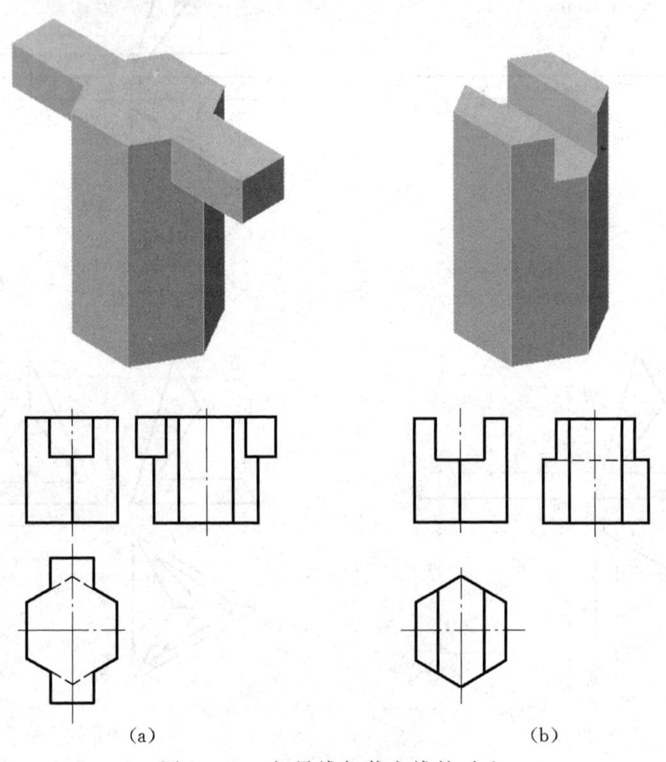

图 4-11　相贯线与截交线的对比

棱柱相贯，图 4－11（b）为六棱柱被切方槽，两例中整体图形的区别很明显，但两者的作图方法是相同的。

应该注意的是，两立体相贯后应把它们视为一个整体，一物体在另一物体内的部分是不独立的，不应画虚线，如图 4－11（a）所示。

【例 4－7】　如图 4－12 所示，已知四棱柱和三棱锥相贯体的两面投影，求作它们的表面交线（图中双点划线为成型前原始轮廓线）。

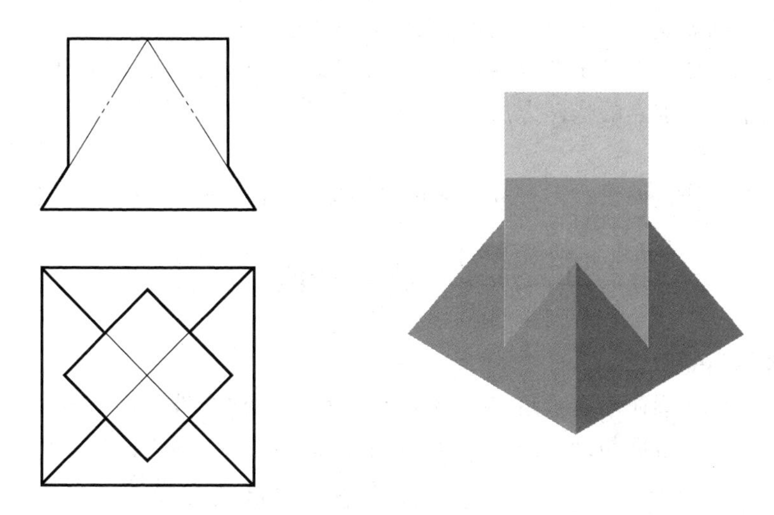

图 4－12　四棱锥与四棱柱相贯

作图分析：

首先根据两平面体的相对位置，判断两平面体上参与相交的直线和平面，以便有目的地求作它们的交点和交线。

从图中可看出棱柱和棱锥的相交处于中心对正且直立的特殊位置，水平投影中四棱柱的四个侧面都具有积聚性，正面投影中四棱锥的左右两个棱面具有积聚性。由于相贯体前后、左右形状对称，虽然每个表面都参与了相交，但我们只需要求出四棱锥的前面 dfc 与四棱柱表面的交线，其余的交线可以根据图形的对称性直接作出。

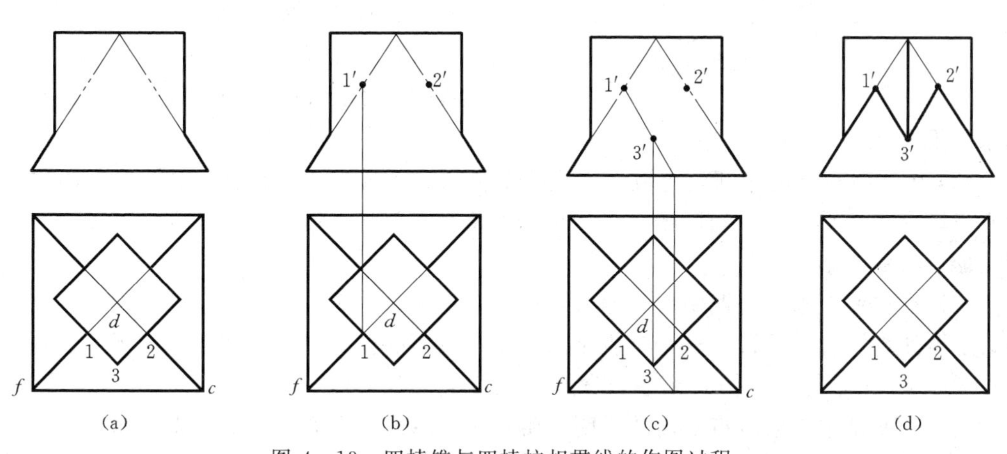

图 4－13　四棱锥与四棱柱相贯线的作图过程

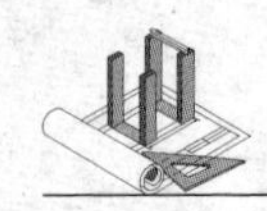

在平面相贯体中，每个棱线与表面相交都会形成一个交点。由此可以判断出四棱锥的 dfc 面与四棱柱相交产生 1、2、3 三个交点，如图 4－13 所示。1、2 是四棱锥棱线上的点，3 是四棱柱棱线上的点。

只要求出 1、2、3 点的正面投影后连接，就是两立体表面的相交线的投影。

作图步骤：

（1）如图 4－13（a）所示。分别在四棱锥的 df 和 dc 棱线上找到 1、2 点，在四棱柱的最前棱线上找到 3 点，它也是四棱锥前面 dfc 上的点。

（2）在相应的棱线上求出两点的正面投影 $1'$、$2'$，如图 4－13（b）所示。

（3）根据平面上求点的作图方法，在平面 dfc 上求出 3 点的正面投影 $3'$，如图 4－13（c）所示。

（4）连接各点的正面投影，并补上漏画的棱线，如图 4－13（d）所示。

第四节　同坡屋顶交线

一、同坡屋面的概念

为了排水需要，屋面均有坡度，当坡度大于 10%时称为坡屋面，坡屋面分单坡、两坡和四坡屋面，当各坡面与地面（H 面）倾角 α 都相等时，称为同坡屋面。坡屋面的交线是两平面体相贯的工程实例，但因有其特点，则与前面所述的作图方法不同。

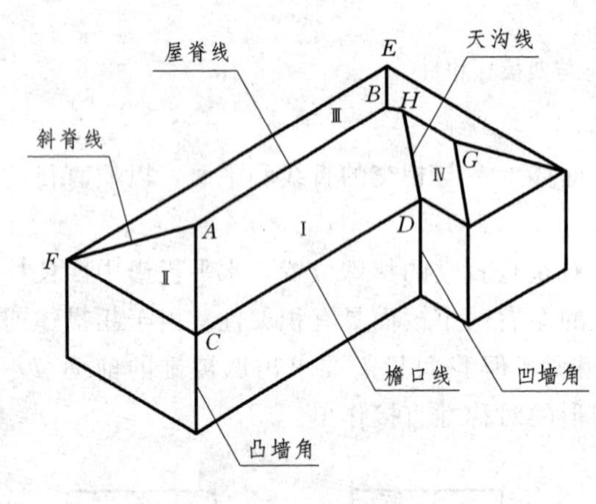

图 4－14　同坡屋顶

坡屋面的各种交线的名称如图 4－14 所示：与檐口线平行的二坡屋面交线称为屋脊线，例如坡面Ⅰ－Ⅲ的交线 AB；凸墙角处的二坡屋面交线称为斜脊线，例如坡面Ⅰ－Ⅱ、Ⅲ－Ⅱ的交线 AC 和 AF；凹墙角处相交的二坡屋面交线称天沟线，例如Ⅰ－Ⅳ的交线 DH。

二、同坡坡屋面交线的特点

（1）二坡屋面的檐口线平行且等高时，交成的水平屋脊线的水平投影与两檐口线的水平投影平行且等距。

（2）檐口线相交的相邻两个坡面交成的斜脊线或天沟线，它们的水平投影为两檐口线水平投影夹角的平分线。当两檐口线相交成直角时，斜脊线或天沟线在水平投影面上的投影与檐口线的投影成 45°。

（3）在屋面上如果有两斜脊、两天沟，或一斜脊、一天沟相交于一点，则该点上必然有第三条线即屋脊线通过。这个点就是三个相邻屋面的公有点。如图 4－14 所示，A 点为 3 个坡面Ⅰ、Ⅱ、Ⅲ所共有，两条斜脊线 AC、AF 与屋脊线 AB 交于 A 点。

图 4－15 是这三条特点的简单说明。所示四坡屋面的左右两斜面为正垂面，前后两斜面为侧垂面，从正面和侧面投影上可以看出这些垂直面对水平面的倾角 α 都是相等的，因

此是同坡屋面，这样在水平投影上就有：

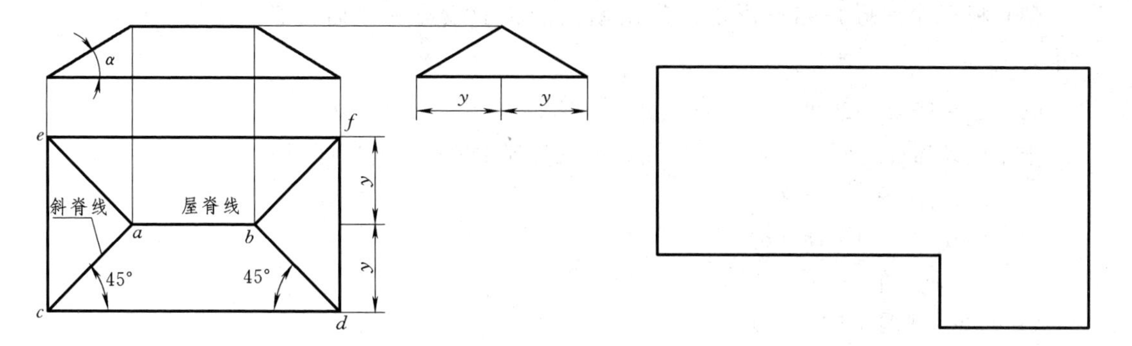

图 4－15　同坡屋面的三面投影图说明　　　　图 4－16　同坡屋面檐口线的投影

（1）ab（屋脊线）平行 cd 和 ef（檐口线），且 $y=y$。

（2）斜脊必为檐口线夹角的平分线，如$\angle eca=\angle dca=45°$。

（3）过 d 点有三条脊棱线 ab 和 ac、ae，即两条斜脊线 AC、AE 正和一条屋脊线 AB 相交于点 A。

三、同坡屋面的画法

【例 4－8】　已知四坡屋面的倾角（$\alpha=30°$）及檐口线的水平投影，如图 4－16 所示。求屋面交线的水平投影和屋面的正面投影和侧面投影。

分析与作图：

根据上述同坡屋面交线的投影特点，作图步骤如下：

（1）在屋面的水平投影上见屋角就作 45°分角线。在凸墙角上做的是斜脊线 ac、ae、mg、ng、bf、bh；在凹墙角上做的是天沟 dh，如图 4－17（a）所示。

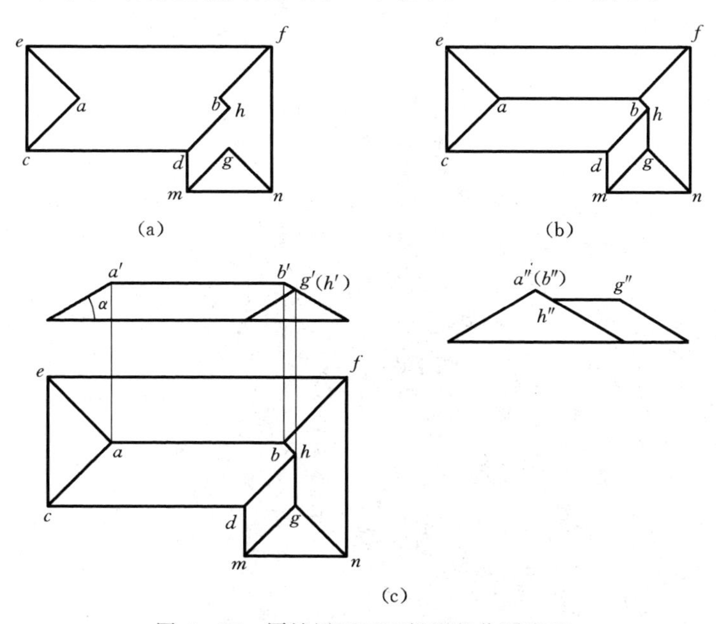

图 4－17　同坡屋面三面投影的作图过程

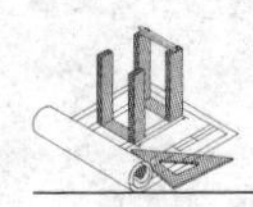

(2) 在水平投影上作屋脊线 ab 和 gh，如图 4-17 (b) 所示。

(3) 根据屋面倾角和投影规律作出屋面的正面投影和侧面投影。如图 4-17 (c) 所示。

四、同坡屋面的型式

由于同坡屋面的同一周界不同尺寸，可以得到 4 种典型的屋面划分。

1) $ab<ef$ [图 4-18 (a)]。

2) $ab=ef$ [图 4-18 (b)]。

3) $ab=ac$ [图 4-18 (c)]。

4) $ab>ac$ [图 4-18 (d)]。

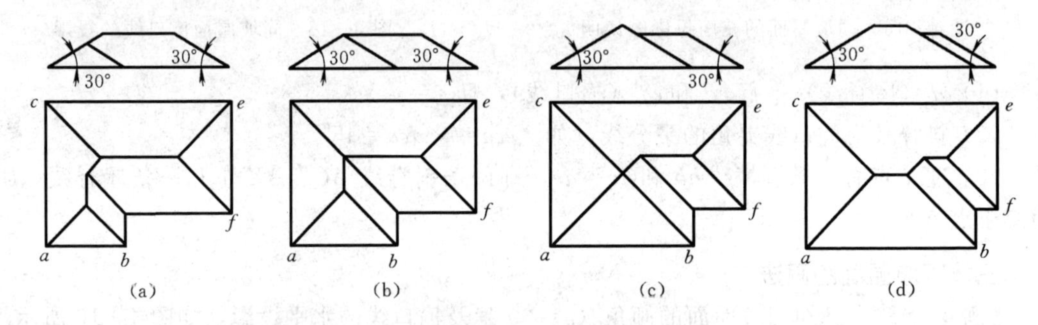

图 4-18　不同跨度的同坡屋面的投影比较

由上述可见，屋脊线的高度随着两槽口之间的距离而起变化，当平行两檐口屋面的跨度越大，屋脊线的高度就越高。

第五章　曲面体及表面交线

常见的曲面基本体有圆柱、圆锥、圆球等，简称为曲面体，也称为回转体。它们的表面是由一条母线绕固定轴线旋转而成的，母线在旋转过程中的每一个具体位置称为曲面的素线。因此，可以认为回转体的曲面上存在着许多素线。

圆柱面上的素线是与轴线平行的直线，如图5-1（a）所示。

圆锥面上的素线是相交于锥尖处的直线，如图5-1（b）所示。

圆球面上的素线是圆，根据作图的需要把它分为水平素线圆、正平素线圆和侧平素线圆，如图5-1（c）所示。

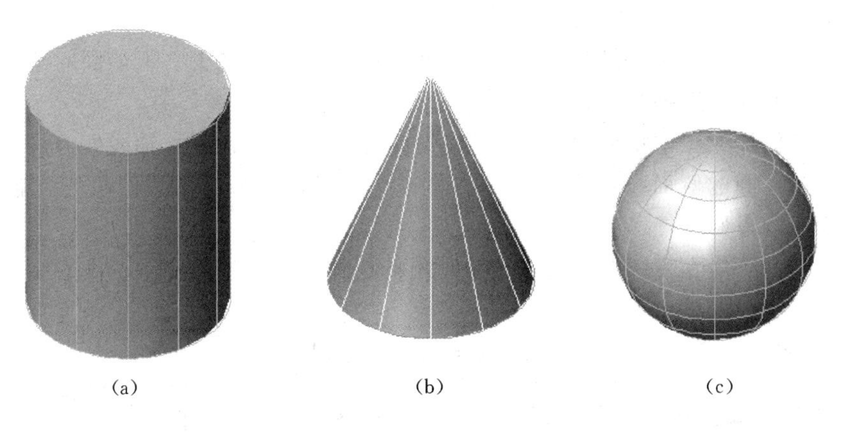

(a)　(b)　(c)

图5-1　曲面体及表面上的素线

（a）圆柱；（b）圆锥；（c）圆球

当截平面截切曲面体时，形成截交线，截交线的形状与曲面体形状和截平面的位置相关，通常截断面多是矩形、圆、椭圆、抛物线等较规则的平面图形，如图5-2（a）所示。截交线都是截平面与曲面体表面的共有线。因此，求截交线就是求截平面和曲面体表面的若干共有点，然后依次光滑地连接各点的同名投影。

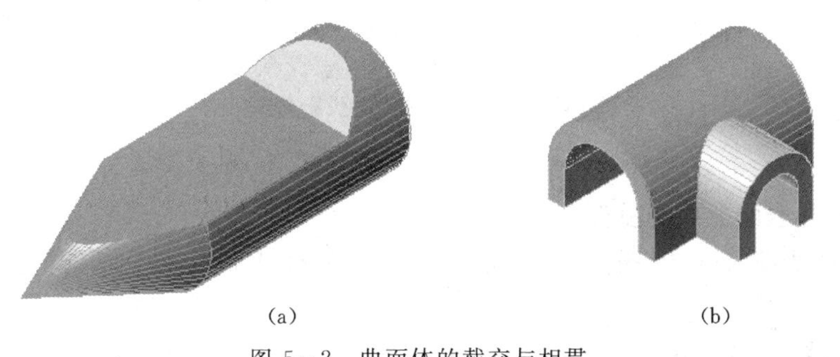

(a)　(b)

图5-2　曲面体的截交与相贯

（a）截交线；（b）相贯线

当另一基本体与曲面体相交时，形成相贯线，相贯线多是不规则的空间曲线。如图5－2（b）所示。它们都是两相贯体表面的共有线。求相贯线的过程与求截交线的过程是一样的，只不过相贯线的投影形状不容易判断。

为了准确无误地绘制截交线与相贯线，必须求出截交线上的某些特殊点，如直线的端点；椭圆上长短轴的端点；曲面体特殊素线上的点；以及截交线上的中间点、最高点、最低点、最左点、最右点、最前点和最后点等。

第一节　圆柱体及截交线

一、圆柱体的投影

图5－3为一轴线垂直于水平投影面的正圆柱体的直观投影图和三面投影图。

圆柱体由圆柱面和上下端面所围成，圆柱的上下两端面为水平面，它的水平投影反映实形仍为圆，正面投影和侧面投影均积聚为直线。

圆柱体轴线垂直于水平投影面，圆柱面的水平投影积聚在上、下端面的圆上，圆柱面的正面投影和侧面投影都为矩形。

圆柱的正面投影图中矩形的两边线为最左和最右素线的投影，轴线处为最前、最后素线的投影位置。圆的侧面投影图中矩形的两边线为最前、最后素线的投影，轴线处为最左、最右素线的投影位置。

值得注意的是应在投影图中用点划线画出圆柱体轴线的投影和圆的中心线。

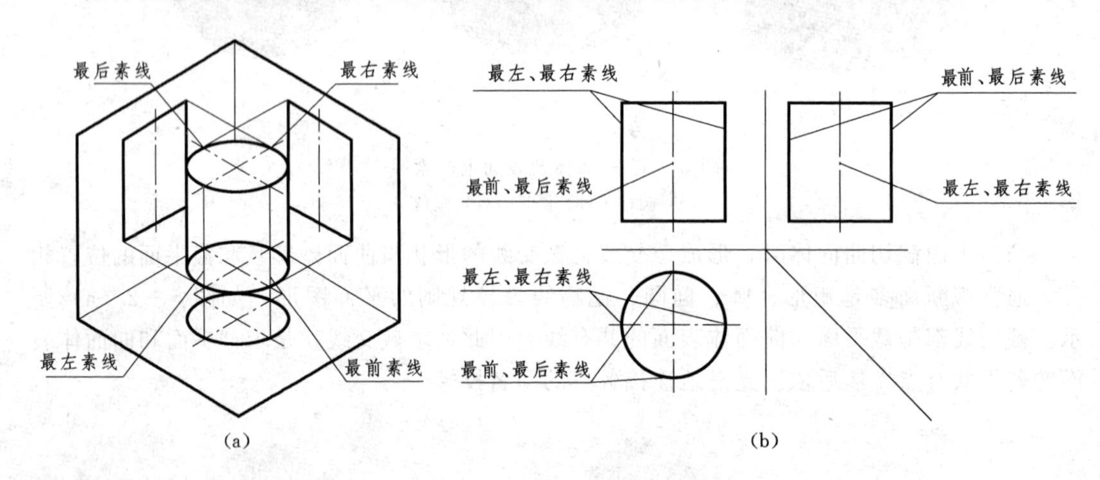

图5－3　圆柱的三面投影分析

（a）直观投影图；（b）三面投影图

二、圆柱体表面上点的投影

求圆柱体表面上点的投影，一般可以应用圆柱表面具有的积聚性投影特性来作图。

【例5－1】　如图5－4（a）所示，已知圆柱体上点A的正面投影a'与点B的水平投影b及点C的侧面投影c''。试求出A、B、C三点的其他两面投影。

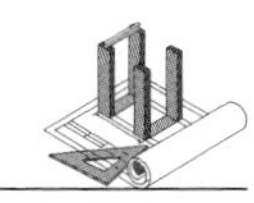

分析与作图：

(1) 点 a' 在圆柱面的最左素线上，则其水平投影 a 和侧面投影 a'' 都在圆柱面最左素线的同名投影上。根据点的投影规律，可直接作出点 A 的水平投影 a 和侧面投影 a''，如图 5-4 (b) 所示。

(2) 点 b 在水平投影的圆内，而且可见，即点 B 在圆柱的上端面上，由于圆柱的上端面的正面投影和侧面投影积聚成直线，根据点的投影规律，可确定 b'、b'' 的投影位置，如图 5-4 (c) 所示。

(3) 点 c'' 在圆柱面的前左方，这类点称为一般点，由于它在圆柱面上，它的水平投影必然也积聚在圆线上，根据点的投影规律，可求出 c、c' 的投影，如图 5-4 (d) 所示。

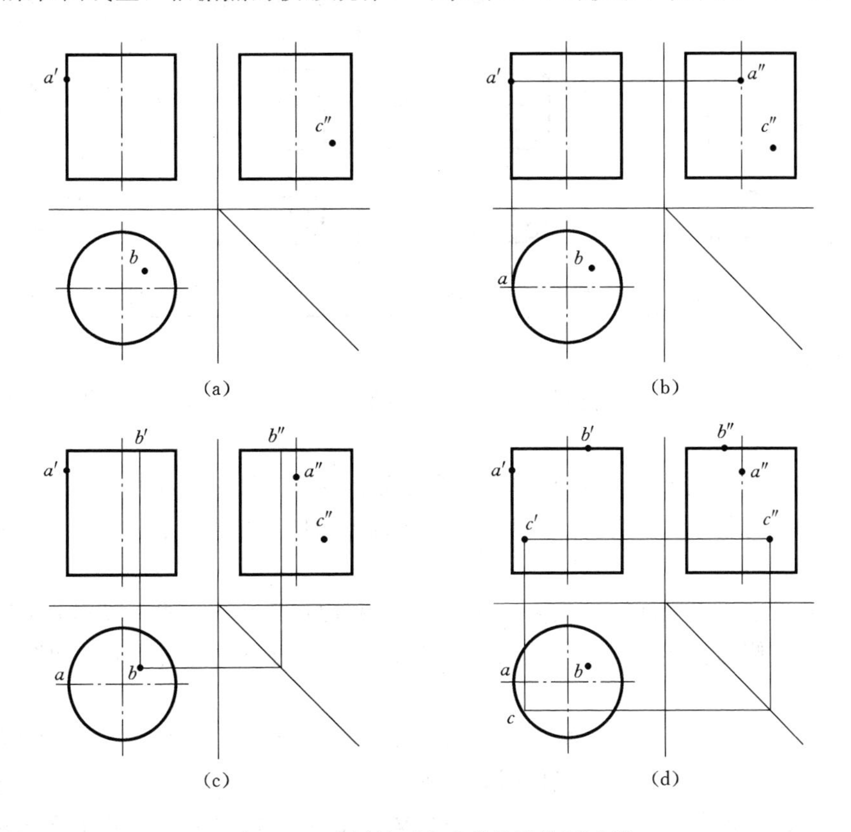

图 5-4 求圆柱面上点的投影作图过程

三、圆柱体的截交线

根据截切平面与圆柱的相对位置不同，截交线有以下几种常见情况，见表 5-1。

【例 5-2】 如图 5-5 (a) 所示，试作圆柱被正垂面截切后的三视图。

作图分析：

圆柱被正垂面倾斜于轴线截切，截交线为一椭圆。因圆柱面垂直于水平面，其水平投影有积聚性，所以截交线的水平投影积聚在圆周上；因截平面垂直于正面，其正面投影积聚成一斜线，故交线的正面投影也积聚在这条斜线上；因截平面倾斜于侧面，故截交线的侧面投影是椭圆。作图时，根据投影规律可找出交线上 A、B、C、D、E、F、G、H 点的三面投影，如图 5－5（a）所示，然后将各点光滑地连成椭圆（如应用计算机绘图，只需找 A、B、C、D 四个特殊点）。

表 5－1　　**平面与圆柱的交线**

截平面位置	平行或垂直于轴线			倾斜于轴线
实体图				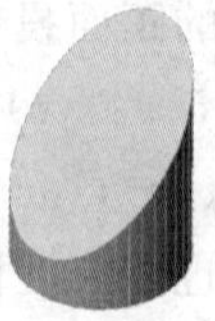
三面投影图	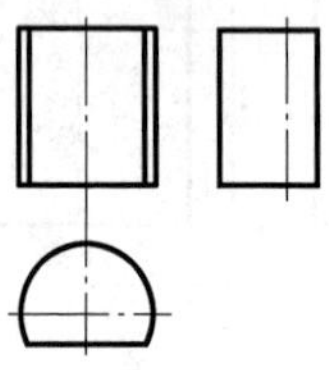	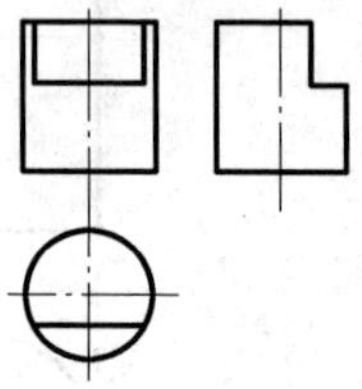	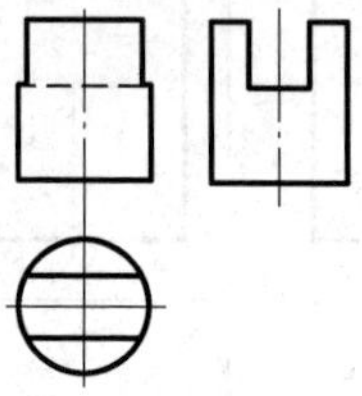	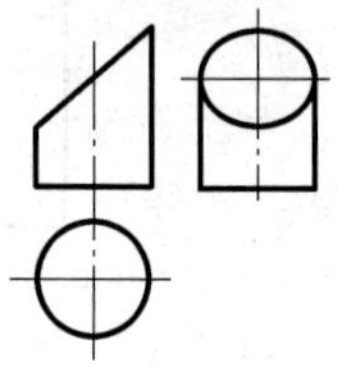
截交线	直线或圆弧			椭圆

作图步骤：

（1）作出完整的圆柱三面投影图，在正面投影上作出截平面的积聚投影，如图 5－5（b）所示。

（2）求特殊点。截平面的正面投影与圆柱面上最前、最后、最左、最右素线的交点 A、B、C、D 称为特殊点，由正面投影可求出特殊点的侧面投影 a''、b''、c''、d''。$a''b''$、$c''d''$ 分别为椭圆的长短轴，如图 5－5（c）所示。

（3）求一般点。在交线正面投影上取 e、f'，利用积聚性求出水平投影 e、f，再根据投影规律求出其侧面投影 e''、f''，然后根据点的对称性再求出点 g''、h''，如图 5－5（d）所示。

（4）依次光滑连接各点，形成一个椭圆（此椭圆在 cd 处与圆柱前后轮廓线相切）擦去被切掉的图线，加深轮廓，完成作图，如图 5－5（e）所示。

【例 5－3】　如图 5－6（a）所示，圆柱体被截去一角，试完成其水平投影和侧面投影。

分析与作图：

截平面是侧平面和水平面，作图如图 5－6（b）所示。

【例 5－4】　图 5－7 所示模型为套筒上部有一切口，试作出其三面投影图。

分析与作图：

圆套筒切口可看作是截平面截切内外两个圆柱面，为便于分析，在作图时可先作出截平面与外圆柱面的截交线，再作出截平面与内圆柱面的截交线。

切口是由一个水平面和两个侧平面截切圆柱体形成的。在正面投影中，3 个平面均积聚为直线；在水平投影中，两个侧平面积聚为直线，水平面为带圆弧的平面图形，且反映

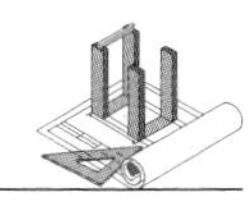

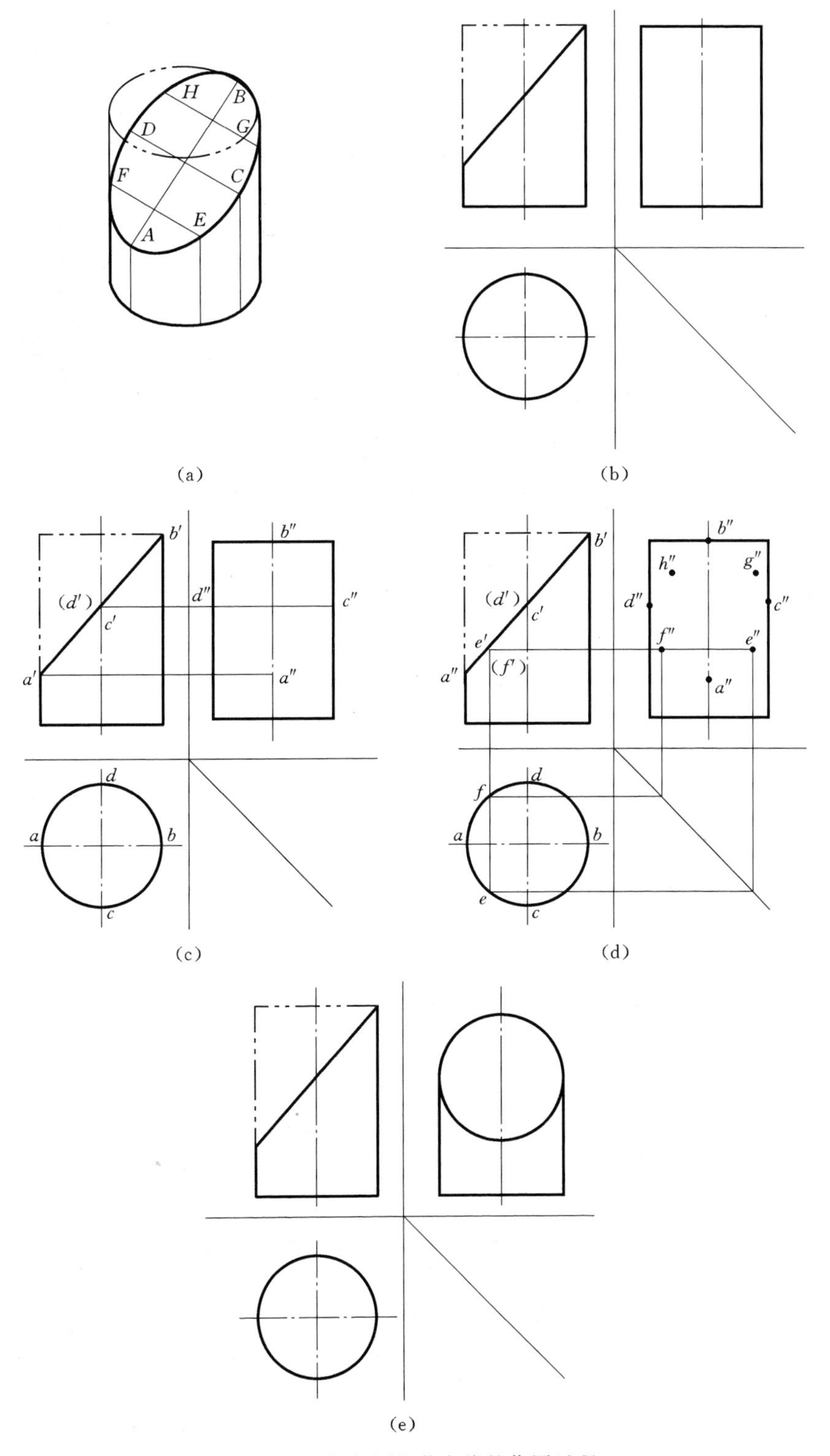

图 5-5　斜切圆柱截交线的作图过程

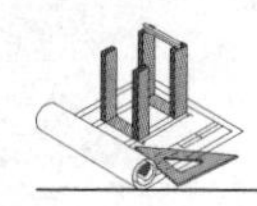

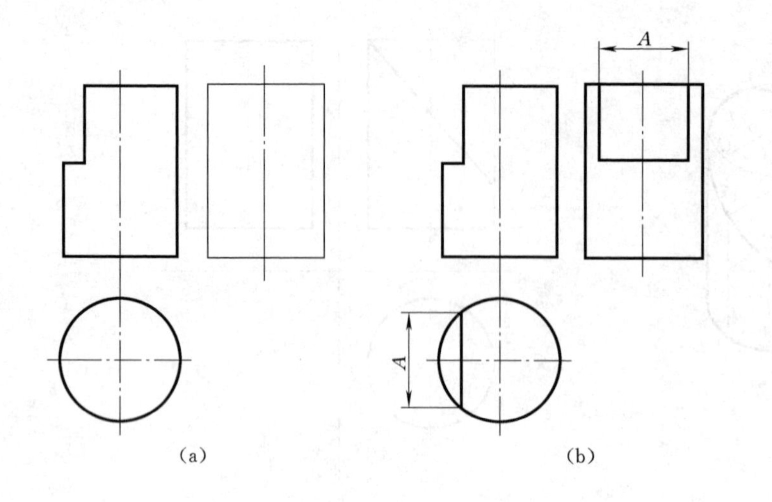

图 5－6　直切圆柱截交线的作图过程

图 5－7　圆套筒切口模型

实形；在侧面投影中，两个侧平面为矩形且反映实形，水平面积聚为直线（被圆柱面遮住的一段不可见，应画成虚线）。应当指出，在侧面投影中，圆柱面上的最前和最后素线被切去的部分不应画出。

作图步骤如图 5－8 所示。

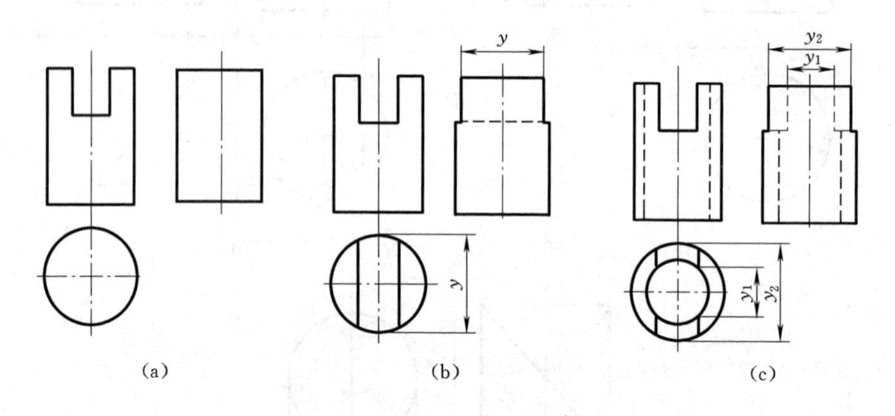

图 5－8　套筒切口部分的截交线

(a) 画切口；(b) 画外圆柱面截交线；(c) 画内圆柱面截交线

第二节　圆锥体及截交线

一、圆锥体的投影

圆锥体是由圆锥面和底平面所围成的，如图 5－9 (a) 所示。图 5－9 (b) 为一轴线垂直于水平投影面的圆锥体的三面投影。其中圆锥体底平面平行于 H 面，故其水平面投影为反映底平面实形的圆，它的正面投影和侧面投影都积聚成直线。圆锥面的正面投影是三角形，两边线是圆锥面上最左、最右素线的投影，最前、最后素线的投影与轴线重合。

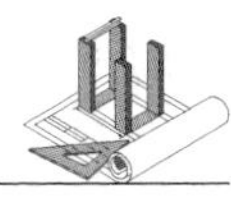

侧面投影也是三角形，两边线是圆锥面上最前、最后素线的投影，最左、最右素线的投影也与轴线重合。水平投影与底面的水平投影重合，中心线是圆锥面上最左、最右、最前、最后素线的位置。对于圆锥面来讲，三个投影均没有积聚性。

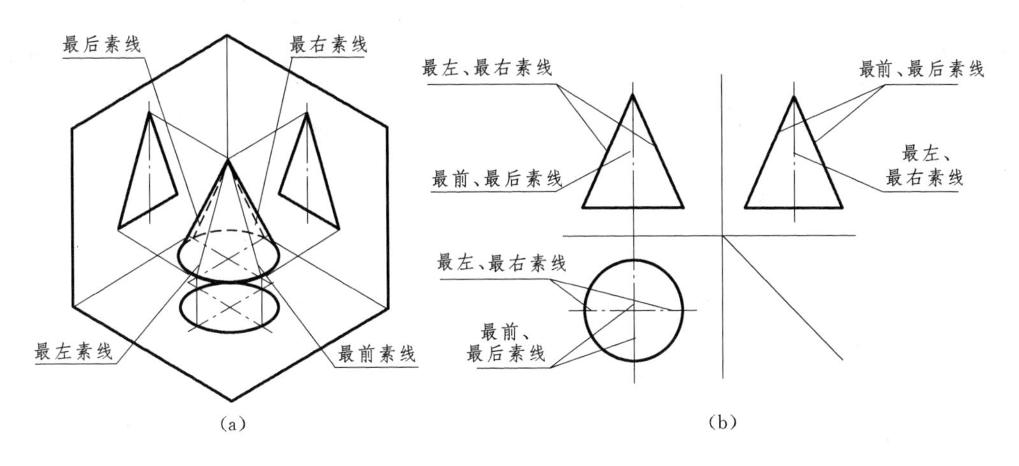

图 5－9　圆锥体三面投影分析

(a) 直观投影图；(b) 三面投影图

二、圆锥体三面投影图的画法

圆锥体三面投影图的画法步骤如下：

(1) 画水平投影的中心线及底面圆，如图 5－10 (a) 所示。

(2) 确定顶点高度，画出正面投影和侧面投影，如图 5－10 (b) 所示。

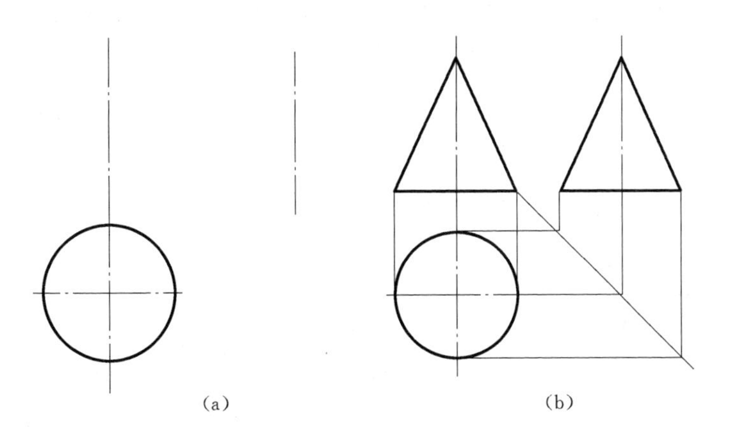

图 5－10　圆锥的三面投影图画法

三、圆锥体表面上点的投影

根据圆锥体的形成可知，圆锥面的 3 个投影都没有积聚性，所以在圆锥表面上取点时，不能采用积聚性法。在圆锥表面上求点的投影，必须借助辅助直线或者是辅助圆，利用点和线的从属性来求解，如图 5－11 所示。这两种方法分别称为辅助素线法和辅助圆线法。

【例 5－5】　如图 5－12 所示，已知 A 点的正面投影 a，求点 A 的其他两面投影。

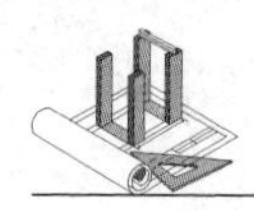

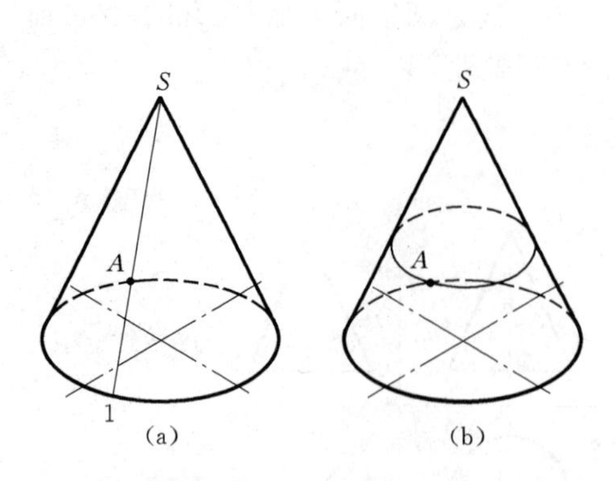

图 5-11 圆锥表面上求点投影的两种方法图示
(a) 辅助素线法；(b) 辅助圆线法

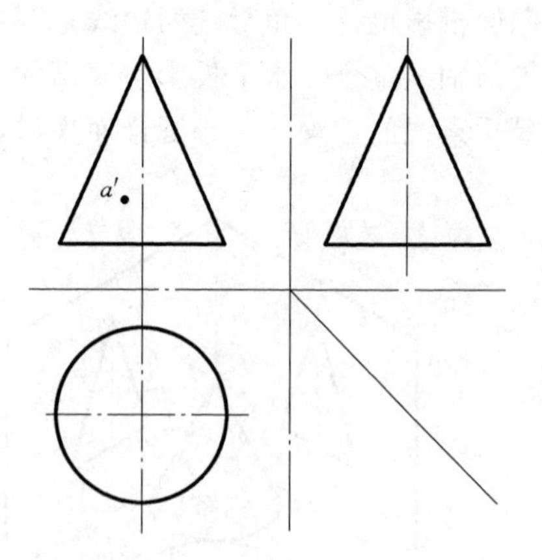

图 5-12 求圆锥面上点的投影

分析与作图：

分别用辅助素线法和辅助圆线法作图求解：

(1) 辅助素线法。如图 5-13 (a) 所示，在正面投影上，过点 a'作素线的投影 $s'1'$，接着作出素线的水平投影 $s1$，再在 $s1$ 线上作出点 A 的水平投影 a，然后根据点的投影规律作出点 A 的侧面投影 a''。

(2) 辅助圆的画法。如图 5-13 (b) 所示，在正面投影上，过 a'作水平线，交圆锥的最左与最右素线于 c、d 两点，cd 直线即为过点 A 的辅助圆在正面上的积聚投影，其长度等于辅助圆直径。以 cd 为直径以 s 为圆心在圆锥的水平投影上作圆，点 A 的水平投影 a 即在该圆上。再根据点的正面投影 a'和水平投影 a 求得点 A 的侧面投影 a'' 。

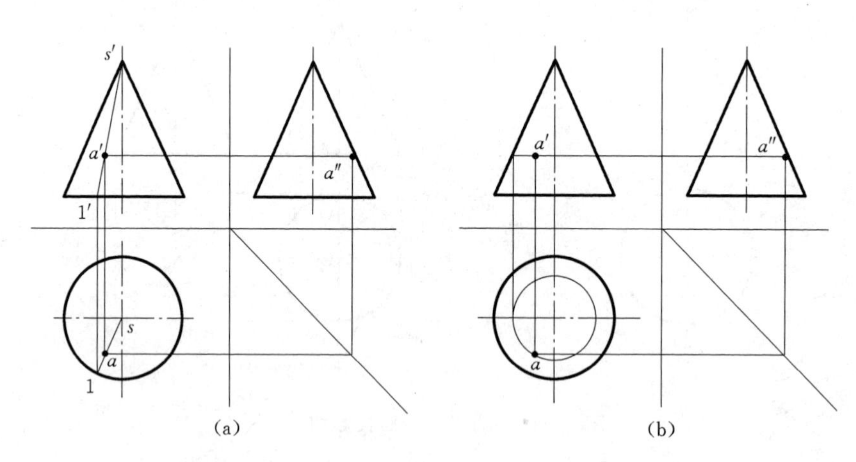

图 5-13 圆锥面上求点投影的两种作图方法
(a) 辅助素线法作图；(b) 辅助圆线法作图

四、圆锥体的截交线

当平面与圆锥相交时，由于平面对圆锥的相对位置不同，其截交线可以是圆、椭圆、抛物线或双曲线，这 4 种曲线总称为圆锥曲线；当截切平面通过圆锥顶点时，其截交线为过锥顶的两直线；见表 5-2。

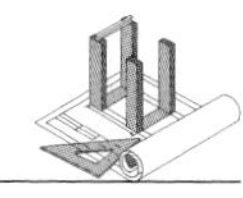

表 5-2　　平面与圆锥的交线

截面位置	垂直于轴线	与所有素线相交	平行于一条素线	平行于轴线	过锥顶
截交线	圆	椭圆	抛物线	双曲线	直线
轴测图	P	P	P	P	P
投影图	P_V	P_V	P_V	P_H	P_H

【例 5-6】 如图 5-14（a）所示，圆锥被一侧平面截切，求作截交线的三视图。

作图分析：

截平面为侧平面，与圆锥的轴线平行，确定截交线形状为双曲线。其水平投影和正面投影分别积聚为一直线，侧面投影反映实形。

作图步骤：

（1）求特殊点：如图 5-14（b）所示，最高点 A 是圆锥最左素线上的点，最低点 B、

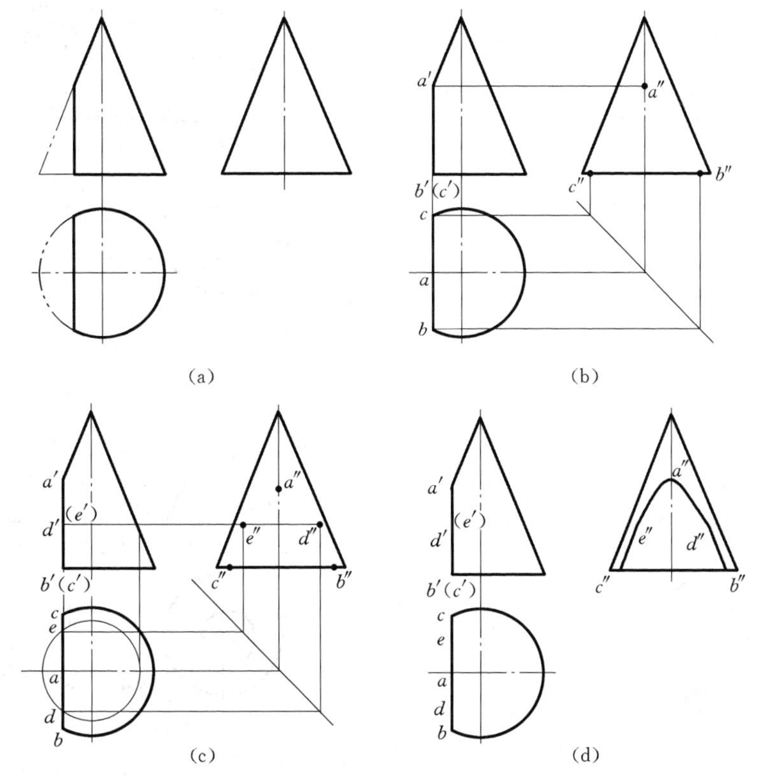

图 5-14　圆锥上双曲线截交线的作图过程

C 为圆锥底面棱线圆上的点，根据点的从属性求出 A、B、C 三点的三面投影。

(2) 求一般点：如图 5－14 (c) 所示，在水平投影中作一辅助圆，与截交线的积聚投影相交于 e、d 两点，E、D 两点为截交线上的点。然后作出辅助圆线的正面投影，再根据点线的从属性和投影规律求出 E、D 两点的正面投影 $e'd'$ 和侧面投影 $e''d''$。

(3) 如图 5－14 (d) 所示，依次光滑连接 a''、b''、c''、d''、e'' 各点，即得截交线的侧面投影。

【例 5－7】 如图 5－15 所示，已知圆锥被斜截后的正面投影，试作出其截交线，完成三面投影图。

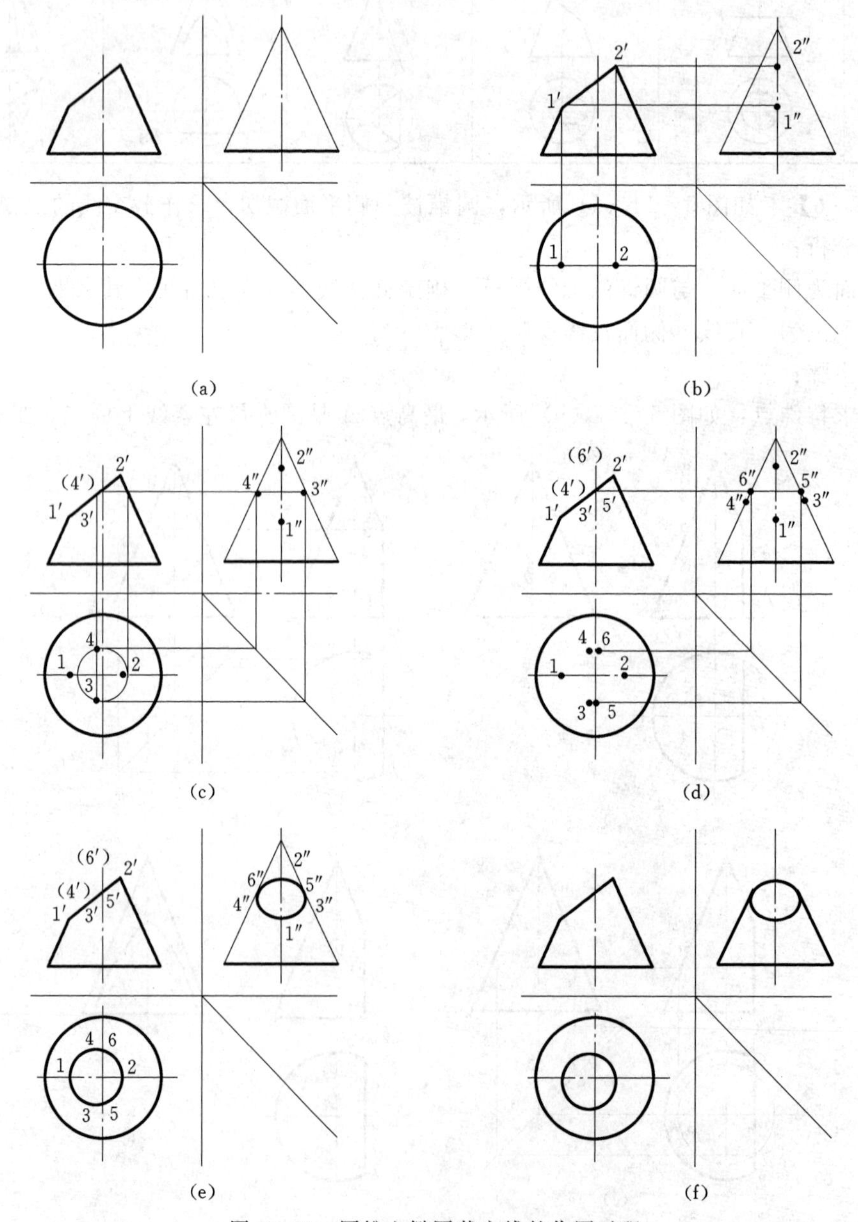

图 5－15　圆锥上椭圆截交线的作图过程

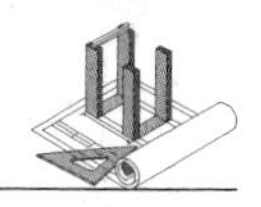

作图分析：

圆锥被斜截，截交线是椭圆，正面投影积聚成直线，其余两面投影均是椭圆，椭圆长轴、短轴的端点是必须找到的特殊点，另外再找出素线上的点，光滑连接各点。

作图步骤：

(1) 在正面投影中，截平面与圆锥面最左素线的交点 1′、2′两点是椭圆一个轴的两端点，可在相应的素线上直接找出 1′、2′两点的其余两面投影，如图 5-15 (b) 所示。

(2) 在正面投影中，截平面积聚成直线，直线的中点 3′、4′两点是椭圆另一个轴的两端点，利用辅助素线法或辅助圆线法，找出 3′、4′两点的其余两面投影，如图 5-15 (c) 所示。

(3) 在正面投影中，截平面与圆锥面上最前、最后素线的交点 5′、6′两点，也是侧面投影中椭圆与最前最后素线的相切点，可在相应的素线上直接找出 5′、6′两点的其余两面投影，如图 5-15 (d) 所示。

(4) 将各点的同名投影光滑连接成椭圆，如图 5-15 (e) 所示。

(5) 整理图形，如图 5-15 (f) 所示。

【例 5-8】　如图 5-16 (a) 所示，已知圆锥切口的正面投影，求其他两个投影。

作图分析：

切口可以看作是由一个水平面和两个侧平面截切圆锥而成。水平面截切圆锥截交线为圆，本例为不完全切割，所以截交线是两段圆弧。两个侧平面截切圆锥截交线为双曲线，在侧面投影上反映实形。

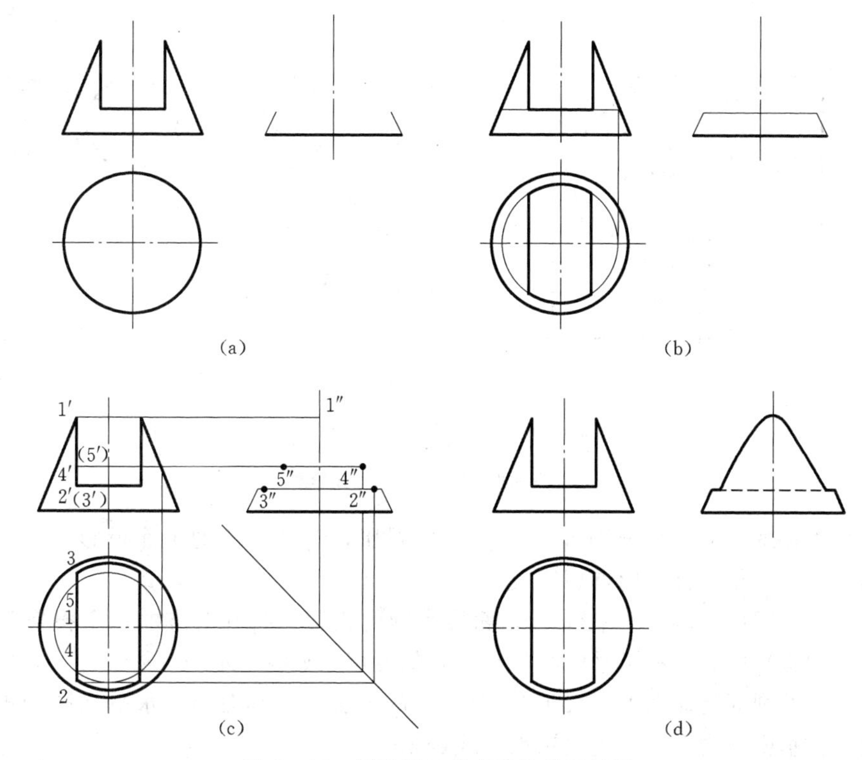

图 5-16　圆锥切口截交线的作图过程

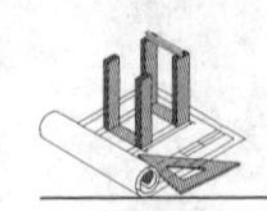

作图步骤：

(1) 画切口底平面形成的截交线，如图 5－16 (b) 所示，在正面投影上，将底平面的直线延长，与圆锥的最左、最右素线相交于 1、2 两点，在水平投影上以 1、2 线段长为直径，锥尖为圆心画圆，中间对应部分即为截交线圆的水平投影。截交线圆的侧面投影为水平直线（其中被圆锥表面遮住的一段因不可见，应画成虚线，可在最后再修改图形）。

(2) 作切口两侧面形成的截交线。切口两侧面的正面投影和水平投影都重影成一条直线，首先在该直线投影上找特殊点，如图 5－16 (c) 所示，在正面投影上确定截交线上的最高点 1′，最低点 2′、3′。已知点 1 在最左素线上，可利用点线的从属性，在最左素线的相应投影上，求得 1，1″。最低点 2、3 在底圆上，已知 2′、3′就可作出其水平投影 2、3 和侧面投影 2″、3″。然后在最高点和最低点之间再找两个一般点 4、5，用辅助素线法（或辅助圆线法）求出 5、6 两点的三面投影。

(3) 依次连接各点完成双曲线的投影，最后整理修改图形，如图 5－16 (d) 所示。

第三节　圆球体及截交线

一、圆球体的投影

如图 5－17 所示，在三面投影体系有一球体。其 3 个投影为 3 个直径相等并等于球径的圆。

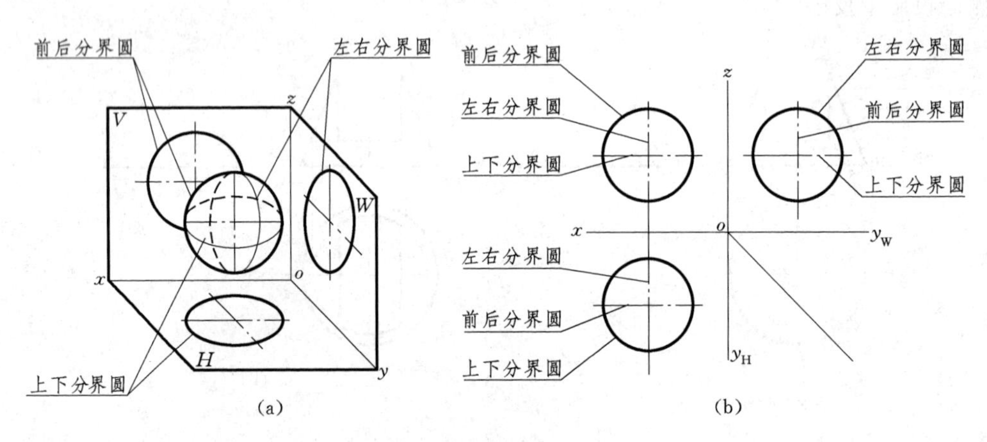

图 5－17　圆球体三面投影分析

(a) 直观投影图；(b) 三面投影图

水平投影是球面上平行于 *H* 面的最大圆的投影，与其对应的正面投影和侧面投影分别与圆的水平中心线重合，用点划线表示。

正面投影的圆周是球面上平行于 *V* 面最大圆的投影，与其对应的水平投影和侧面投影分别与圆的水平中心线和铅垂中心线重合，仍然用点划线表示。

侧面投影的圆周是球面上平行于 *W* 面最大的投影，与其对应的水平投影和正面投影分别与圆的铅垂中心线重合，仍然用点划线表示。

为了学习的方便，可以给圆球的水平投影圆、正平投影圆、侧平投影圆分别命名为上

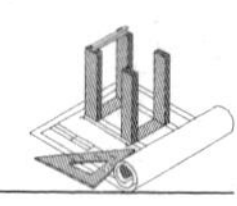

下半球分界圆、前后半球分界圆、左右半球分界圆，简称为上下分界圆、前后分界圆、左右分界圆。如图 5－17 所示。

二、圆球体表面上的点

在圆球体表面上求点的投影，由于其表面的投影不具有积聚性，也不存在直线段，但有无数条的圆线，凡是平行于投影面的圆线都具有实形性。所以可以利用辅助圆线法进行作图，如图 5－18 所示，在球体左前上方表面上有一点 A，其投影必定在过点 A 而平行于投影面的圆上，在求点的投影时，先作出过点 A 的水平圆的投影（也可作正平圆或侧平圆），再利用点的从属性和投影规律求出点的三面投影。

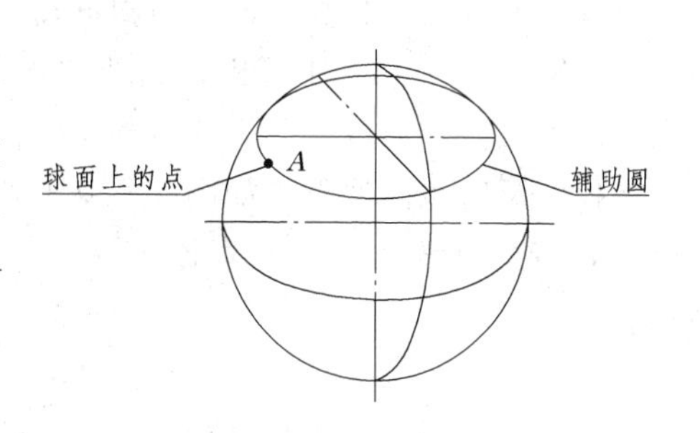

图 5－18 球面上的点与辅助圆

【例 5－9】 如图 5－19（a）所示，已知圆球表面上点 A 的正面投影 a'，求其水平投影 a 和侧面投影 a''。

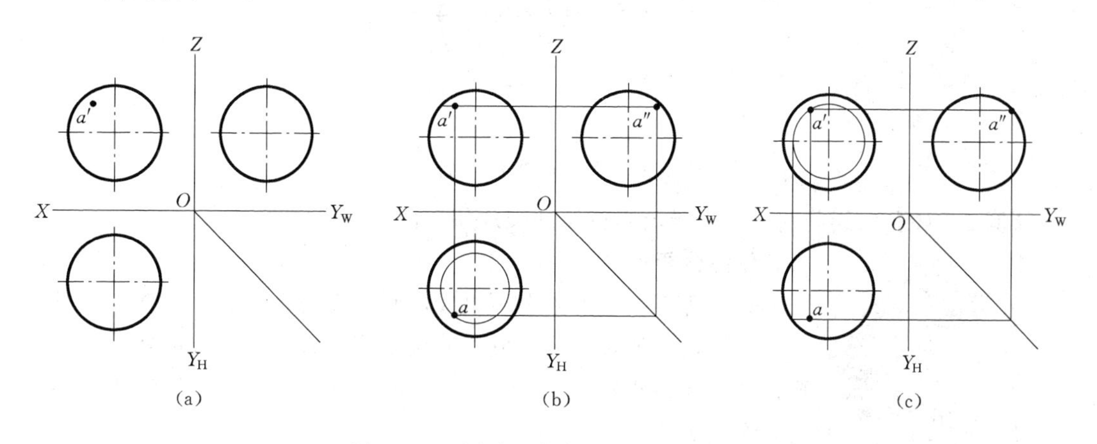

图 5－19 圆球上求点投影的作图过程

分析与作图：

前面已经分析，在圆球表面上求一般点的投影，必须通过作辅助圆的方法进行作图，可以采用作水平辅助圆、正平辅助圆、侧平辅助圆的任一种方法，本例采用作水平辅助圆和正平辅助圆两种方法作图，采用作侧平辅助圆的作图方法，读者可自行练习。

（1）作水平辅助圆：如图 5－19（b）所示，在正面投影上过 a' 作平行于 OX 轴的直线，与圆相交，该水平线为过点 A 且平行于 H 面的辅助圆的积聚投影，其长度等于辅助圆直径。作该辅助圆的水平投影，A 点的水平投影 a 即在该圆上，最后再根据 a a' 求得 a''。

（2）作正平辅助圆：如图 5－19（c）所示，在正面投影上以球心为圆心，过点 a' 作圆，该圆为圆球面上过点 A 的正平圆的实形，在水平投影图中作出该圆的积聚性投影——水平线，即可在该直线上找到点的水平投影 a，最后根据 a a' 求得 a''。

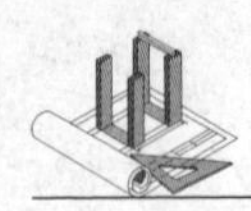

三、圆球体的截交线

平面与圆球相交，不论平面与圆球的相对位置如何，其截交线都是圆。但由于截切平面对投影面的相对位置不同，所得截交线（圆）的投影有所不同。

在图 5－20（a）中看出，圆球被水平面截切，所得截交线为水平圆，该圆的正面投影和侧面投影重影成一条直线（如 $a'b'$、$c''d''$），该直线的长度等于所截水平圆的直径，其水平投影反映该圆实形。如图 5－20（b）所示。截切平面距球心愈近（h 愈小），圆的直径（d）愈大；h 愈大，其直径愈小。

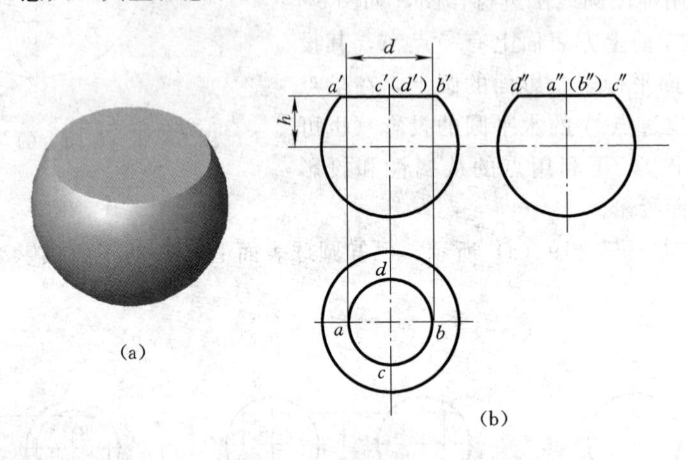

图 5－20　圆球上截交线的作图法

【例 5－10】　绘制图 5－21 所示螺钉头部圆球切口的三面投影图。

图 5－21　圆球切口

作图分析：

圆球切口由三个切平面组成，底平面为水平面，两侧面是侧平面。它们在圆球表面上形成的截交线都是圆弧，圆弧的实形分别反映在水平投影和侧面投影上，作图时只需找到圆弧的半径即可。

作图步骤：

（1）作出半球的三面投影草图，在正面投影上作切口的投影，如图 5－22（a）所示。

（2）作切口底平面的圆弧形截交线，如图 5－22（b）所示。

（3）作切口两侧平面的圆弧截交线，如图 5－22（c）所示。

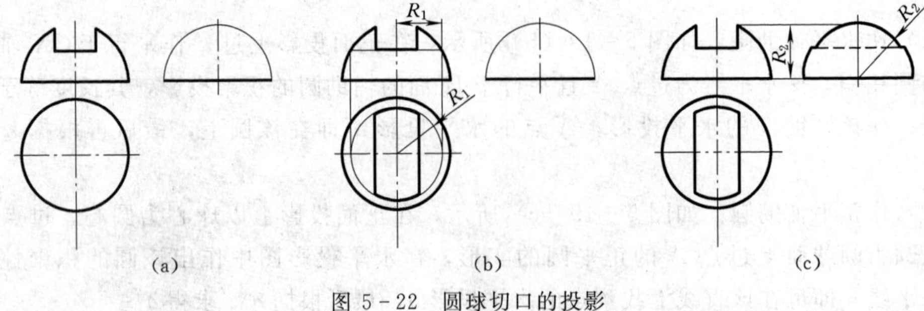

图 5－22　圆球切口的投影

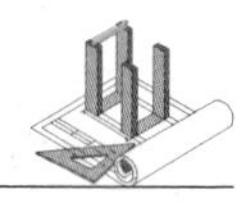

第四节　平面体与曲面体表面交线

平面体与曲面体相交，其相贯线一般是由若干段平面曲线或由平面曲线和直线所组成的空间封闭线。每一段平面曲线（或直线段）是平面体上一个棱面与曲面体的交线；求平面体与曲面体的相贯线，与求截交线的方法相同，一般情况下还是采用表面上求点的方法作出相贯线。

【例 5-11】　如图 5-23（a）所示是四棱柱和圆柱相交的三视图，补画图中所缺的相贯线。

分析与作图：

本例可分析为棱柱的四个平面与圆柱相交。四棱柱的两个平面与圆柱轴线平行，另两个平面与轴线垂直。四段交线分别为两段直线和两段圆弧，四段线连起来好似一块瓦片轮廓，如图 5-23（c）所示。

作图如图 5-23（b）所示。

应当注意，四棱柱和圆柱体本是一个物体，因而中间一段圆柱的轮廓素线是没有的。

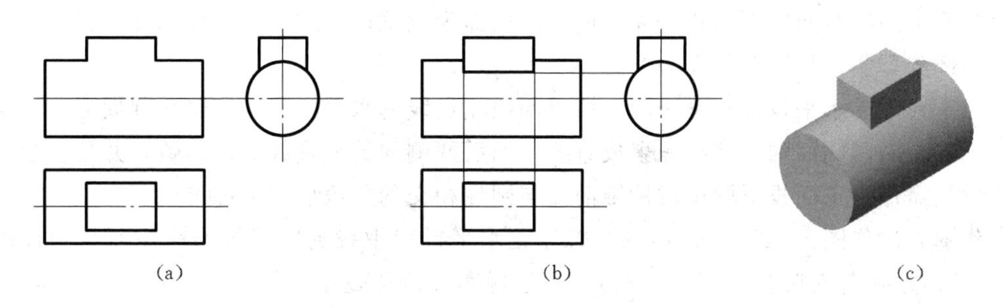

图 5-23　四棱柱与圆柱的相贯线

如图 5-24 所示带方孔的圆柱也可分析为四个平面与圆柱相交。还可以设想把图 5-23 中的四棱柱从圆柱上移去而形成方孔，两者的投影情况是一样的。构成方孔的四个平面中，前后两个为矩形，左右两个侧面为圆弧形平面。在主视图上，矩形反映实形，圆弧平面积聚成直线。圆弧形平面的投影除两端圆弧部分前方边缘可见外，其余均不可见，故用虚线画出。在左视图上，矩形积聚成直线段，圆弧形平面反映实形，但全部不可见，皆用虚线画出。

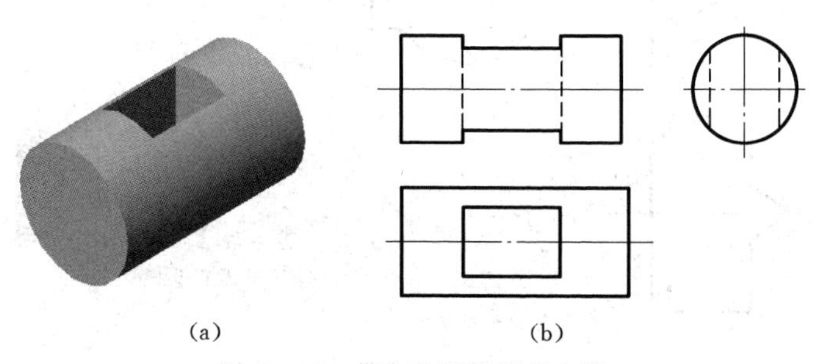

图 5-24　带方孔圆柱的截交线

【例 5-12】　如图 5-25（a）所示，已知四棱锥与圆柱相交，求作相贯线。

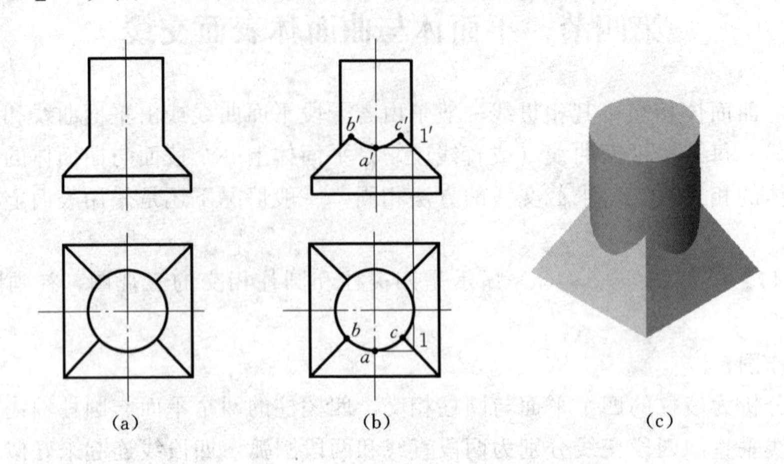

图 5-25　圆柱与四棱锥的相贯线

分析与作图：

从图中 5-25（a）可分析出：圆柱轴线为铅垂线，四棱锥的锥顶在圆柱的轴线上，四个棱面中的左右两侧面为正垂面，前后两侧面为侧垂面，它们与圆柱相交，交线均为椭圆的一部分，实体如图 5-25（c）所示。

由于柱面的水平投影积聚为圆，所以四段相贯线的水平投影都积聚在圆周上。在正面投影上，左右两侧面的相贯线积聚成直线，前后两侧面的相贯线为椭圆弧，并且重合。所以本例只需作出正面投影图中四棱锥前面与圆柱相交的一段椭圆弧即可。

作图方法如图 5-25（b）所示，首先在水平投影中找到四棱锥的前棱面与圆柱的交线 bc 段，并确定特殊点 a、b、c 三点（由于椭圆弧范围较小不用找一般点）。然后，利用面上找点的方法，求出 a、b、c 三点的正面投影 a'、b'、c'。最后将三个点的正面投影连接成椭圆弧。

【例 5-13】　如图 5-26（a）所示，已知三棱柱与圆锥相贯，求作相贯线。

作图分析：

从图 5-26（a）和图 5-26（b）可分析出，正面投影中的内三角形为三棱柱的三个

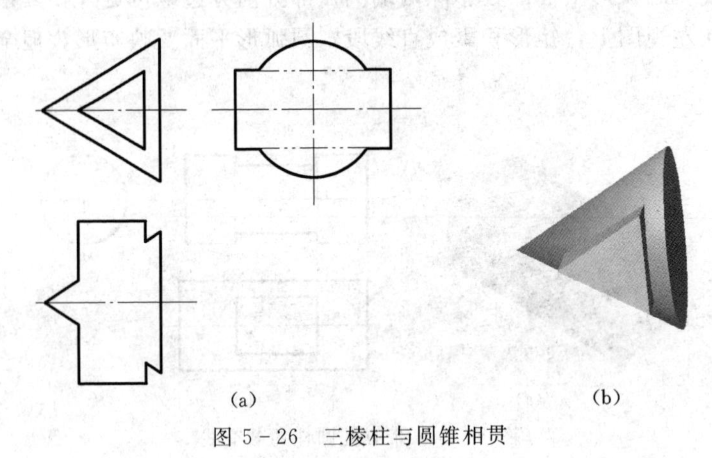

图 5-26　三棱柱与圆锥相贯

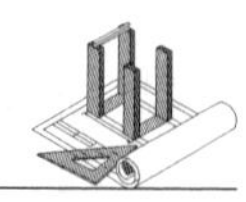

棱面的积聚投影，三棱柱与圆锥的相贯线的正面投影也积聚在此三角形上。三棱柱的三个棱面中，左边两个为正垂面，右边一个为侧平面，正垂面与圆锥的交线为椭圆的一部分，侧平面与圆锥的交线为圆的一部分。

应用辅助圆线法求出椭圆弧上的特殊点和一般点的三面投影，然后连接得三棱柱上正垂面与圆锥面相贯线的投影，由于相贯线前后对称，在作图时只需作出前半部分的投影，再利用对称性作出后半部分的投影。三棱柱上侧平面与圆锥面的相贯线为圆弧，可直接对应投影作出。

作图步骤：

（1）如图 5－27（a）所示，在正面投影上找到相贯线上的最左点 1′点，1 点是圆锥最前素线上的点，直接可找到 1 点的水平投影 1 和侧面投影 1″。

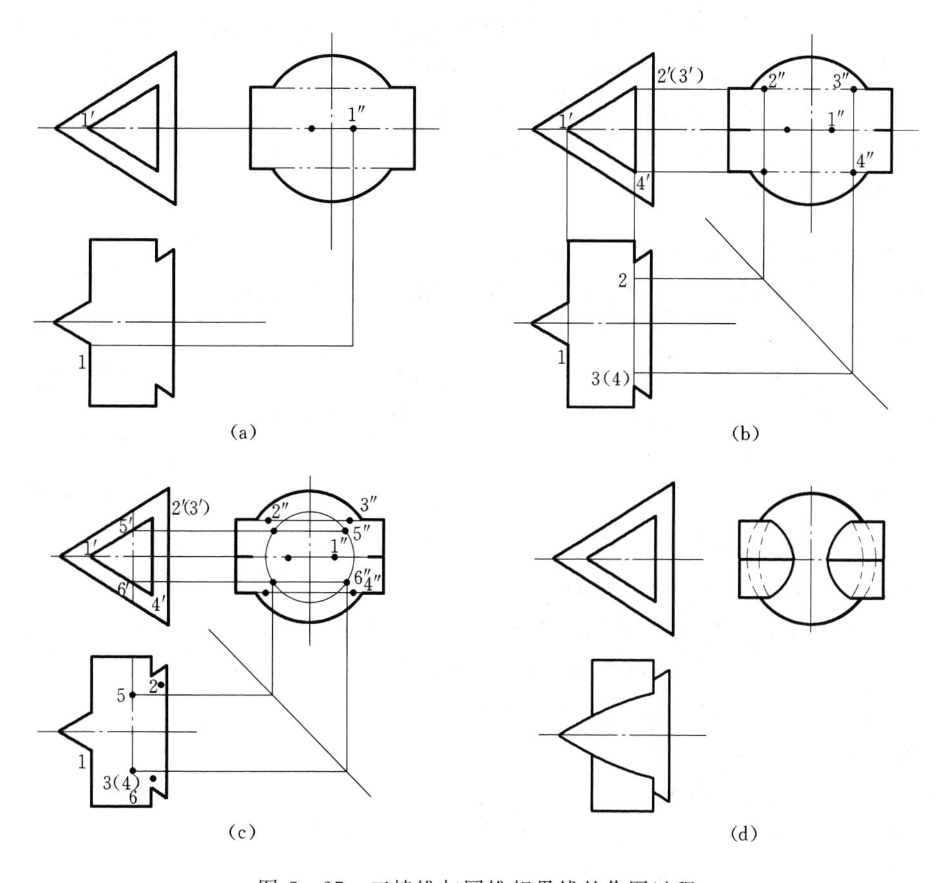

图 5－27　三棱锥与圆锥相贯线的作图过程

（2）如图 5－27（b）所示，在正面投影上找到相贯线上的最右点 3′、4′点，在圆锥面上应用辅助圆找点法，求出 3′、4′点的水平投影 3、4 和侧面投影 3″、4″。

（3）如图 5－27（c）所示，在正面投影上找到相贯线上的一般点 5′、6′点，在圆锥面上应用辅助圆找点法，求出 5′、6′点的水平投影 5、6 和侧面投影 5″、6″。

（4）如图 5－27（d）所示，连接相贯线上各点，然后用虚线作出三棱柱的右侧平面与圆锥面的相贯线圆弧。

最后，应注意，由于是两立体相贯，所以在水平投影中和侧面投影中，三棱柱的前后棱线之间均不应用虚线连接。

第五节　两曲面体的相贯线

两曲面体的相贯线在一般情形下是封闭的空间曲线，特殊情形下可能是平面曲线或直线。相贯线上的点是两曲面立体表面的共有点。求作两曲面立体的相贯线的投影时，一般是先作出相贯线上一系列点的投影，再连成相贯线的投影。

当两个立体中有一个立体表面的投影具有积聚性时，可以用在曲面立体表面上求点的方法作出这些点的投影。在求作相贯线上的这些点时，与求作曲面立体的截交线一样，应在可能和方便的情况下，适当地作出一些在相贯线上的特殊点，即能够确定相贯线的投影范围和变化趋势的点，如相贯体的曲面投影的特殊素线上的点，以及最高、最低、最左、最右、最前、最后点等，然后按需要再求作相贯线上一些其他的一般点，从而准确地连得相贯线的投影，并表明可见性。只有一段相贯线同时位于两个立体的可见表面上时，这段相贯线的投影才是可见的；否则，就不可见。

一、圆柱与圆柱的相贯线

【例 5－14】　如图 5－28 所示，求作两正交圆柱相贯线的投影。

作图分析：

两圆柱的轴线垂直相交，有共同的前后对称面和左右对称面，小圆柱全部穿进大圆柱。因此，相贯线是一条封闭的空间曲线，且前后对称和左右对称。

图 5－28　两圆柱相贯体

由于小圆柱面的水平投影积聚为圆，相贯线的水平投影便积聚在此圆上，同理，大圆柱面的侧面投影积聚为圆，相贯线的侧面投影也就积聚在与小圆柱相交处的一段圆弧上。于是问题就可归结为已知相贯线的水平投影和侧面投影，求作它的正面投影。因此，可采用在圆柱面上取点的方法，找出相贯线上的一些特殊点和一般点的投影，再顺序连成相贯线的投影。

作图步骤：

(1) 画出两相贯圆柱的外形轮廓投影，如图 5－29 (a) 所示。

(2) 作特殊点。如图 5－29 (b) 所示，先在相贯线的水平投影和侧面投影上，确定相贯线上的最左、最右、最前、最后点的投影 1、2、3、4 和 1″、2″、3″、4″。由 1、2、3、4 和 1″、2″、3″、4″再求出这些点的正面投影 1′、2′、3′、4′。

(3) 作一般点。如图 5－28 (c) 所示，在相贯线的侧面投影上，定出左右、前后对称的四个点的投影 5″、6″、7″、8″，由此可在相贯线的水平投影上求出 5、6、7、8。由 5、6、7、8 和 5″、6″、7″、8″即可求出这些点的正面投影 5′、6′、7′、8′。

(4) 光滑连接各点。如图 5－28 (d) 所示，按相贯线水平投影所显示的诸点的顺序，连接诸点的正面投影，即得相贯线的正面投影。在正面投影上，前、后的相贯线是重合的。

两轴线垂直相交的圆柱，在零件上是最常见的，它们的相贯线一般有如图 5－30 所示

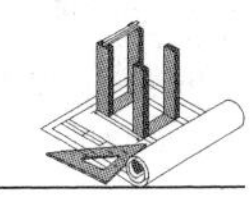

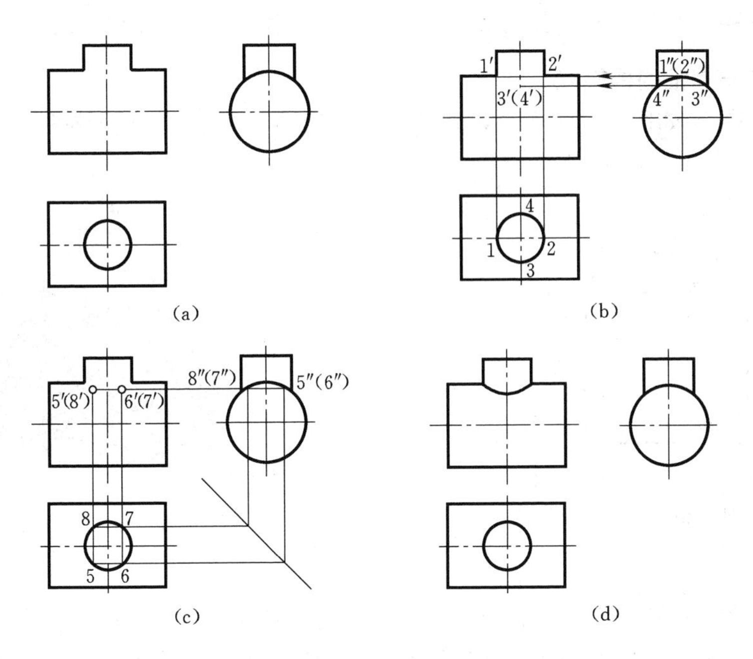

图 5-29　作两正交圆柱的相贯线的投影

的三种形式：

(1) 图 5-30 (a) 表示小的实心圆柱全部贯穿大的实心圆柱，相贯线是上下对称的两条封闭的空间曲线。

(2) 图 5-30 (b) 表示圆柱孔全部贯穿实心圆柱，相贯线也是上下对称的两条封闭的空间曲线，就是圆柱孔的上下孔口曲线。

(3) 如图 5-30 (c) 所示的相贯线，是长方体内部两个孔的圆柱面的交线，同样是上下对称的两条封闭的空间曲线。

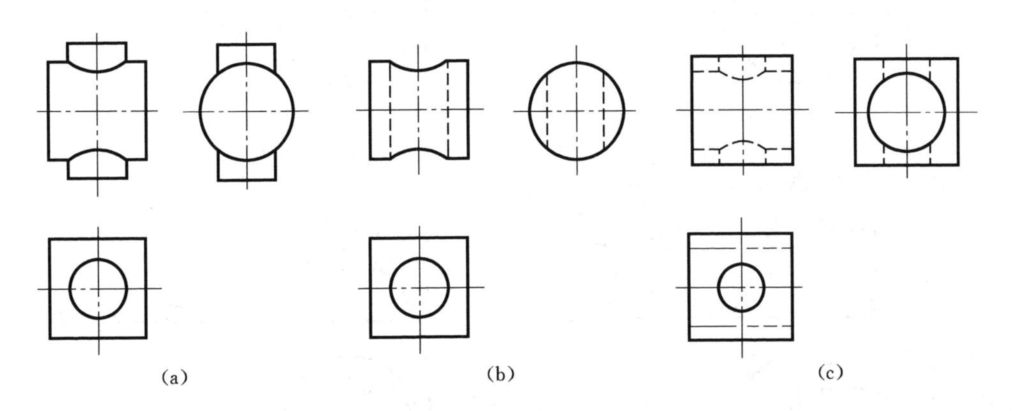

图 5-30　圆柱相贯常见的三种形式

(a) 两实心圆柱相交；(b) 圆柱孔与实圆柱相交；(c) 两圆柱孔相交

如图 5-30 所示投影图中的相贯线，具有同样的形状，其作图方法也是相同的。为了简化作图，可用如图 5-31 所示的圆弧近似代替这段非圆曲线，圆弧半径为大圆柱半径。

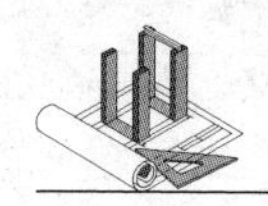

必须注意根据相贯线的性质，其圆弧弯曲方向应向大圆柱轴线方向凸起。

二、圆柱与圆锥的相贯线

【例 5-15】　如图 5-31 所示，圆柱和圆锥相贯，画出其三面投影图。

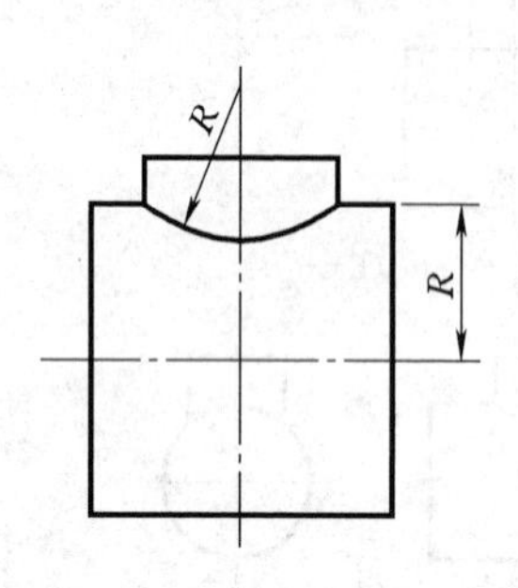

图 5-31　相贯线的简化画法

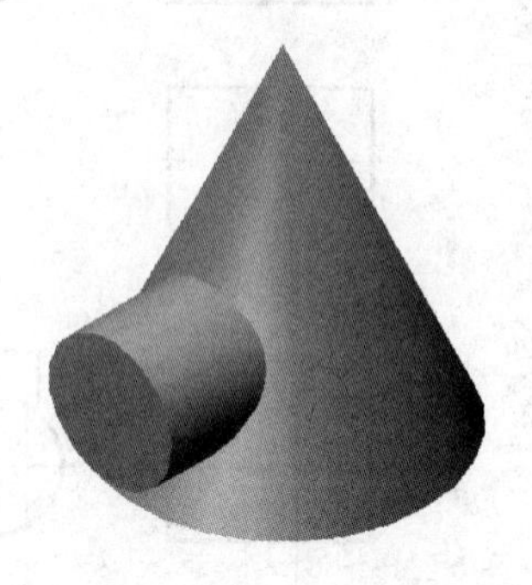

图 5-32　圆柱与圆锥相贯

作图分析：

由图 5-32 可见相贯线是一条封闭的空间曲线，且前后对称，前半、后半相贯线正面投影相互重合。又由于圆柱面的侧面投影积聚为圆，相贯线的侧面投影也必积聚在这个圆上。因此，相贯线的侧面投影是已知的，正面投影和水平投影是要求作的。应用圆锥面上

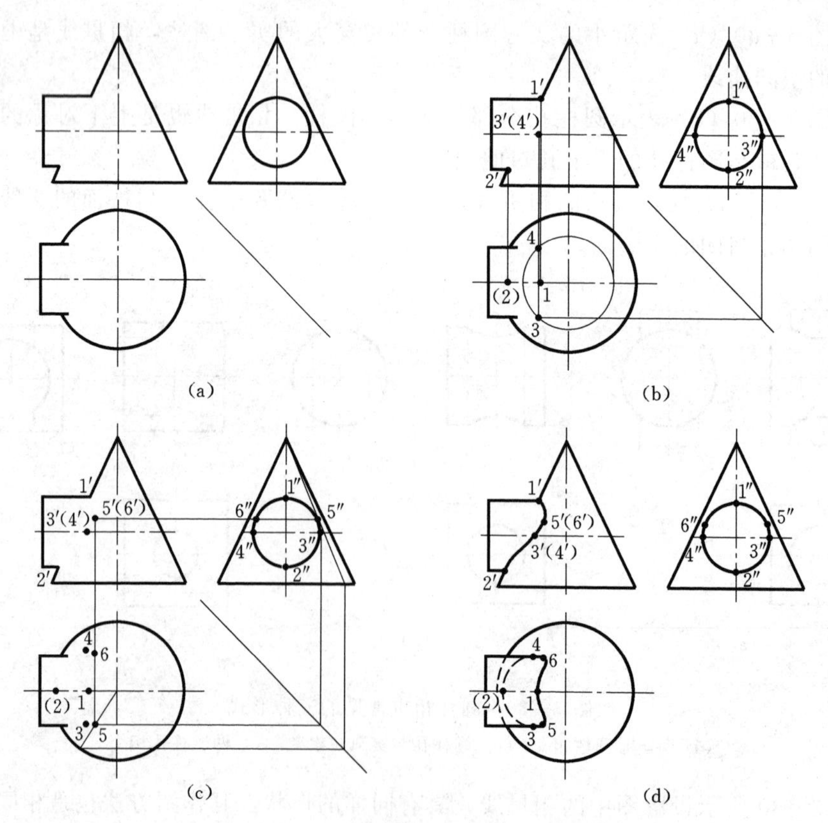

图 5-33　圆柱和圆锥相贯线的作图过程

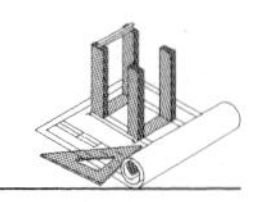

求点的方法，即可作出相贯线。

作图步骤：

(1) 画出圆柱与圆锥相贯体的外形轮廓投影，如图 5-33 (a) 所示。

(2) 如图 5-33 (b) 所示。在侧面投影上，确定最前、最后、最上、最下 4 个特殊点的投影位置 1″、2″、3″、4″，并在相应的素线上，作出其水平投影 1、2、3、4 与正面投影 1′、2′、3′、4′。

(3) 如图 5-33 (c) 所示。在侧面投影上，通过锥顶作一素线与小圆柱的投影圆相切，切点 5″、6″可认为是相贯线上的最左和最右点，求出该两点的水平投影 5、6 和正面投影 5′、6′。

(4) 按侧面投影中诸点的顺序，把诸点的正面投影和水平投影分别连成相贯线的正面投影和水平投影。按照“只有同时位于两个立体可见表面上的相贯线，其投影才可见”的原则，可以判断：在水平投影中，线段 35164 可见，324 不可见，如图 5-33 (d) 所示。

三、相贯线的特殊情况

在一般情况下，两回转体的相贯线是空间曲线，但在一些特殊情况下，也可能是平面曲线或直线。表 5-3 为相贯线是平面曲线的几种情况。

表 5-3　　相贯线的特殊情况

	等径圆柱正交	等径圆柱斜交	圆柱轴线过球心	圆锥轴线过球心
实体图				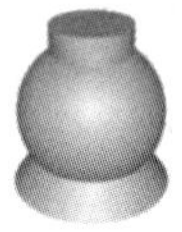
投影图	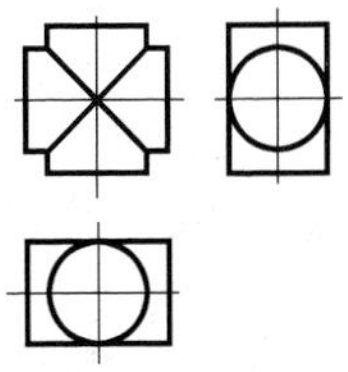	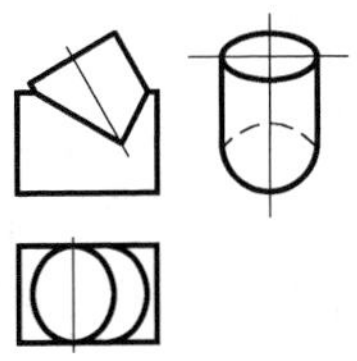	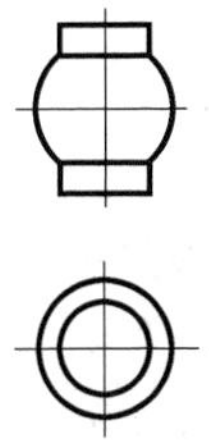	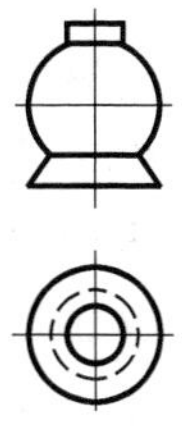

第六章 轴 测 投 影

形体的三面或多面正投影图能完整、准确地表达建筑形体的几何特征和形状大小。正投影作图图示方法简便、度量性好的优点，使其在工程中得到了广泛的应用。但这种图示法在表达上缺乏立体感，人们需经过一定的训练才能看懂［图 6-1（a）］。若在正投影图旁再绘出该形体的轴测图作为辅助图样［图 6-1（b）］，则能弥补正投影图之不足，帮助人们更容易的看懂正投影图。

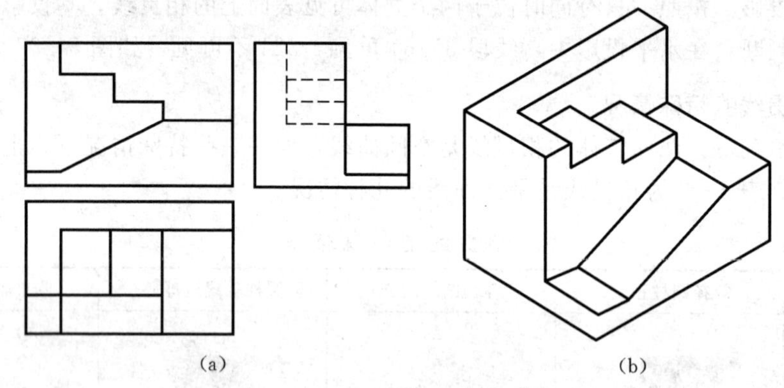

图 6-1 物体的正投影图和轴测投影图

（a）正投影图；（b）轴测图

第一节 概 述

一、轴测投影的形成

根据平行投影的原理，将空间形体连同确定其空间位置的参考直角坐标系，沿不平行于任一坐标平面的方向投射在单一投影面上，形成具有立体感较强的图形称为轴测投影图，简称轴测图。如图 6-2 所示在投影面 P 上所得的图形。

图 P 为轴测投影面，S 为投射方向。确定形体空间位置的参考直角坐标 OX 、OY、OZ 在轴测投影面上的投影 O_1X_1、O_1Y_1、O_1Z_1 称为轴测投影轴（简称轴测轴）；通常在绘制轴测投影的时候，都将轴测轴 O_1Z_1 放置为铅直方向；相邻轴测轴之间的夹角 $X_1O_1Z_1$、$X_1O_1Y_1$、$Y_1O_1Z_1$ 称为轴间角；直角坐标轴上单位长度的轴测投影长度与原来直角坐标轴上的单位长度的比值称为轴向伸缩系数，设 p_1、q_1、r_1 分别为 OX、OY、OZ 轴的轴向伸缩系数。

轴测投影是在一个投影面上反映出形体的长、宽、高 3 个向度，具有的立体感比正投影图要强。它的缺点是形体表达不全面（如原来不平行于空间直角坐标面的矩形，其轴测投影变成平行四边形；原直角坐标面上的直角的轴测投影不再是直角），轴测投影的度量性差，而且作图比正投影复杂。

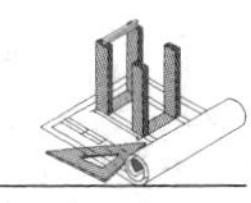

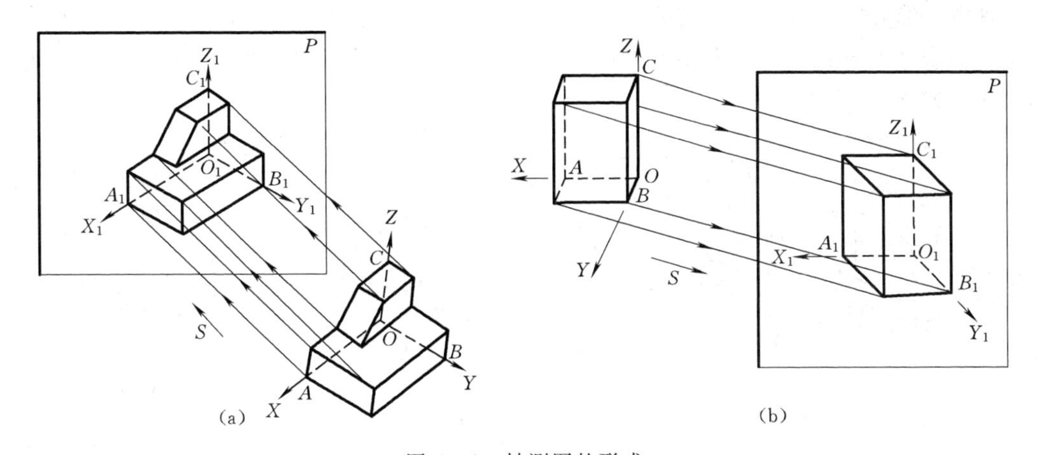

图 6-2 轴测图的形成

(a) 正轴测投影；(b) 斜轴测投影

二、轴测投影的特性

轴测投影是根据平行投影的原理而作出的一种立体图，因此它具有平行投影的一切特性。

1）形体上相互平行的线段，它们的轴测投影仍然互相平行。

2）形体上与坐标轴平行的线段，它的轴测投影仍与相应的轴测轴平行。

3）空间同一直线上线段长度之比以及相互平行的两线段长度之比，在轴测投影中仍保持不变。

三、轴测投影的种类

(1) 按照轴测投影方向与轴测投影面的相对位置不同，轴测图可以分两类：

1）正轴测图：轴测投影方向垂直于轴测投影面时所得的投影图，如图 6-2 (a) 所示。

2）斜轴测图：轴测投影方向倾斜于轴测投影面时所得的投影图，如图 6-2 (b) 所示。

(2) 按轴向伸缩系数的不同，轴测图可分为三类：

1）正（斜）等轴测投影：三个轴向伸缩系数都相等的轴测投影图，即 $p_1=q_1=r_1$。

2）正（斜）二等轴测投影：三个轴向伸缩系数中有两个相等的轴测投影图，即 $p_1=q_1\neq r_1$ 或 $p_1\neq q_1=r_1$ 或 $p_1=r_1\neq q_1$。

3）正（斜）三轴测投影：三个轴向伸缩系数都不相等的轴测投影图，即 $p_1\neq q_1\neq r_1$。

建筑制图国家标准中指出，在绘制轴测图时，应采用正等测、正二测、正面斜轴测、水平斜轴测等绘制画法。在实际作图中，只要给出轴间角及轴向伸缩系数，便可根据形体的正投影图作其轴测图。

第二节 正 等 轴 测 投 影

一、正等轴测图的轴间角和轴向伸缩系数

在实际工程中，常用的是正等轴测投影。正等轴测投影的轴间角和轴向伸缩系数都相等，如图 6-3 所示。

轴测投影在实际应用中，主要是为了直观形象地表达形体，图形的大小是次要的，它并不影响表达的直观性，一般不作为施工的尺寸依据，故常将轴向伸缩系数简化，以使作图简便，如图 6-3（d）所示。

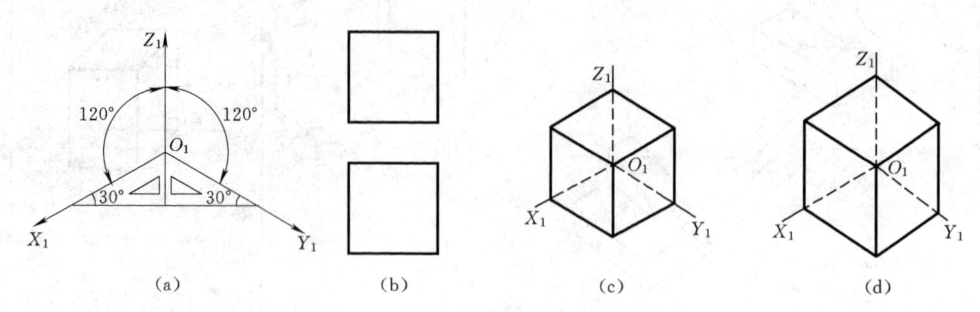

图 6-3　正等测的轴间角和轴向伸缩系数

（a）正等轴测轴；（b）正投影图；（c）$p=q=r=0.82$；（d）$p=q=r=1$

二、正等轴测图的画法

1. 特征面法

适用于绘制棱柱类物体的轴测图，首先绘制棱柱的一个底面，然后绘制棱线，最后连接另一个底面。

图 6-4 为应用特征面法绘制长方体（棱柱）正等轴测图的画法步骤。

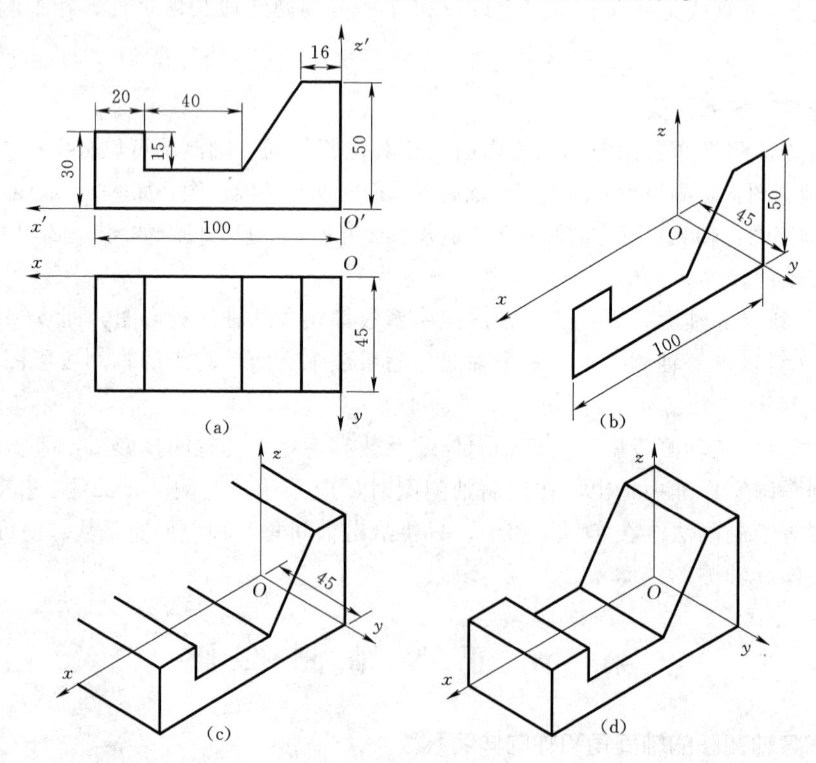

图 6-4　特征面法绘制正等轴测图画法步骤

（a）棱柱体两视图及尺寸；（b）绘制前底面；（c）绘制棱线；（d）连接后底面

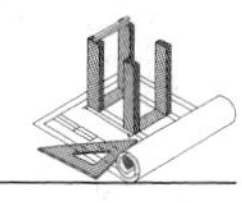

2. 切割法

适用于绘制棱柱被切角、开槽等切割体，先用特征面法画出完整的形体，再按照切割位置进行切割绘图。

图 6-5 为应用切割法绘制四棱柱切割体正等轴测图的画法步骤。

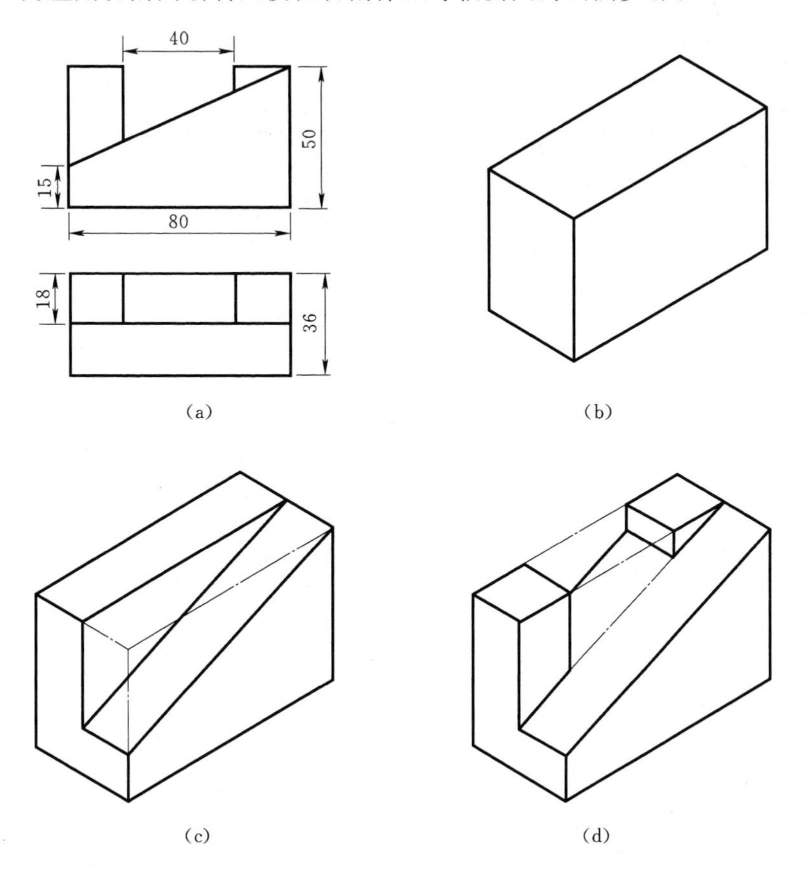

图 6-5　用切割法绘制正等轴测图

(a) 切割体两视图及尺寸；(b) 画原体轴测图；(c) 切前角；(d) 切槽

3. 坐标法

适用于绘制棱锥、棱台类物体，先用轴测坐标绘出形体上主要角点的投影，然后连接各棱线，从而画出整个形体的轴测图，这种作图方法称为坐标法。

图 6-6 为应用坐标法绘制四棱台正等轴测图的画法步骤。

4. 叠加法

适用于绘制组合体，将组合体分解为若干基本形体，依次将各个基本形体进行准确定位后叠加在一起，形成整个形体的轴测图。

图 6-7 为应用叠加法绘制柱基础正等轴测图的画法步骤。

5. 综合应用

一般情况下，工程形体都由若干部分组成，且每个部分都不规则，在绘制正等轴测图时需综合应用上述方法，从而使作图简化。

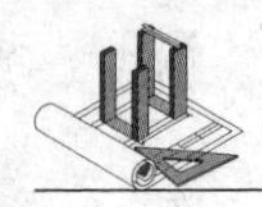

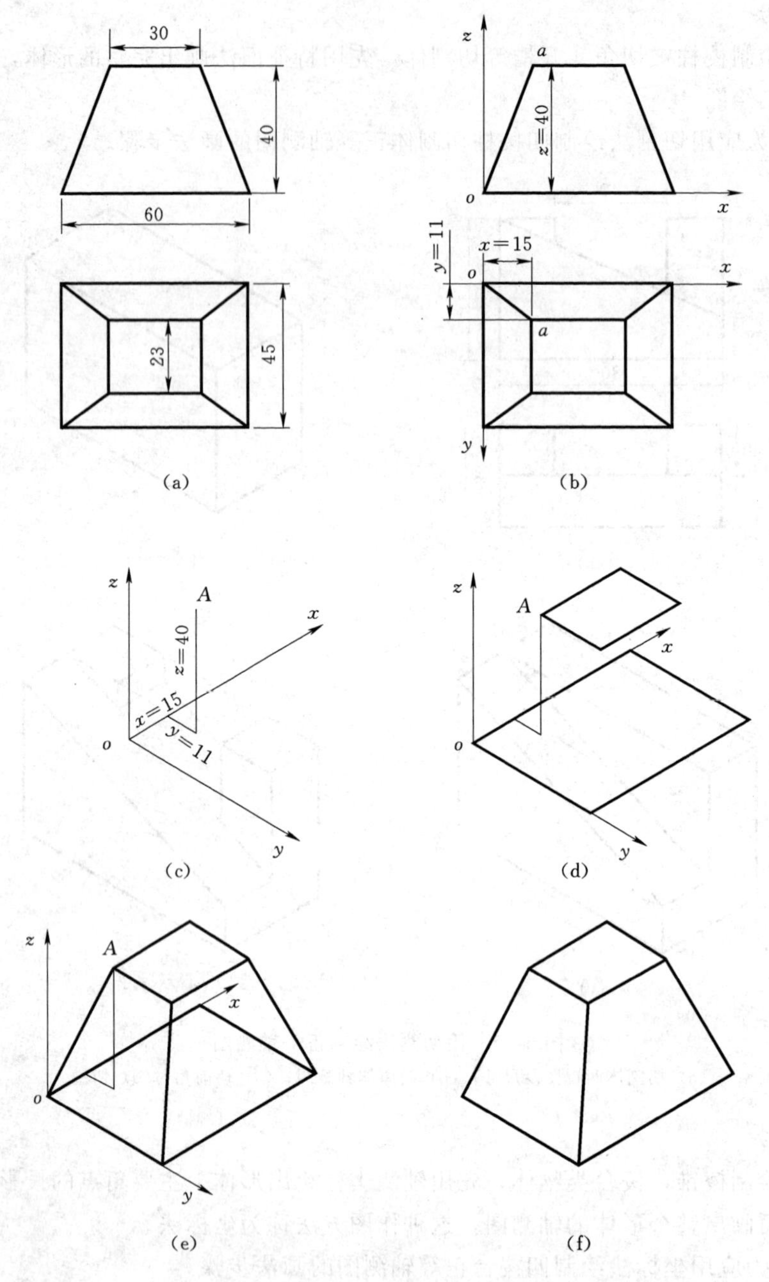

图 6-6 坐标法绘制正等轴测图的画法步骤

(a) 四棱台视图；(b) 量 A 点平面坐标；(c) 量 A 点轴测坐标；
(d) 绘制上、下底面轴测投影；(e) 连接棱线；(f) 整理图形

图 6-8 为应用特征面法、切割法、叠加法绘制台阶正等轴测图的步骤。

三、曲面立体的正轴测投影画法

1. 平行于坐标面的圆的正等测图

平行于三个坐标面的圆的正等轴测投影都是椭圆。求作圆的正等测图最常用的方法是“以

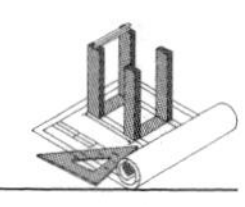

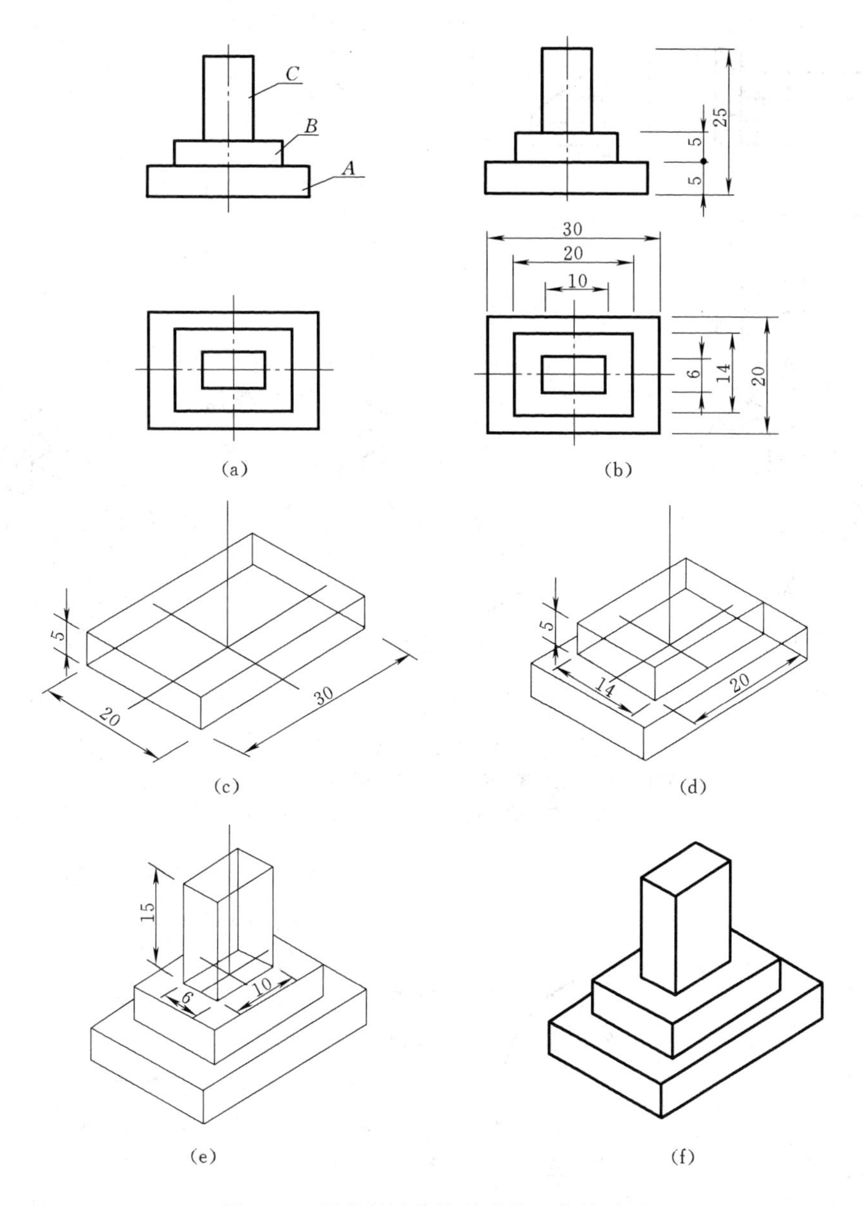

图 6-7 用叠加法作柱基础的正等轴测图

(a) 柱基础的分解；(b) 确定各四棱柱的大小尺寸；(c) 画出轴测轴，作出底部四棱柱 A 的轴测图；(d) 将轴测坐标原点上移至四棱柱 A 的上表面中心位置，作四棱柱 B 的轴测图；(e) 用同样的方法作出顶部四棱柱 C 的轴测图；(f) 区分可见性，加深图线，即得柱基础的正等轴测图

方求圆”，即先画出平行于坐标面的正方形的正等测图，然后再画正方形内切圆的正等轴测图。为了简化作图，常采用近似画法，即用四段圆弧连接成扁圆代替椭圆，称为四圆心法。

(1) 作出圆的外接正四边形的轴测图，其中对边平行于所在坐标平面的轴测轴。图 6-9以平行于坐标平面 XOY 的圆周为例，则得到菱形 $A_1B_1C_1D_1$。

(2) 连接菱形对角线较短边的顶点及所对应边的中点，即连 D_1E_1、D_1F_1、B_1H_1、B_1G_1 得两交点 J_1K_1。

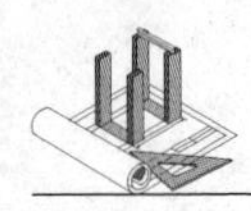

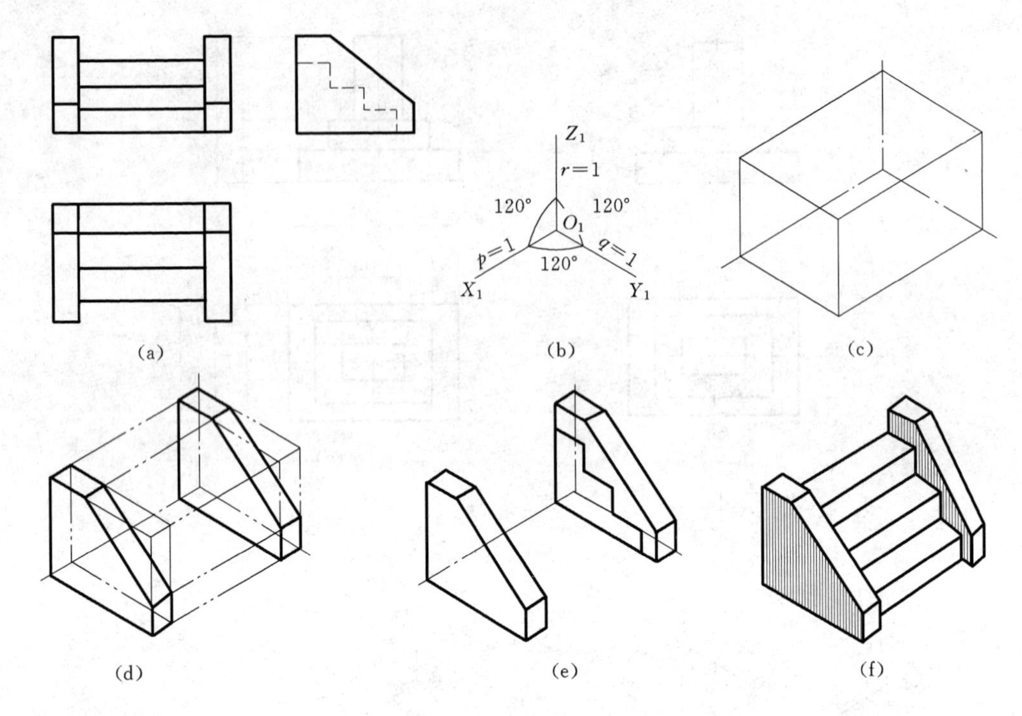

图 6-8　台阶的正等轴测图画法

(a) 已知台阶的正投影图；(b) 定正等轴测轴；(c) 作长方体箱子；(d) 作台阶左右牵边；(e) 作台阶左端面；(f) 完成全图

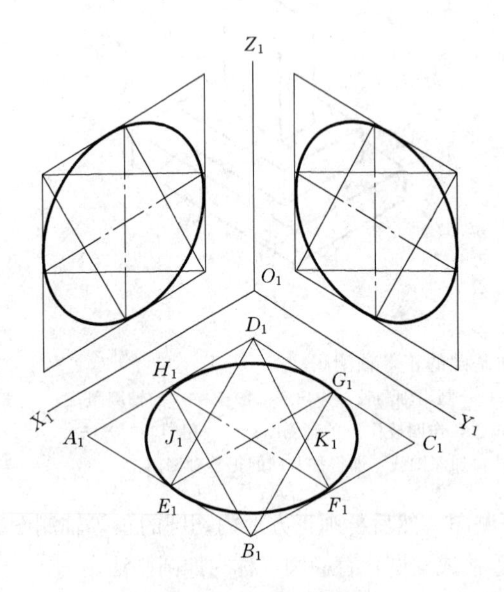

图 6-9　圆的正等轴测图

(3) 分别以 J_1 和 K_1 为圆心，J_1H_1 或 K_1G_1 为半径作圆弧 E_1H_1 和 F_1G_1；分别以 D_1 和 B_1 为圆心，D_1E_1 或 B_1G_1 为半径作圆弧 F_1E_1 和 H_1G_1。四段圆弧光滑连接所成的扁圆，即为近似椭圆。

平行于其他两个坐标面的圆的正等轴测投影的画法与此相同，只是圆的中心线所平行的坐标轴不同，因此菱形的方位和对边所平行的坐标轴也不同，如图 6-9 所示。

2. 圆角的正等测画法

如图 6-10 (a) 所示底板上的圆角，其正等测作图也可以用四心圆弧法求作。该圆角的正等测图实际上是四分之一椭圆，其具体画法如图 6-10 所示。

3. 圆柱体的正等测画法

如图 6-11 所示，先作出上下底圆的正等测——椭圆，再作出两椭圆的最左最右切线，即为圆柱正等测的轮廓线（切点是长轴端点）。为加强立体效果，可加绘平行于轴线的阴影线。

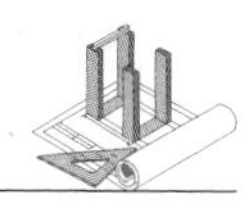

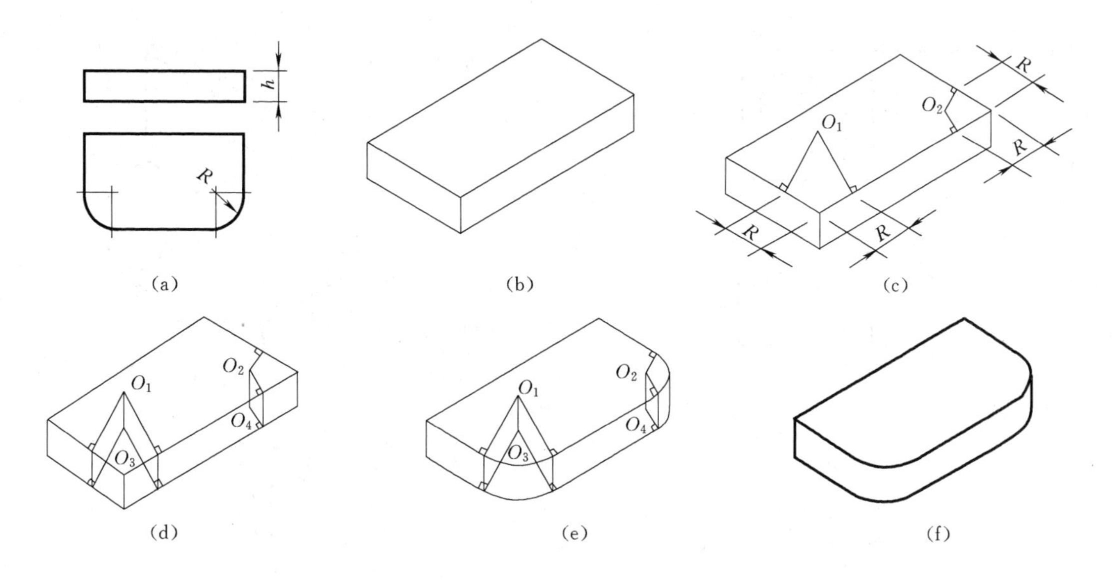

图 6-10　圆角的正等轴测图画法

(a) 正投影图；(b) 作底板的正等测图；(c) 定出底板上表面的两个圆弧中心；(d) 向下平移距离 h，得底板下表面的两个圆弧中心；(e) 分别以 O_1、O_2、O_3、O_4 为圆心，画相应圆弧及圆弧的外公切线；(f) 区分可见性，加深图线，完成作图

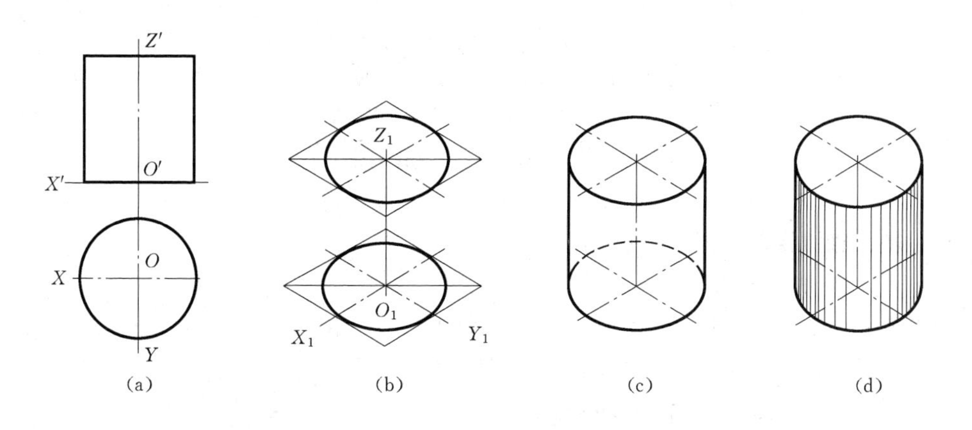

图 6-11　圆柱体的正等轴测画法

(a) 已知圆柱的正投影图；(b) 作上下底椭圆；(c) 作椭圆切线；(d) 加绘阴影

四、综合作图示例

【例 6-1】　已知建筑形体的正投影图 [图 6-12 (a)]，画出其正等轴测图。

分析与作图：

从图 6-12 (a) 该形体由四棱柱底板、竖板和三棱柱加肋板组成，底板及竖板上均有圆柱形通孔。作图时可按底板—竖板—加肋板逐一叠加画出。作图步骤如图 6-12 所示。

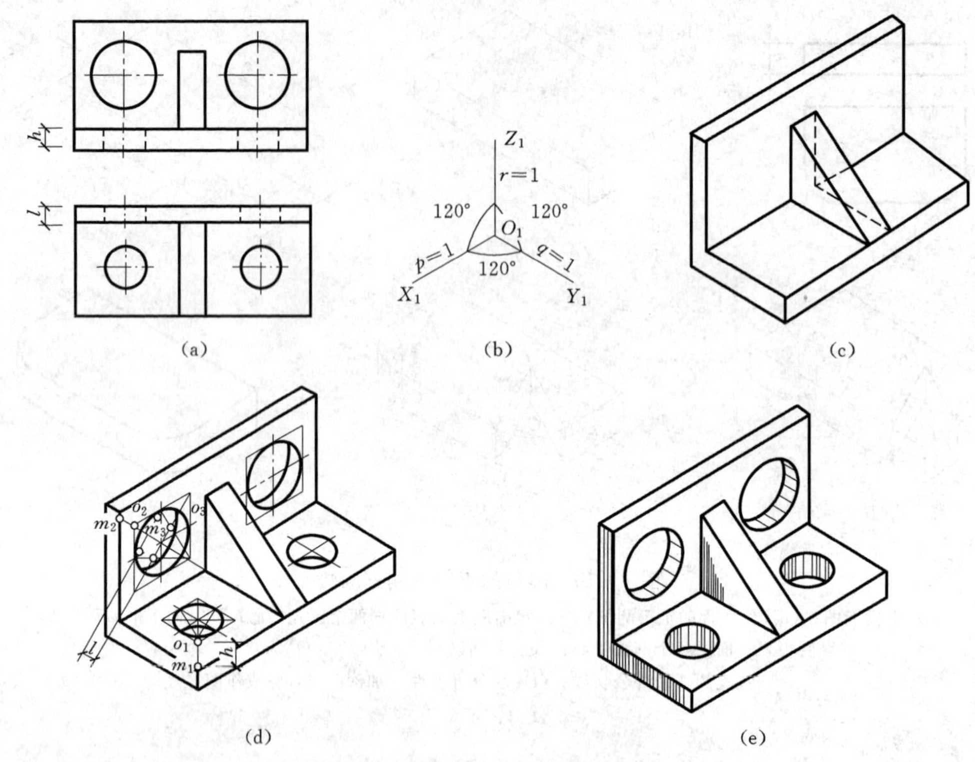

图 6-12　形体的正等轴测画法

(a) 正投影图；(b) 定正等轴测轴；(c) 作底板、竖板、加肋板；(d) 作圆柱通孔；(e) 加绘阴影

第三节　斜 二 轴 测 图

一、斜二轴测图的概念

1. 斜二轴测图的形成

如果使物体的 XOZ 坐标面对轴测投影面处于平行的位置，采用斜投影法得到的轴测投影称为斜轴测图。本节介绍斜二轴测图，简称斜二测图。

2. 斜二轴测图的轴间角和轴向伸缩系数

图 6-13 表示斜二测图的轴测轴、轴间角和轴向伸缩系数等参数及画法。从图中可以看出，在斜二测图中 $O_1X_1 \perp O_1Z_1$，O_1Y_1 与 O_1X_1、O_1Z_1 的夹角均为 135°，三个轴向伸缩系数分别为 $p_1=r_1=1$，$q_1=0.5$。

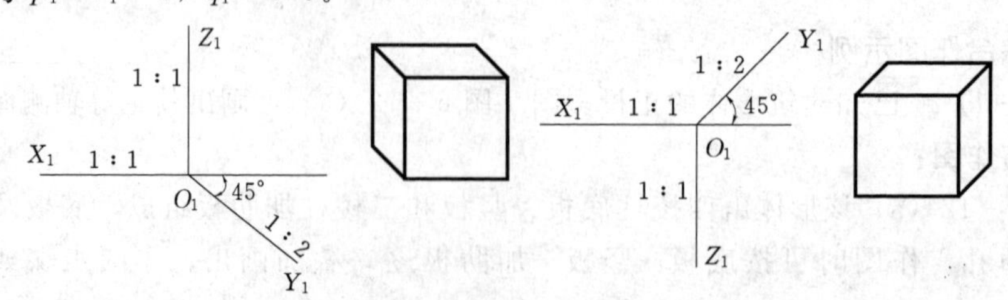

图 6-13　斜二轴测图的轴间角和轴向伸缩系数

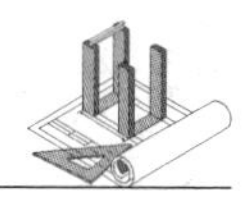

二、斜二轴测图的画法

斜二测图的画法与正等测图的画法基本相似，两者的区别：一是轴间角不同；二是斜二测图沿 O_1Y_1 轴的尺寸只画实长的一半。斜二测图的优点是：物体的前面反映实形，所以，在物体的前面有圆或曲线平面时，画斜二测图比较简单方便。

下面以两个图例来介绍斜二测图的画法。

【例 6-2】 画图 6-14 所示平面体的斜二测图。

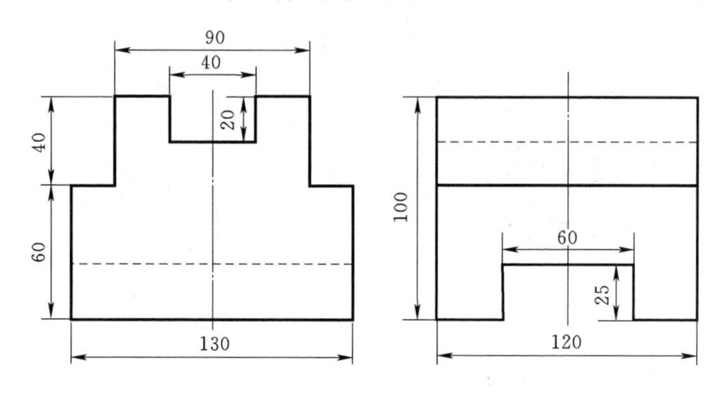

图 6-14　平面体三视图

作图方法与步骤如图 6-15 所示。

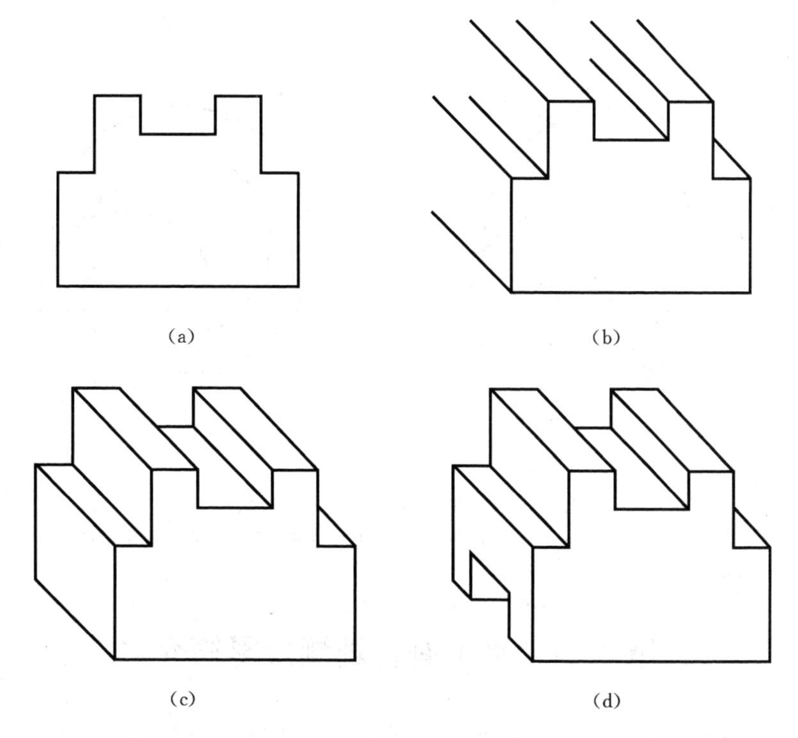

图 6-15　平面体的斜二测图画法

(a) 画前面（实形）；(b) 画向后的棱线（量宽度的一半）；(c) 连接后面；(d) 画侧面

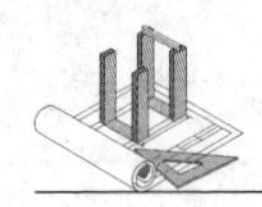

【例 6-3】 画出如图 6-16（a）所示轴套的斜二测图。

分析与作图：

轴套上平行于 XOZ 面的图形都是同心圆，而其他面的图形则很简单，所以采用斜二测图。作图时，先进行形体分析，确定坐标轴；再作轴测轴，并在 Y_1 轴上根据 $q=0.5$ 定出各个圆的圆心位置 O、A、B；然后画出各个端面圆的投影、通孔的投影，并作圆的公切线；最后擦去多余作图线，加深完成全图。

其作图步骤如图 6-16（b）、（c）、（d）所示。

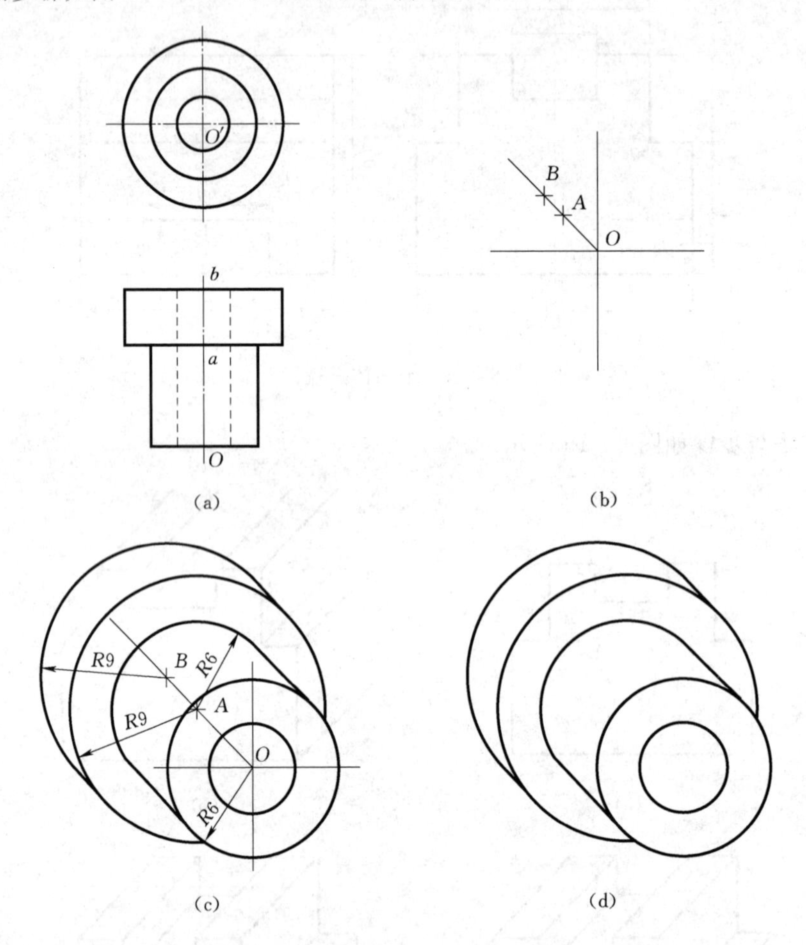

图 6-16 曲面体的斜二测图画法

（a）轴套的两视图；（b）确定圆心位置；（c）绘制各圆弧；（d）整理图形

第四节 水平面斜轴测投影简介

当轴测投影面与水平面（H 面）平行或重合时，所得的斜轴测称为水平面斜轴测投影，简称水平斜轴测。

如图 6-17（a）所示，轴测投影面 $P /\!/ H$ 面，形体平行于 H 面的水平面的轴测投影

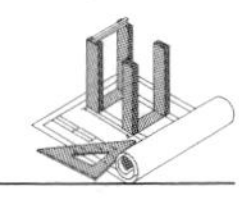

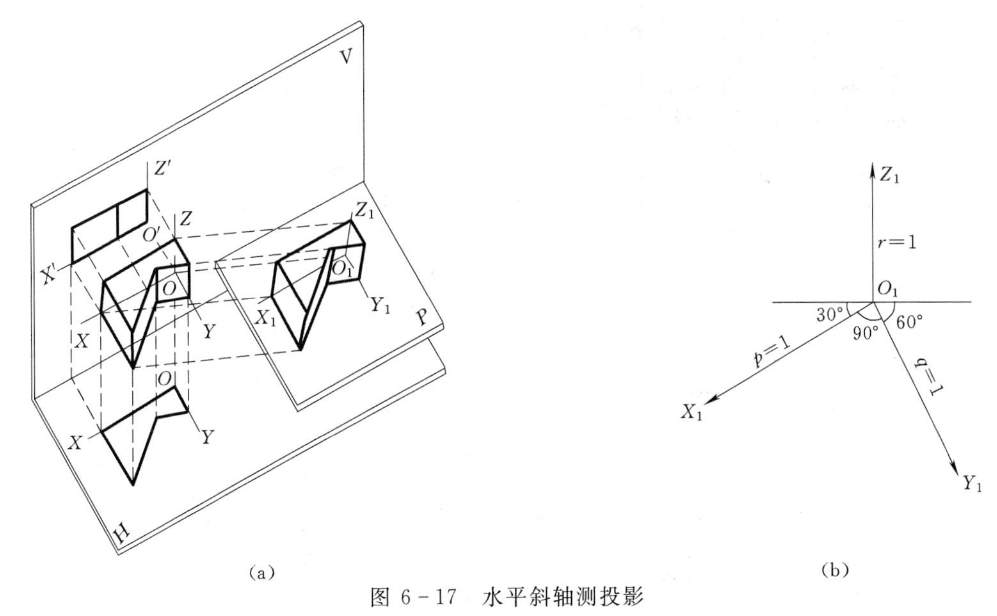

图 6-17　水平斜轴测投影

(a) 水平斜轴测投影过程；(b) 常用的轴测轴及伸缩系数

反映实形，O_1X_1 轴与 O_1Y_1 轴之间的轴间角恒为 90°，且这两轴上的轴向伸缩系数恒为 1。O_1Z_1 轴的伸缩系数与轴间角可独立选择。为作图方便，常把 O_1Z_1 轴画成竖直方向，则 O_1X_1、O_1Y_1 轴与水平线夹角分别为 30°、60°。

当 O_1Z_1 轴的轴向伸缩系数取为 1（$p=q=r=1$）时的轴测图称为水平斜等测；当 O_1Z_1 轴的轴向伸缩系数取为 0.5（$p=q=1$，$r=0.5$）时的轴测图称为水平斜二测。如图 6-17（b）所示。

水平斜轴测图适用于水平面上具有较复杂形状的形体。因此，在工程上常用来表达建筑群体的平面布置（图 6-18 这种图也称鸟瞰轴测图）或绘制建筑物的水平剖面（图6-19）。

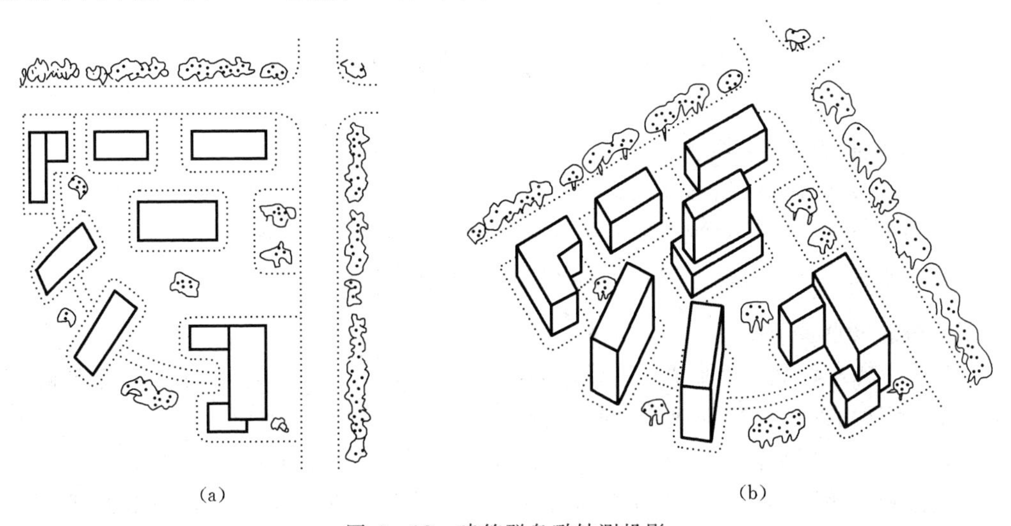

图 6-18　建筑群鸟瞰轴测投影

(a) 区域总平面图；(b) 水平斜轴测投影

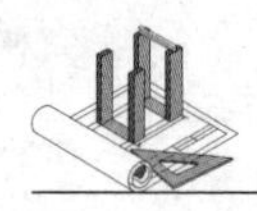

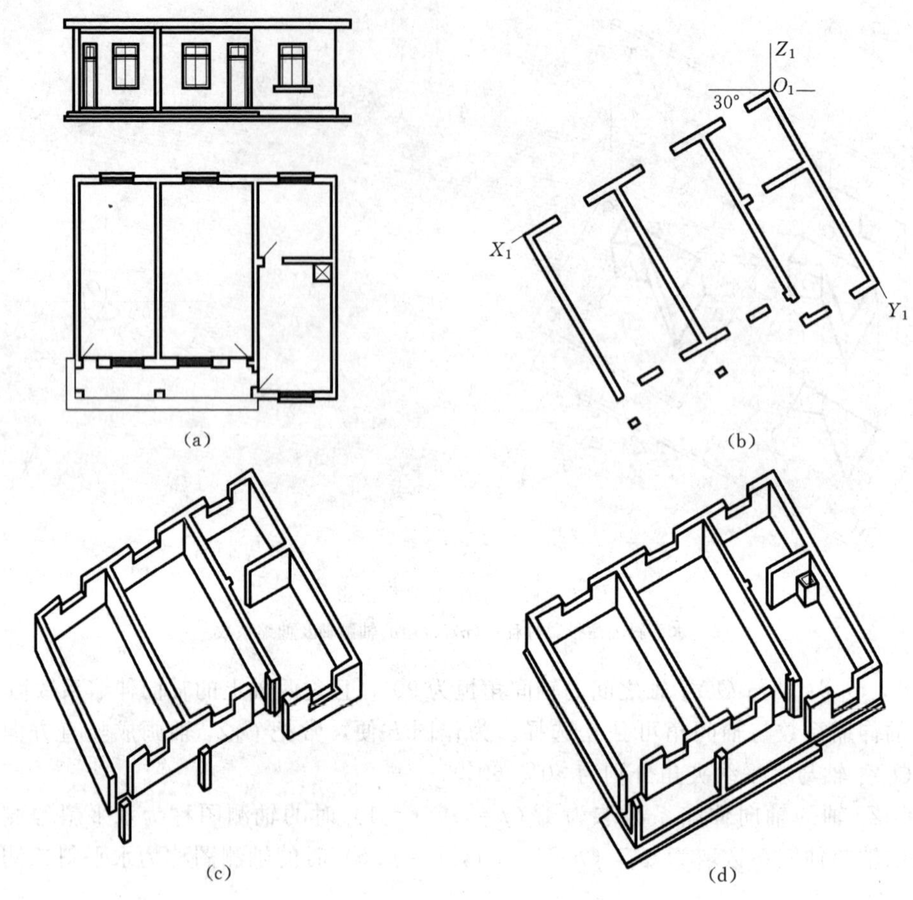

图 6－19　房屋水平斜轴测投影

(a) 房屋立面图与平面图；(b) 平面图的断面旋转 30°后画出；

(c) 画出外墙角、门、窗、柱子；(d) 画台阶、池等并完成全图

第五节　轴测投影的选择

一、选择轴测图的原则

随着轴测投影面的倾斜角度或斜投影的角度不同，轴测投影的类型会有多种变化。在实际工程中究竟采用哪种轴测图来表达一个形体最为合适，应从两个方面考虑：一是直观性好，立体感强，且尽可能多地表达清楚物体的形状结构；二是作图简便。

二、轴测图选择分析

(1) 避免转角处交线投影成一直线。如图 6－20 所示，由于形体左前方转角处的交线 *AB*、*BC*、*CD* 均处在与 *V* 面成 45°同一铅垂面上，与正等测的透射方向平行，在正等测中必然投影成一直线如图 6－20 (b) 所示，故直观性不如图 6－20 (c)、(d) 好。

(2) 要避免平面体投影成左右对称的图形。如图 6－20 (b) 所示，正等测投射的方向，恰好与形体的对角线平面平行，所以它的正等测是左右对称的，显得呆板，直观性较差，而采用图 6－20 (c)、(d) 所示可避免这一缺点。

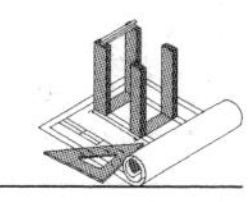

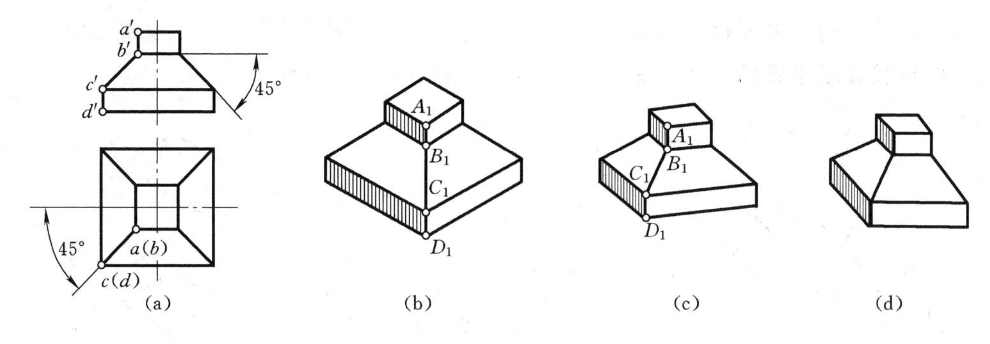

(a) (b) (c) (d)

图 6-20 45°角度线不同轴测图示效果

(a) 正投影图；(b) 正等测；(c) 正二测；(d) 正面斜二测

(3) 避免被遮挡。在轴测图上，应尽可能多地将孔、洞、槽等隐蔽部分表达清楚。如图 6-21 所示，在图 6-21 (b) 采用正等测可把物体内部表达清楚，若如图 6-21 (c) 所示采用斜二测图，则内部构造表达不清楚。

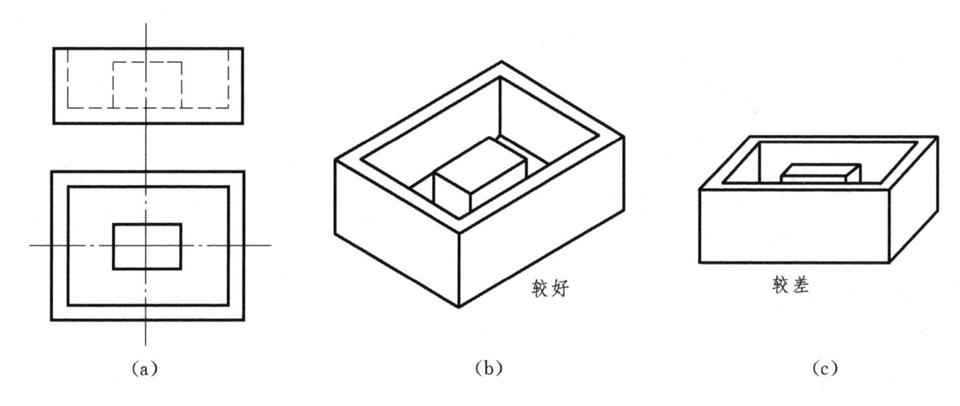

(a) (b) (c)

图 6-21 避免遮挡

(a) 正投影图；(b) 正等测图；(c) 斜二测图

(4) 合理选择轴测投射方向。画轴测图时，只要保持轴间角不变，轴测轴的方向和位置是可以随着表达要求而变化的。如图 6-22 所示，以正等测图为例，表示了从不同方向观看形体的四种典型情况。一般来说，确定投影方向应该能看到形体的主要特征面，如图 6-22 (b)、(c) 的表达效果较好。

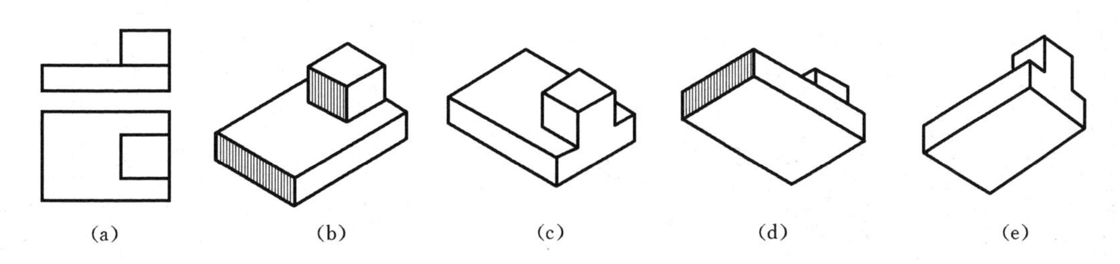

(a) (b) (c) (d) (e)

图 6-22 轴测图的四种投射方向及图示效果

(a) 正投影图；(b) 由左前上向右后下投射；(c) 由右前上向左后下投射；
(d) 由左前下向右后上投射；(e) 由右前下向左后上投射

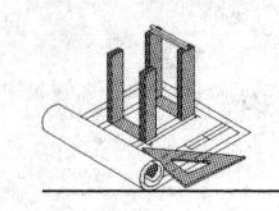

（5）作图简便。若形体是柱体，且截面复杂，一般采用截面平行于投影面的斜轴测投影图。外形较方正平整的物体常采用正等测图，如图 6-23 所示。

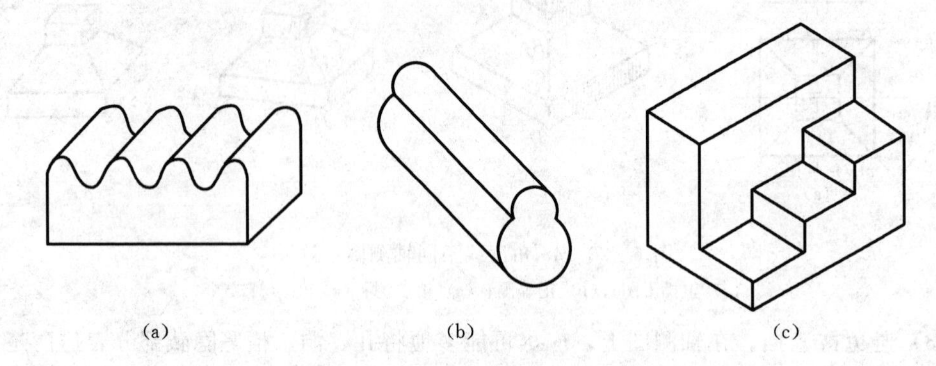

图 6-23 形体轴测类型选择

（a）正二测图；（b）斜二测图；（c）正等测图

第七章　组 合 体 视 图

第一节　组合体的组合形式及其表面连接关系

工程形体的形状虽然很复杂，但总可以把它看成是一些简单的基本几何体组成。这种由基本几何体组成的立体称为组合体。

一、组合体的组合形式

组合体的组合形式有三种：叠加式、切割式、综合式，综合式是叠加和切割这两种形式的综合。

1. 叠加式

由两个或多个基本体叠加而成的组合体，称为叠加式组合体，如图 7-1 所示。

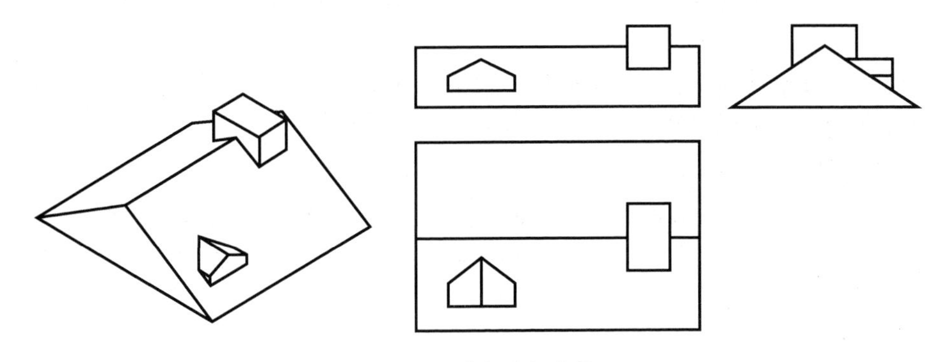

图 7-1　叠加式组合体

2. 切割式

由一个基本体切割而成的组合体，称为切割式组合体，如图 7-2 所示。

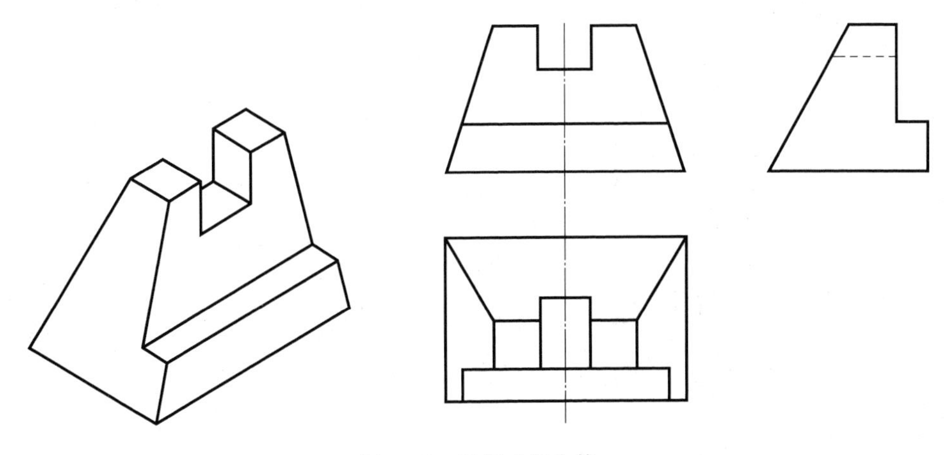

图 7-2　切割式组合体

3. 综合式

既有叠加，又有切割的组合体，称为综合式组合体，如图 7－3 所示。

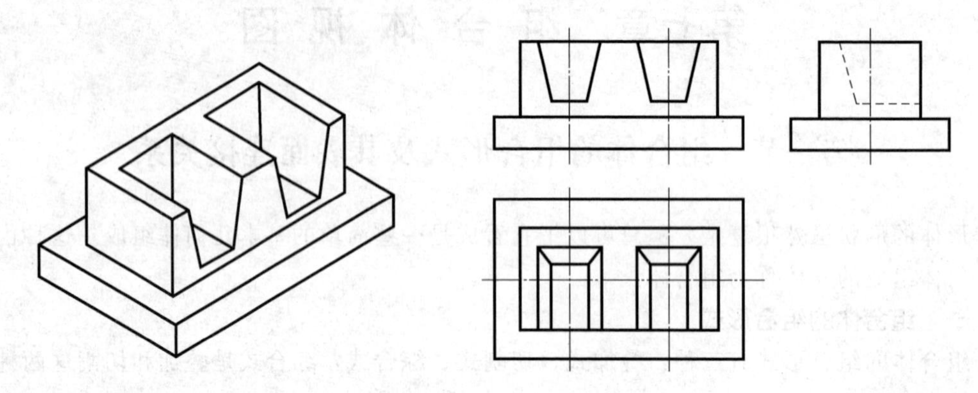

图 7－3　综合式组合体

二、组合体的表面连接关系

组合体中相邻形体表面之间的连接关系，有共面、不共面、相切、相交等情况。

1. 共面

表面平齐称为共面，如图 7－4 所示，组合体的上下形体右侧表面对齐，没有错开，结合处无分界线。

2. 不共面

如图 7－4 所示，组合体的上下形体前表面错开，应在视图中画出结合处的分界线。

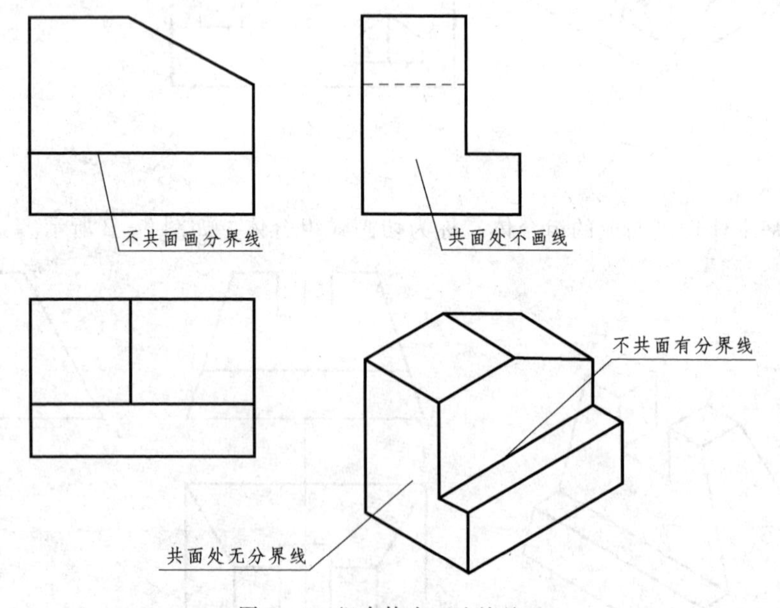

图 7－4　组合体表面连接关系

3. 表面相切

如图 7－5 所示，组合体两表面光滑连接，即相切，结合处是光滑过渡的，不画线。

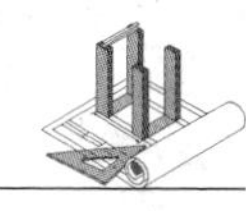

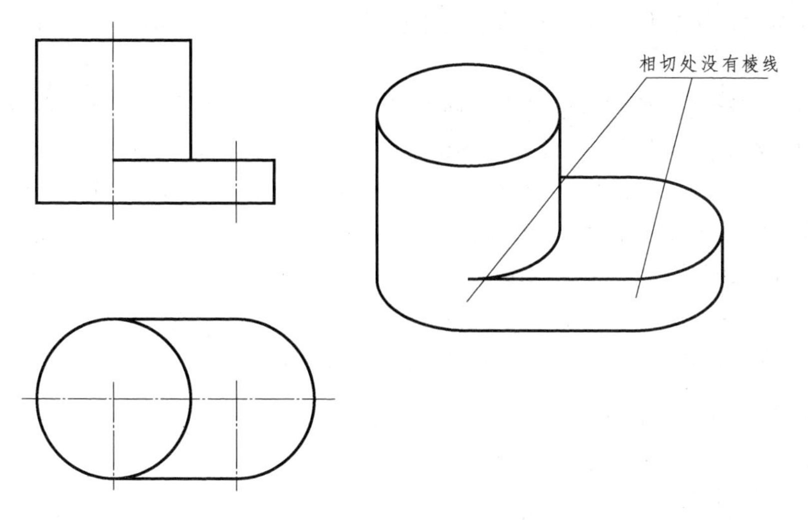

图 7－5　表面相切的组合体

4．表面相交

如图 7－6 所示，平面与曲面相交，相交处有分界线，应画出。

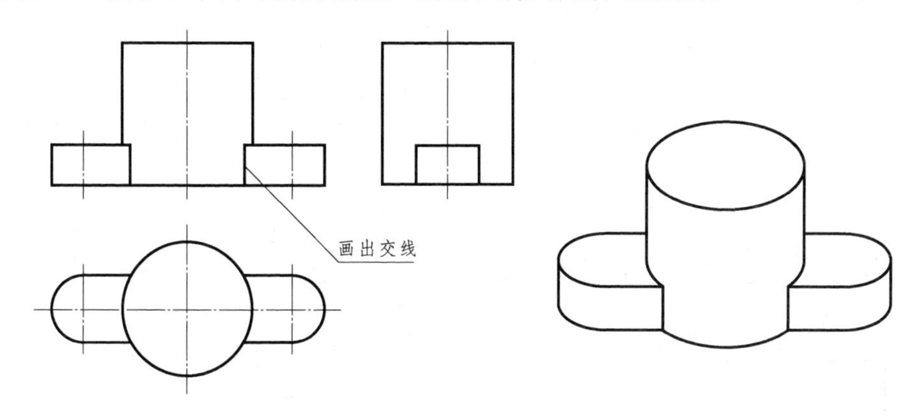

图 7－6　表面相交组合体

第二节　组合体三视图的画法

画组合体视图时，应先分析它是由那些基本形体组合而成的，再分析这些基本形体的组合形式、相对位置和连接关系，最后根据以上分析，按各个基本形体的组合顺序进行定位、布图，然后画出组合体的视图。

画组合体视图的具体步骤如下：

（1）组合体形体分析。分析组合体由哪些部分组成，每部分的投影特征，它们之间的相对位置以及组合体的形状特征。

（2）选择主视图。一般选择最能反映组合体形状特征和相互位置关系的投影作为主视图，同时要考虑到组合体的安装位置，另外要注意其他两个视图上的虚线应尽量少。

（3）选图幅、定比例。根据形体的大小选择适当的比例和图幅；在图纸上画出图框线和标题栏。

（4）布图。根据图纸的有效绘图区面积和三视图的图形大小，计算并定位画出作图基准线（如中心线、对称线等），使整张图纸的布局看起来清晰、匀称。

（5）画底稿。画底稿的顺序以形体分析的结果进行。一般为：先画各视图中的基线、中心线、主要形体的轴线和中心线。再先主体后局部、先外形后内部、先曲线后直线。

（6）描深图线。检查底稿，修改错误，擦除多余的作图线，按照制图标准描深各类图线。

【例 7-1】 绘制图 7-7（a）所示组合体的三视图。

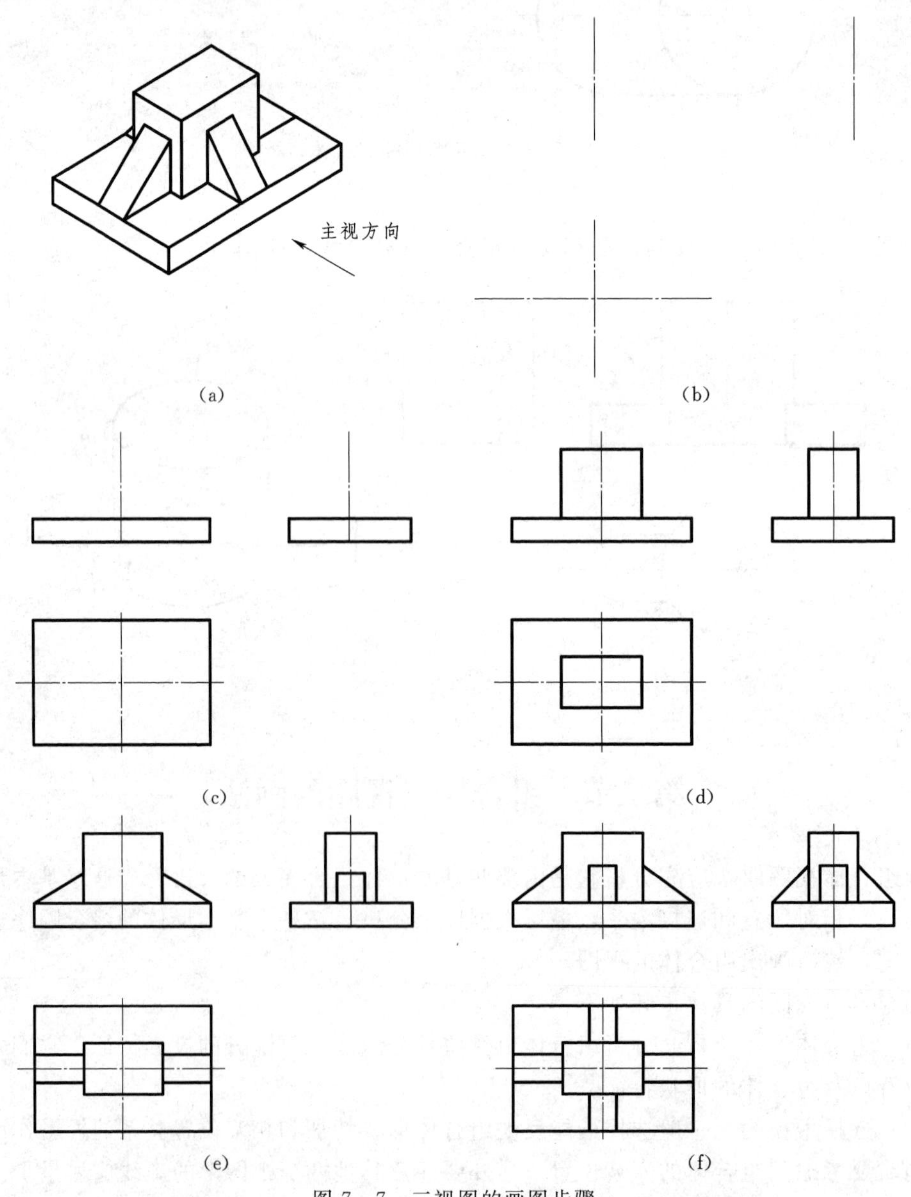

图 7-7　三视图的画图步骤

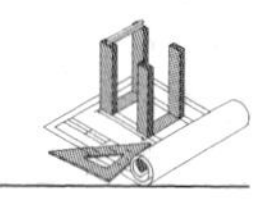

分析与作图：

绘图步骤如下（略去选图幅、布图等步骤）：

（1）该组合体为房屋柱基础的简化模型，由上部基础、下部基础、前后左右肋板共六部分组成，上、下基础均为四棱柱、前后左右肋板均为三棱柱，它们之间为叠加关系。

（2）选择形体较长的方向为主视图方向，如图 7－7（a）所示。

（3）在图纸的适当位置绘制图形的对称线作为绘图的定位线，如图 7－7（b）所示。

（4）绘制下部基础的三视图，如图 7－7（c）所示。

（5）绘制上部基础的三视图，如图 7－7（d）所示。

（6）绘制左右肋板的三视图，如图 7－7（e）所示。

（7）绘制前后肋板的三视图，如图 7－7（f）所示。

（8）整理图形，描深图线。

第三节　组合体三视图的尺寸标注

一、尺寸标注的要求

组合体三视图对尺寸的要求概括为“标注正确、尺寸齐全、布局清晰、工艺合理”。

1. 标注正确

标注正确主要是尺寸标注样式要符合国家制图标准规定，再是要求尺寸标注基准符合建筑工艺要求。

用来确定尺寸起点位置的点、线、面，称为尺寸基准。由于组合体有长、宽、高三个方向的尺寸，因此每个方向上至少各有一个尺寸基准。工程图中的尺寸基准是根据设计、施工要求确定的。尺寸基准一般选在组合体的对称平面、大的或重要的底面、端面或回转体的轴线上。

如图 7－8 所示。底平面为高度方向的尺寸基准；左右对称线是长度方向的尺寸基准；前后对称线是宽度方向的尺寸基准。

2. 尺寸齐全

尺寸齐全是指所注尺寸能完全确定出物体各部分大小及它们之间相互位置关系和组合体的总体大小。

组合体的尺寸包括三种：

定形尺寸——确定各基本形体大小（长、宽、高、ϕ、R）的尺寸。

定位尺寸——确定各基本形体之间相对位置（上下、左右、前后）的尺寸。

总体尺寸——确定物体总长、总宽、总高的尺寸。

（1）定位尺寸。确定各基本形体之间相对位置（上下、左右、前后）的尺寸，称定位尺寸。定位尺寸要直接从基准注出，以减少累计误差，方便测量与定位。如图 7－8 中的定位尺寸有：主、左视图中的 50、23，它们是两圆柱中心高度方向的定位尺寸。井身及圆柱的前后左右位置可由中心线确定，不必再标注尺寸。

（2）定形尺寸。确定各基本形体大小（长、宽、高）的尺寸，称定形尺寸。如图 7－

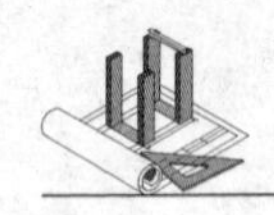

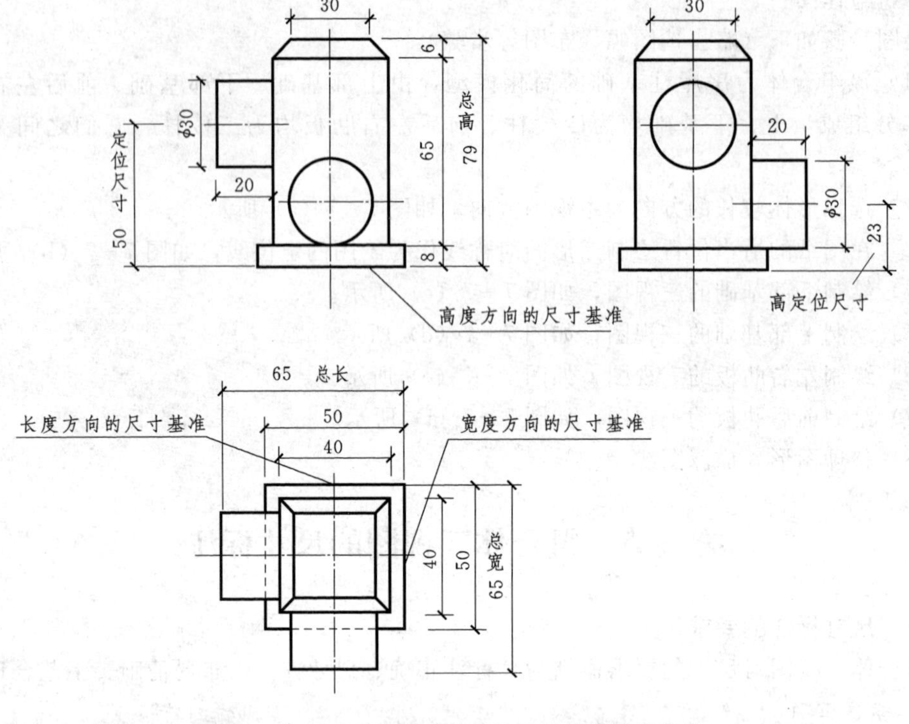

图 7-8　组合体视图尺寸标注及尺寸基准的确定

8 中除了定位尺寸 50、23，总体尺寸 65（总长）、65（总宽）、79（总高）外，其余数值都是定形尺寸。

（3）总体尺寸。确定物体总长、总宽、总高的尺寸，称总体尺寸。如图 7-8 中的总体尺寸有：主视图中的 79、俯视图中的两个 65 就是窨井外形的长、宽、高总体尺寸。

3. 布局清晰

布局清晰有如下的要求：

（1）尺寸数字应清楚无误，所有的图线都不得与尺寸数字相交。

（2）尺寸标注应层次清晰，图线之间尽量避免互相交叉，虚线上尽量不标尺寸。

（3）尺寸标注应布局清晰，同一部位的特征尺寸集中标注便于查看。

4. 工艺合理

工程图中的尺寸标注应符合施工生产的工艺要求，做到尺寸基准合理，在满足使用要求的情况下尽量降低生产成本。

5. 尺寸标注中的注意事项

尺寸标注及布置的合理、清晰，对于识图和施工制作都会带来方便，从而提高工作效率，避免错误发生。在布置组合体尺寸时，除应遵守上述的基本规定外，还应做到以下几点：

（1）尺寸一般应布置在图形外，以免影响图形清晰。

（2）尺寸排列要注意大尺寸在外、小尺寸在内，并在不出现尺寸重复的前提下，使尺

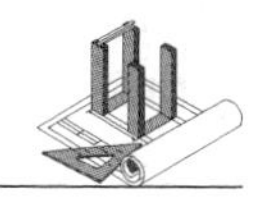

寸构成封闭的尺寸链。

(3) 反映某一形体的尺寸，最好集中标在反映这一基本形体特征轮廓的投影图上。

(4) 两投影图相关的尺寸，应尽量注在两图之间，以便对照识读。

二、基本形体的尺寸注法示例

图 7-9 是常见基本形体的尺寸注法。

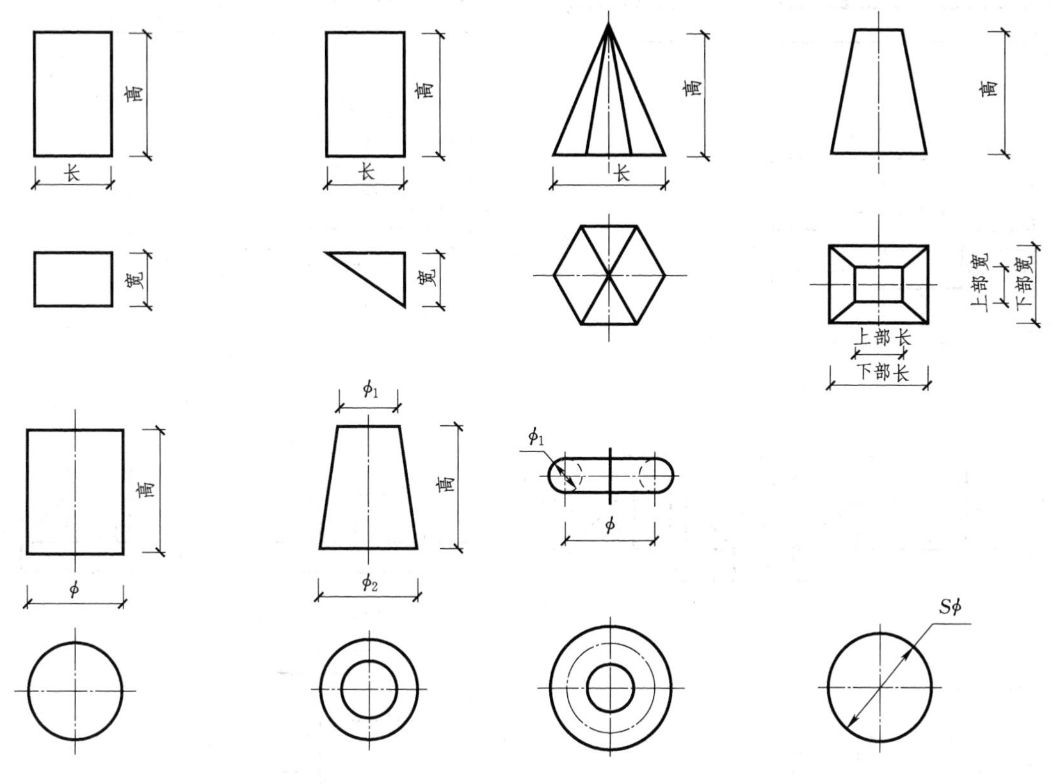

图 7-9　基本体的尺寸标注

三、组合体的尺寸注法示例

【例 7-2】 给图 7-7 (f) 所示组合体三视图标注尺寸。

标注尺寸步骤如下：

(1) 标注前后左右四部分肋板的尺寸。由于肋板左右对称，只标左边部分的尺寸，肋板长度受上下基础控制，在施工中不用量取，不再标注。前后肋板也对称，只标前面部分的尺寸，前后肋板与左右肋板一样也不需标注宽度尺寸。如图 7-10 (a) 所示。

(2) 标注上基础部分尺寸。主视图的左侧已经有肋板高度为 8 的尺寸，上基础高度尺寸 15 标注在主视图的右侧，长宽尺寸 18、11 集中标注在俯视图的后侧和右侧。如图 7-10 (b) 所示。

(3) 标注下基础部分尺寸。下基础高度尺寸 5 与高度尺寸 15 标注在主视图的右侧并对齐，长宽尺寸 40、27 标注在俯视图的尺寸 18、11 的外侧。如图 7-10 (c) 所示。

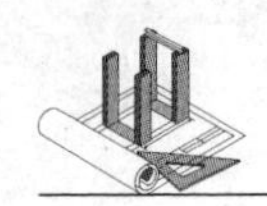

(4) 标注整体尺寸。总长、总宽尺寸已经标出，总高尺寸 20 标注在左视图的后侧。如图 7-10（d）所示。

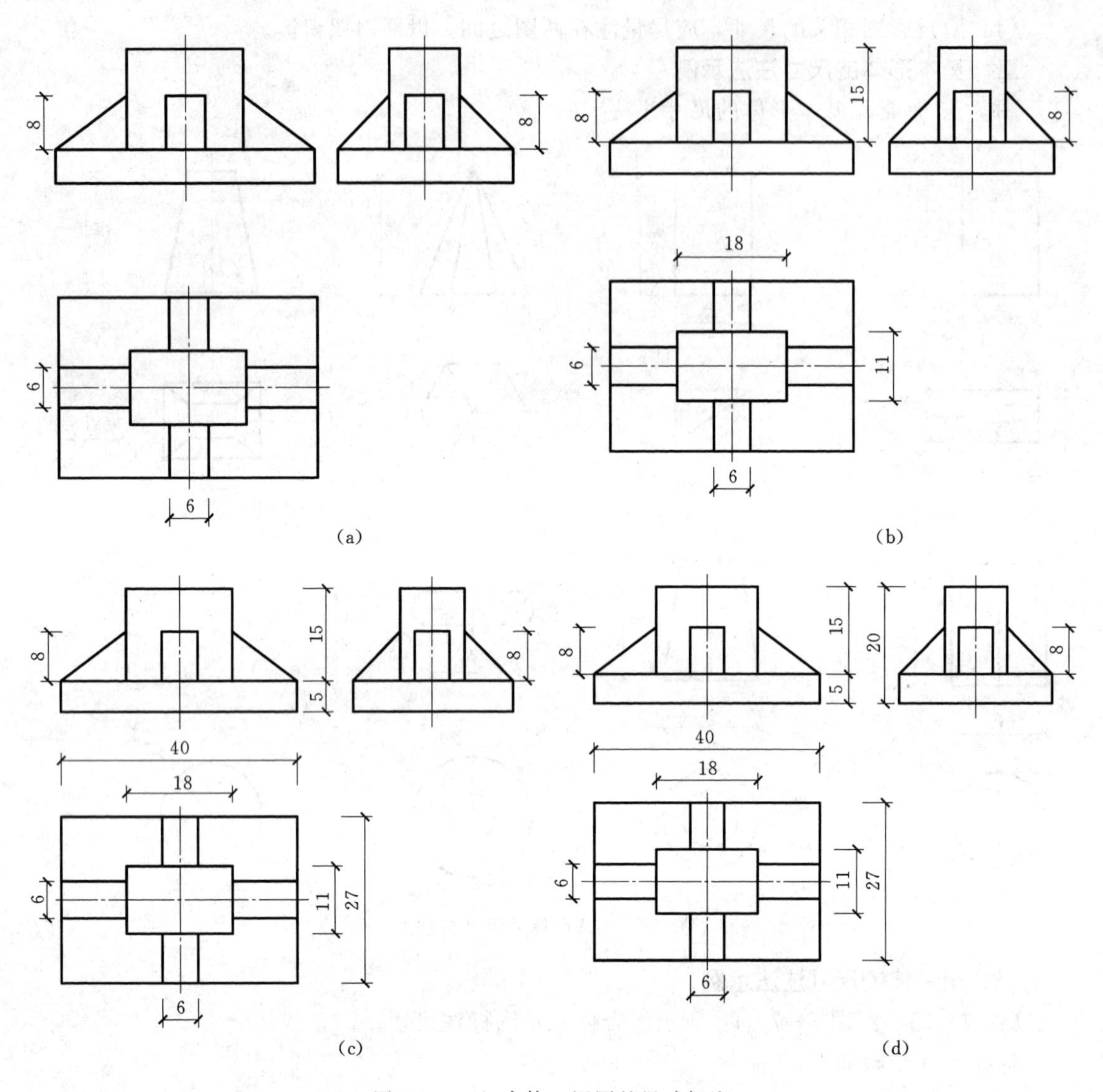

图 7-10　组合体三视图的尺寸标注

第四节　组合体视图的识读

画图是把空间形体用一组平面视图表示出来，读图则是根据已画出的一组平面视图，运用投影规律，想象出物体空间结构形状的过程。

一、基本形体的视图特征

1. 柱体的视图特征——矩矩为柱

“矩矩为柱”的含义是：在基本几何体的三视图中如有两个视图的外形轮廓为矩形，

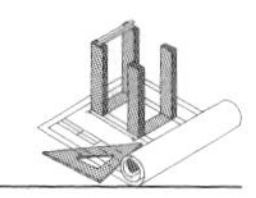

则可肯定它所表达的物体是圆柱或棱柱，如图 7－11 所示。

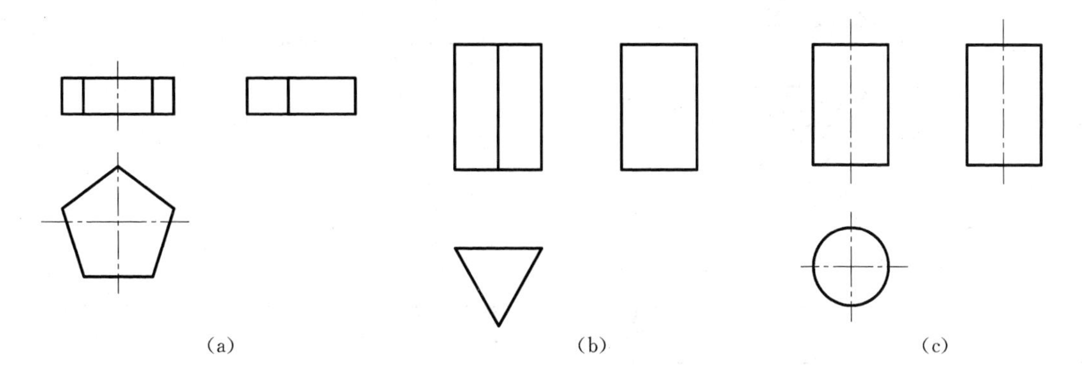

图 7－11　柱体的视图特征

(a) 五棱柱；(b) 三棱柱；(c) 圆柱

2. 锥体的视图特征——三三为锥

“三三为锥”的含义是：在基本几何体的三视图中如有两个视图的外形轮廓为三角形，则可肯定它所表达的物体是圆锥或棱锥，如图 7－12 所示。

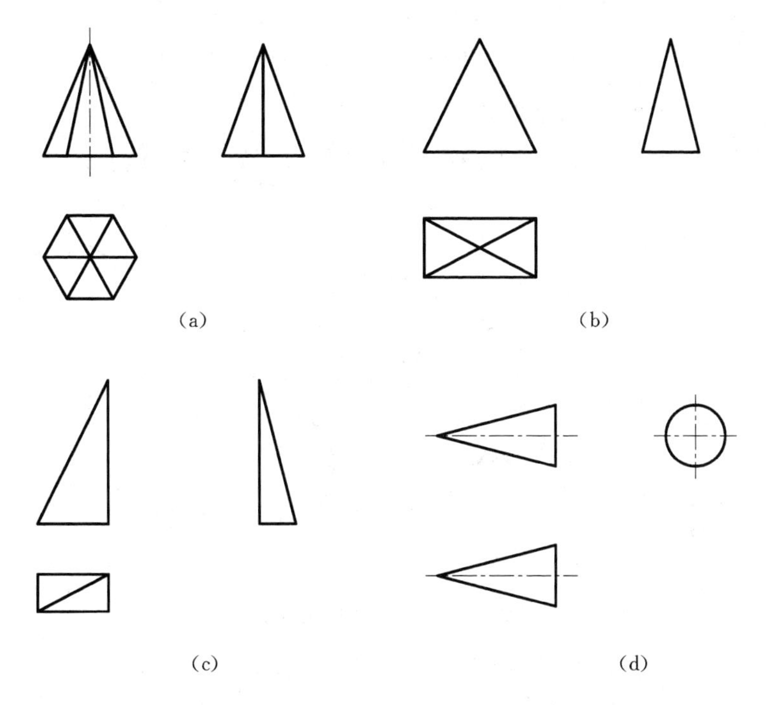

图 7－12　锥体的视图特征

(a) 六棱锥；(b) 四棱锥；(c) 四棱锥；(d) 圆锥

3. 台体的视图特征——梯梯为台

“梯梯为台”的含义是：在基本几何体的三视图中如有两个视图的外形轮廓为梯形，则可肯定它所表达的物体是圆锥台或棱锥台，如图 7－13 所示。

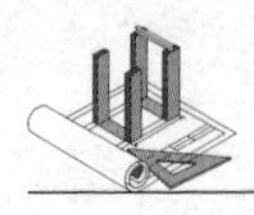

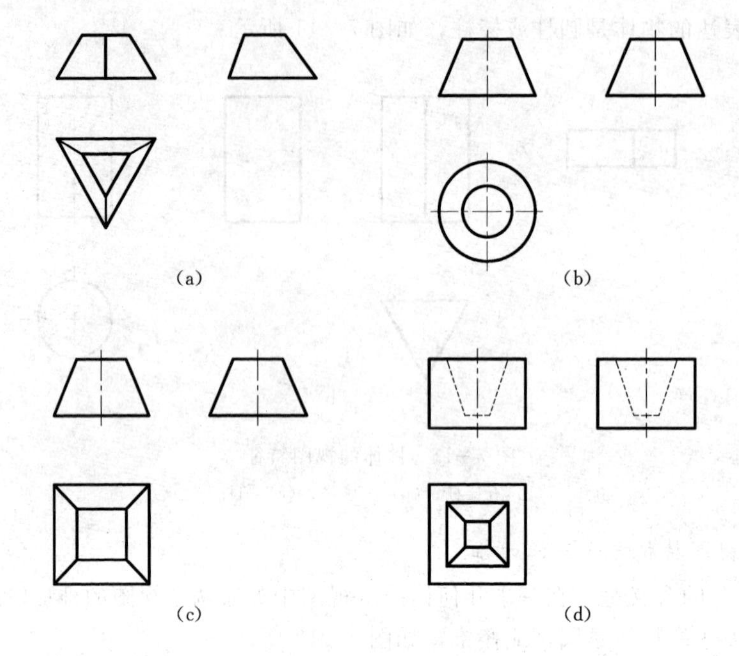

图 7-13　台体的视图特征

(a) 三棱台；(b) 圆台；(c) 四棱台；(d) 台坑

4. 球体的视图特征——三圆为球

“三圆为球”的含义是：球体的三视图全部为圆形，如图 7-14 所示。

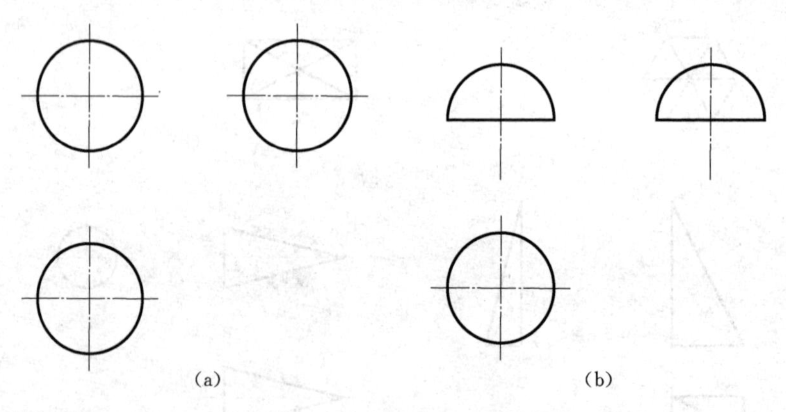

图 7-14　圆球的视图特征

(a) 圆球；(b) 半圆球

二、读组合体视图的基本方法

1. 形体分析法

形体分析是以基本形体为读图单元，将组合体的视图先分解为若干个简单的线框；然后判断各线框所表达的基本形体，最后按相对位置综合成整体的形状。这种分析图形的方法，称为形体分析法。

如图 7-15 (a) 所示，应用形体分析法，从主视图着手，将形体分为 1、2、3 三个部

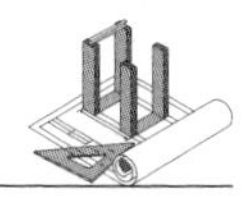

分，按投影规律，找出左视图和俯视图中相应的投影，可看出第 1 部分为四棱柱，第 2 部分为四棱台，第 3 部分为缺角四棱柱。按位置组合各部分形体得到组合体形状如图 7－15（b）所示。

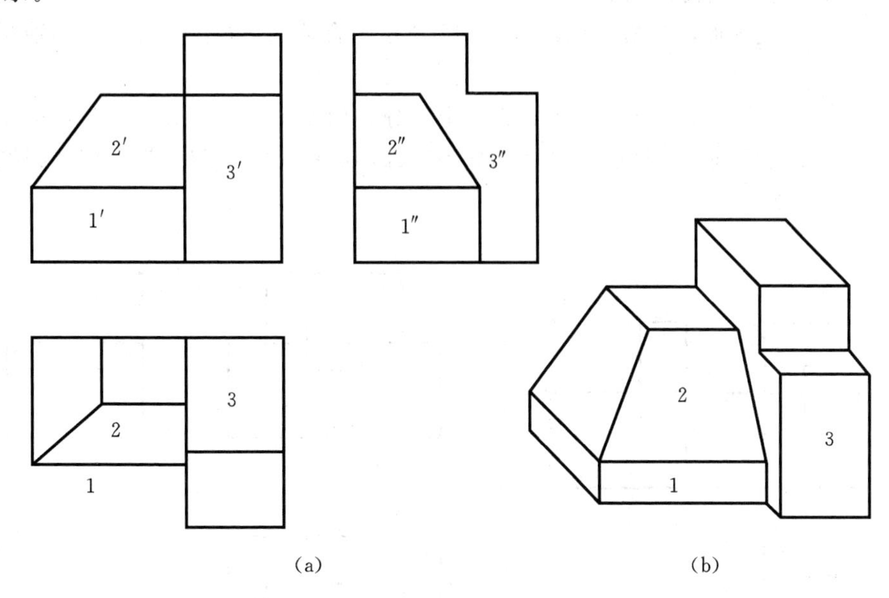

图 7－15　形体分析法

2. 线面分析法

对于复杂的切割形体，物体上斜面较多，用形体分析法读图，无法判断其形状时，需要分析视图中的图线和线框含义，判断组成形体的各表面的形状和空间位置，从而综合形体的空间形状，这种从线面投影特性分析物体形状的方法，称为线面分析法。

如图 7－16（a）所示，俯视图中有 1、2、3 三个相邻封闭线框，代表物体三个不同的表面。这些相邻表面一定有上下之分，即相邻线框或线框中的线框不是凸出来的表面，就是凹进去的表面。根据投影规律对照主视图看出：3 表面为水平面且位置最高；2 表面也

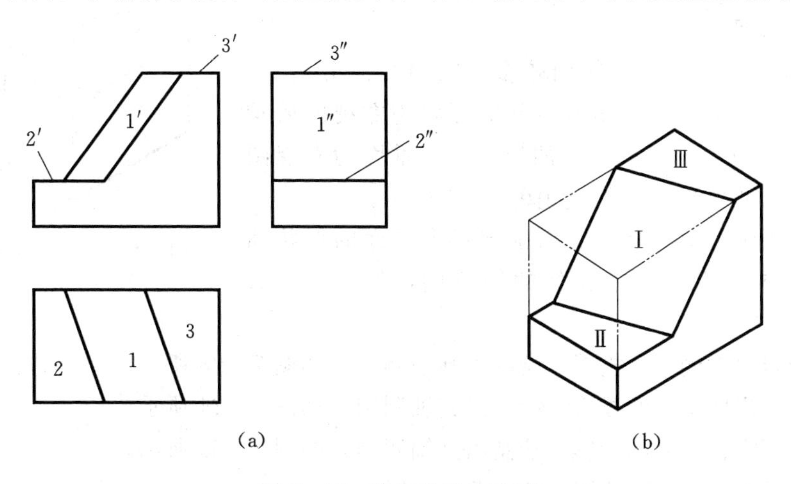

图 7－16　线面分析法读图

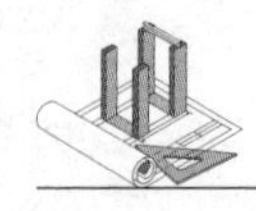

为水平面位置较低；1 平面为一般位置平面，位置在 2 平面和 3 平面之间倾斜。得出物体的结构形状如图 7－16（b）所示。

三、识读组合体视图训练示例

【例 7－3】 应用形体分析法识读图 7－17 所示组合体的三视图，并画出其轴测图。

分析与作图：

（1）应用形体分析法，将组合体分为 5 个部分，如图 7－18 所示，第 1 部分为四棱柱形底座，第 2 部分为前部半圆孔，第 3 部分为后部半圆柱，第 4 部分为中部半圆槽，第 5 部分为后部整圆孔。

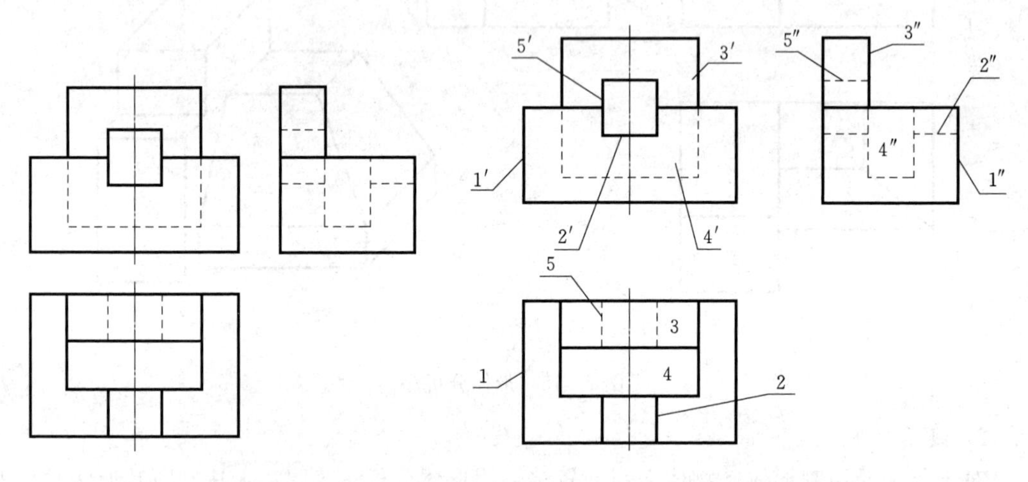

图 7－17　组合体三视图　　　图 7－18　分部分看形体

（2）按照 1、2、3、4、5 顺序画出每部分的轴测图，整理后得图 7－19 所示轴测图。

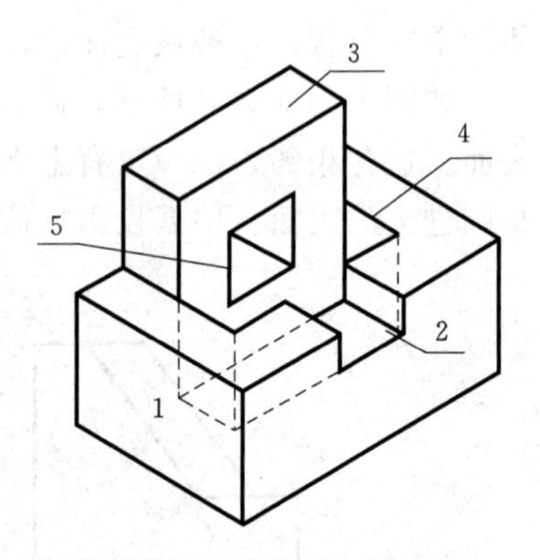

图 7－19　分部分画轴测图

【例 7－4】 应用线面分析法识读图 7－20 所示组合体的三视图，并画出其轴测图。

分析与作图：

（1）本例所示形体切割面较多，应用线面分析法，从组合体主视图入手，分析其侧平面形状为左视图所示的梯形；底平面为俯视图所示的梯形；正垂面为左视图和俯视图所示的平行四边形，如图 7－21 所示。

（2）在画轴测图时为了方面确定每个平面的形状和图线位置，先画出切割前原体的轴测图，如图 7－22 所示。

（3）分析出右侧面的投影，绘制出其轴测图，如图 7－23 所示。

（4）分析出底平面的投影，绘制出其轴测图，如图 7－24 所示。

（5）分析出正垂面的投影，绘制出其轴测图，如图 7－25 所示。

（6）整理组合体的轴测图，如图 7－26 所示。

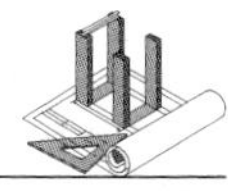

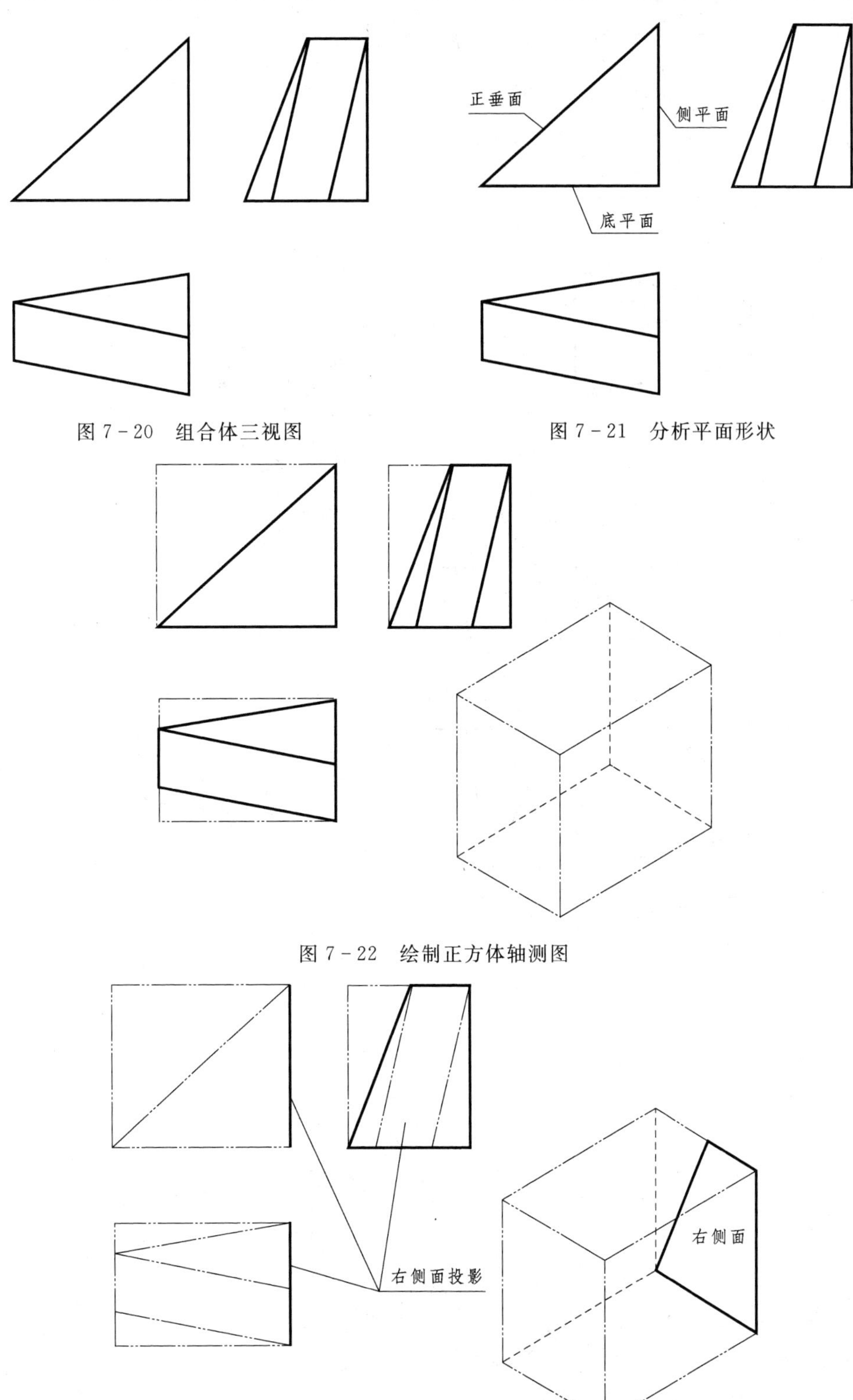

图 7-20 组合体三视图

图 7-21 分析平面形状

图 7-22 绘制正方体轴测图

图 7-23 绘制右侧面轴测图

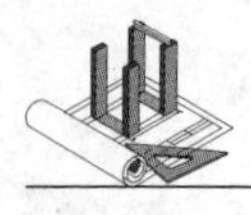

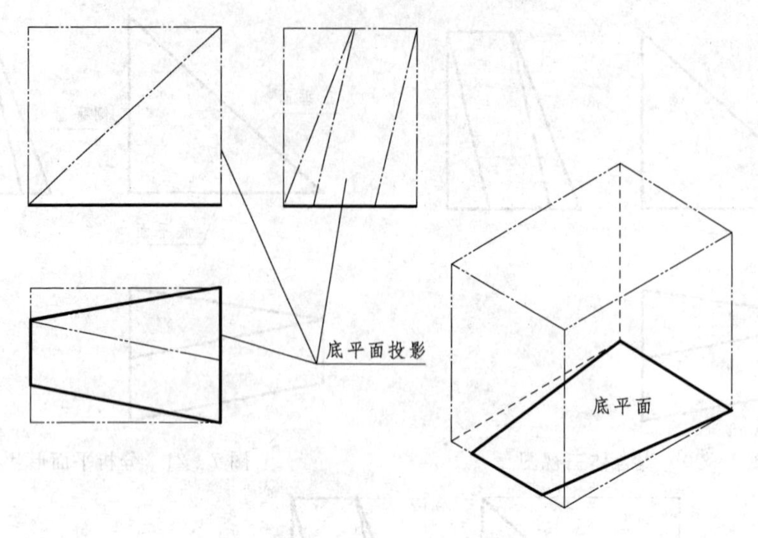

图 7-24 绘制底平面轴测图

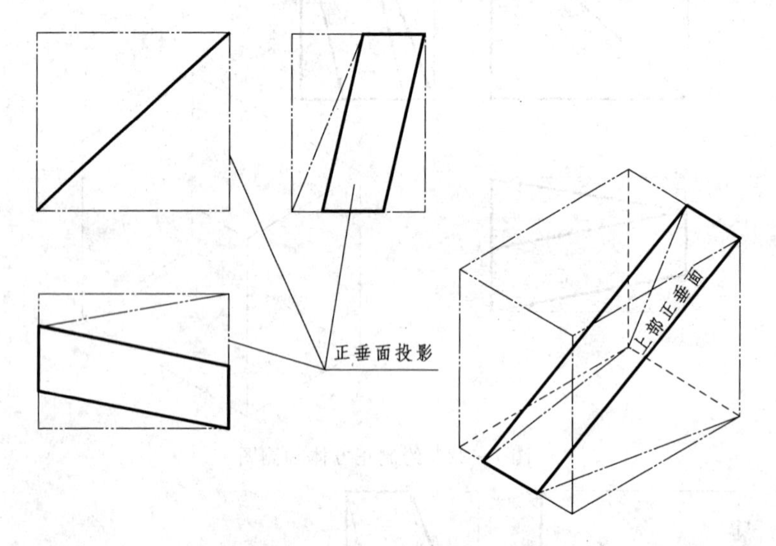

图 7-25 绘制上部正垂面轴测图

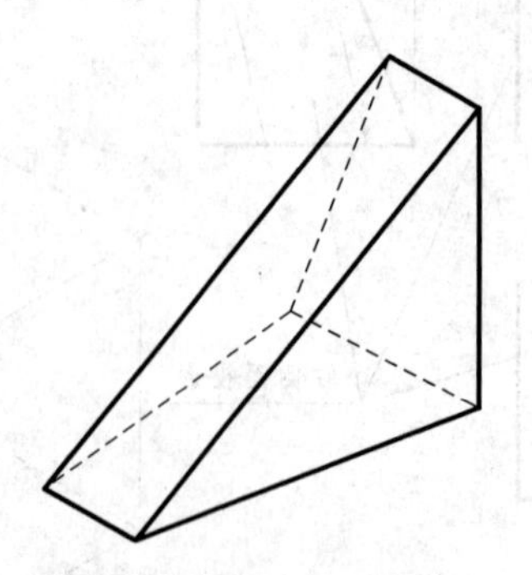

图 7-26 整理后的轴测图

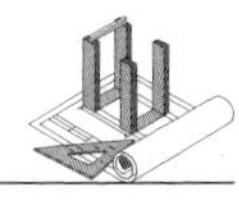

【例 7-5】 如图 7-27 所示，已知组合体的俯、左两视图，补画其主视图。

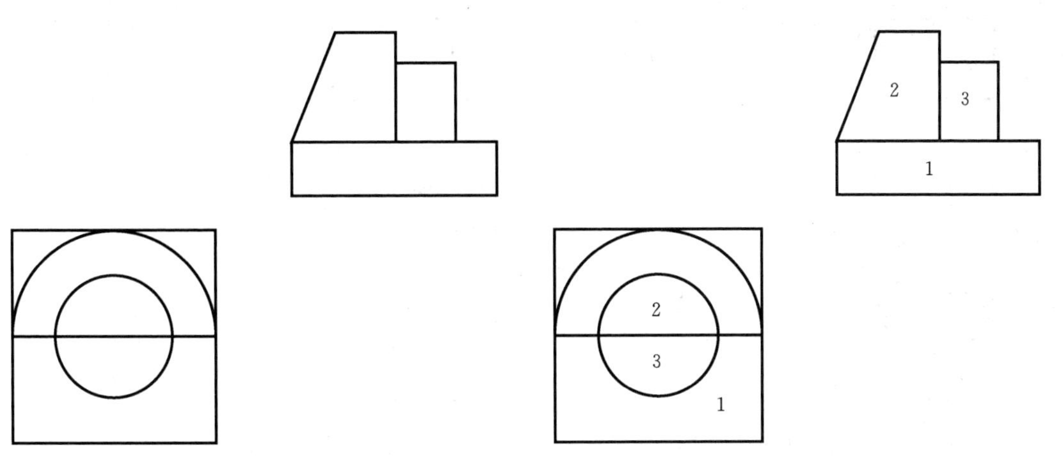

图 7-27　组合体的两视图　　　　图 7-28　分部分看形体

分析与作图：

(1) 从左视图中将形体分为三个部分，对照俯视图中相应投影，看出第一部分为四棱柱体；第二部分为半圆锥体；第三部分为半圆柱体，如图 7-28 所示。

(2) 按投影关系绘制出第一部分四棱柱体的正面投影，如图 7-29 所示。

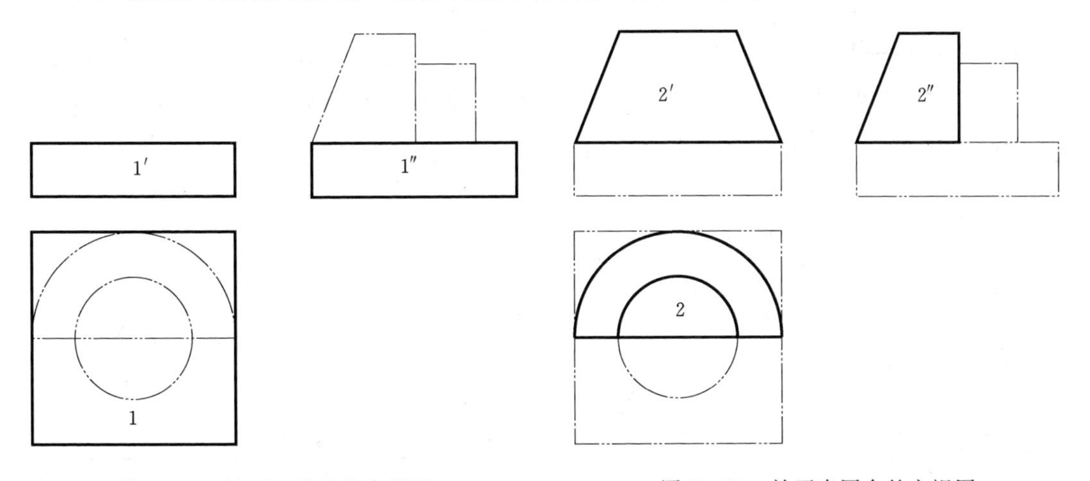

图 7-29　补画四棱柱的主视图　　　　图 7-30　补画半圆台的主视图

(3) 按投影关系绘制出第二部分半圆锥体的正面投影，如图 7-30 所示。

(4) 按投影关系绘制出第三部分半圆柱体的正面投影，如图 7-31 所示。

(5) 最后检查各个形体表面是否存在共面，其分界线是否存在。本例完成后的三视图如图 7-32 所示。

【例 7-6】 如图 7-33 所示，已知组合体的主、左两视图，补画其俯视图。

分析与作图：

(1) 从已知的两视图看出，本例形体为平面切割体，在基本形体的左方和前方进行了多个面的切割。

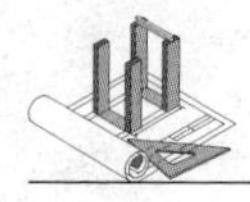

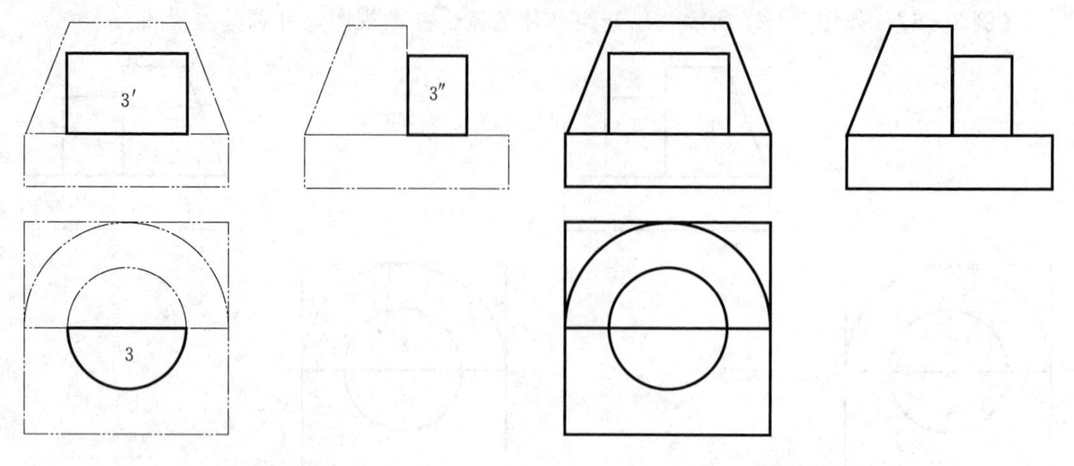

图 7-31　补画半圆柱的主视图　　　　图 7-32　整理后的主视图

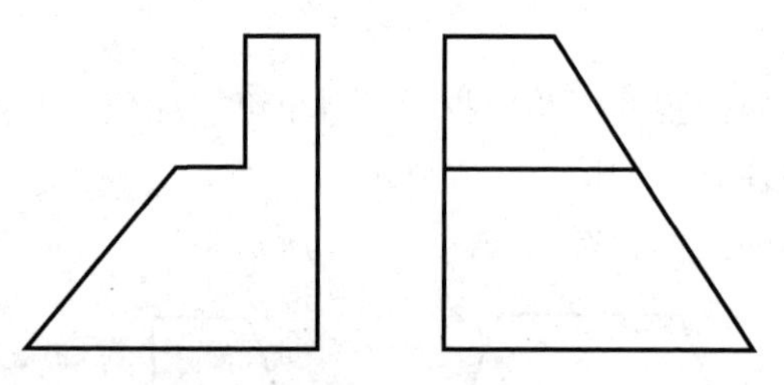

图 7-33　组合体的主、左两视图

(2) 按线面分析法，形体上水平面共有三个，由于每个平面只对应一个长度和一个宽度，所以可以判断其形状均为矩形，根据矩形的长度和宽度依次画出每个水平面的实形，如图 7-34 所示。

(3) 在两视图中投影均倾斜的直线为一般位置直线，本例中 AB 直线为一般位置直线，判断出该直线的两端点位置，最后连接该直线，如图 7-35 所示。

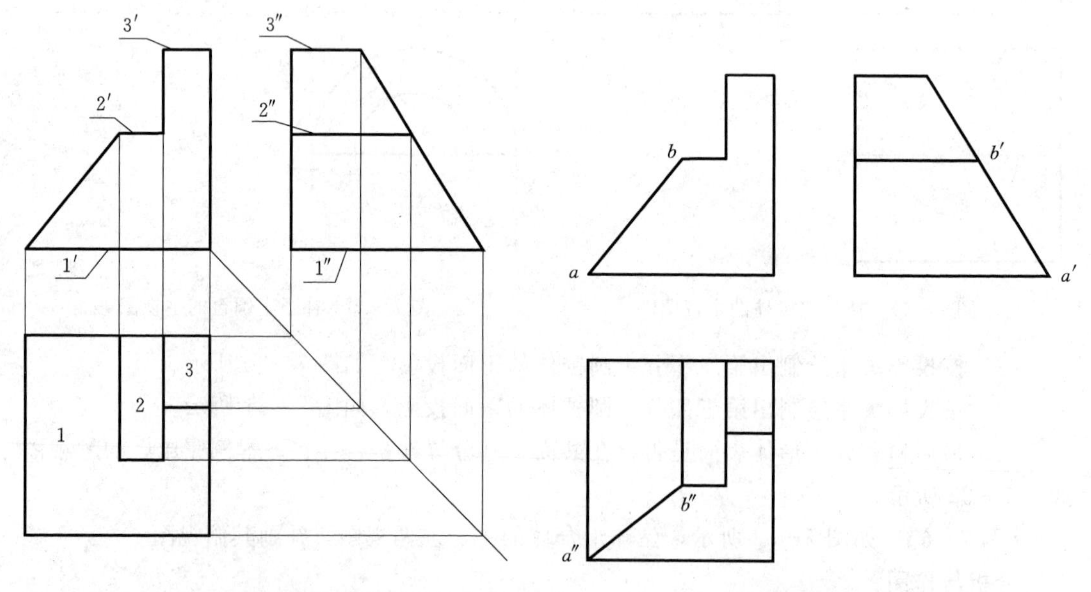

图 7-34　绘制水平面的俯视图　　　　图 7-35　绘制一般位置直线的俯视图

【例 7-7】 补全组合体三视图中漏缺的图线，如图 7-36 所示。

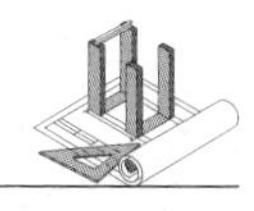

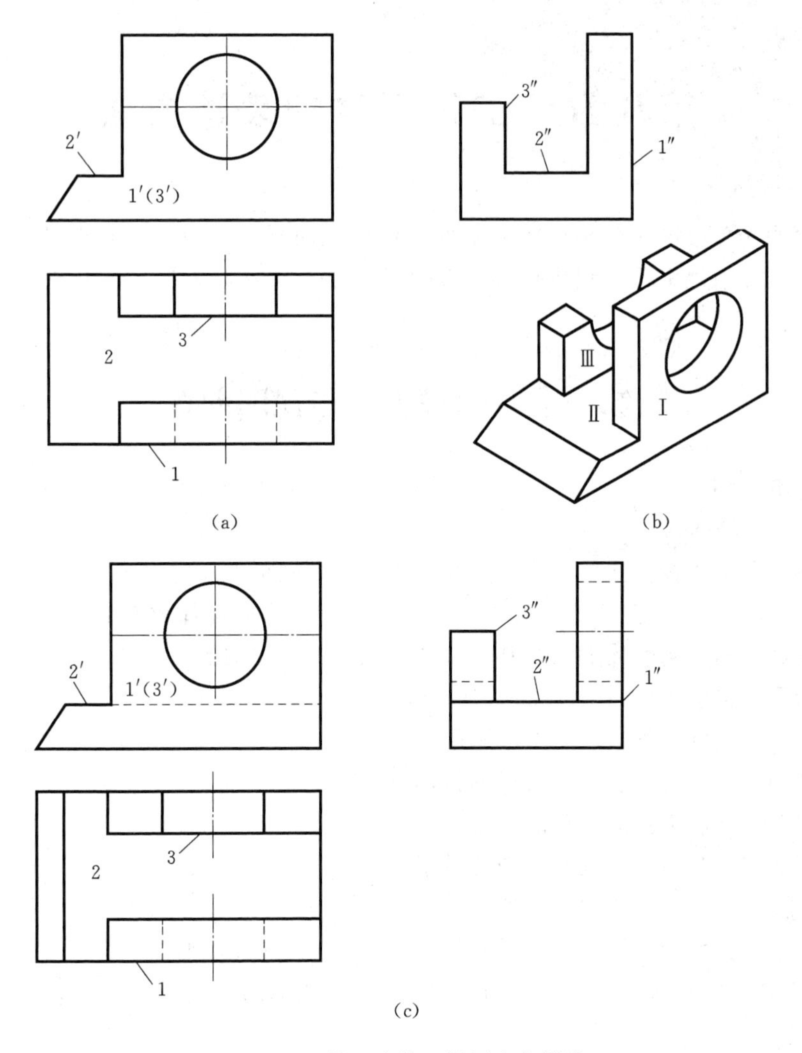

图 7-36　补组合体三视图中的漏线

分析与作图：

(1) 通过三视图外形轮廓知，该组合体为综合式。底部为平板，左端抹斜角；前、后各一竖板，前竖板中间穿孔，后竖板中间穿半圆孔。

(2) 通过 V、H 面图线知，前后两竖板中部用正垂面贯穿挖走一个圆柱孔，此时在 W 面补圆柱孔轮廓虚线和高度定位轴线即可。

(3) 由俯、左视图线框知，后竖板在圆柱孔高度最大直径部位被水平面切去，在 V 面该高度的水平面被前凸版遮住，因此反映为虚线（已存在）；在 H 面，后竖板已反映出被水平面截切后，半个内孔和两侧小水平面的可见线框（已存在）；在 W 面，擦去后竖板在圆柱孔高度最大直径之上部位的轮廓线，并补画轴线部位的粗实线即可。

(4) 在 V 面，可见底板左侧用正垂面切去一个三角块，此时 H、W 面分别补一根可见正垂线作轮廓线即可。

第八章　工程形体的表达方法

实际中的工程形体往往是比较复杂的，仅用三面投影图很难将其准确清晰地表达出来。因此，国标中规定了工程形体的一些表达方法。本章将对其中常用的表达方法加以介绍。

第一节　图样表达与视图配置

一、基本视图

1. 基本视图的形成

基本视图应按正投影法并用第一角画法绘制。制图标准规定用正六面体的六个面作为六个基本投影面，分别记作 H、V、W、H_1、V_1、W_1，将物体放在其中，分别向六个基本投影面投影，即得到物体的六个基本视图。六个基本视图的名称及投射方向如下：

正立面图：自前向后投射所得的投影图。

平面图：自上向下投射所得的投影图。

左侧立面图：自左向右投射所得的投影图。

底面图：自下向上投射所得的投影图。

右侧立面图：自右向左投射所得的投影图。

背立面图：自后向前投射所得的投影图。

六个基本投影面的展开方法如图 8-1 所示，正立投影面不动，其余各投影面按图示方向旋转至与正立投影面共面。展开后，六个基本视图的位置关系见图 8-2 (a)。正立

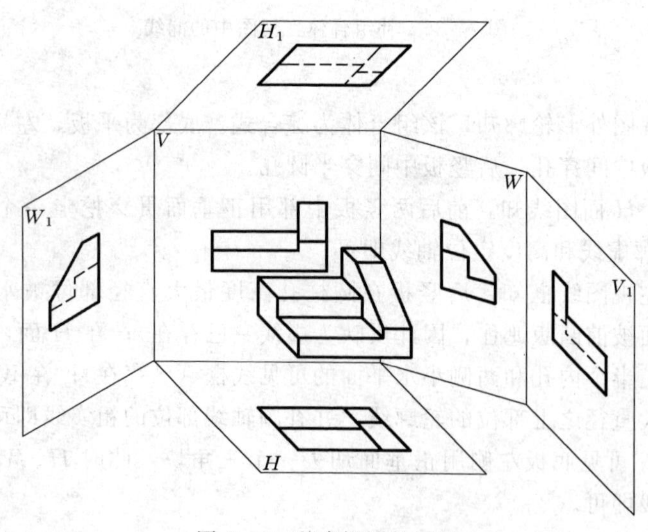

图 8-1　基本视图的展开

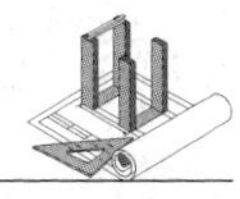

面图应尽量反映物体的主要特征。绘图时六个基本视图根据具体情况选用，在完整清晰地表达物体特征的情况下，视图数量越少越好。

2. 视图配置

如果六个基本视图在一张图纸内，并且按图 8-2（a）位置排列时，一律不注视图名称。在实际中为了合理利用图纸，在一张图纸上绘制六个基本视图或其中几个时，其位置宜按主次关系从左到右依次排列，如图 8-2（b）所示。一般每个视图均应在下方标注图名，并在图名下画一粗横线，其长度以图名所占长度为准。对于房屋建筑图，由于图形大，受图幅限制，一般都不能画在一张图纸上，因此在工程实践中均需标注出各视图图名。

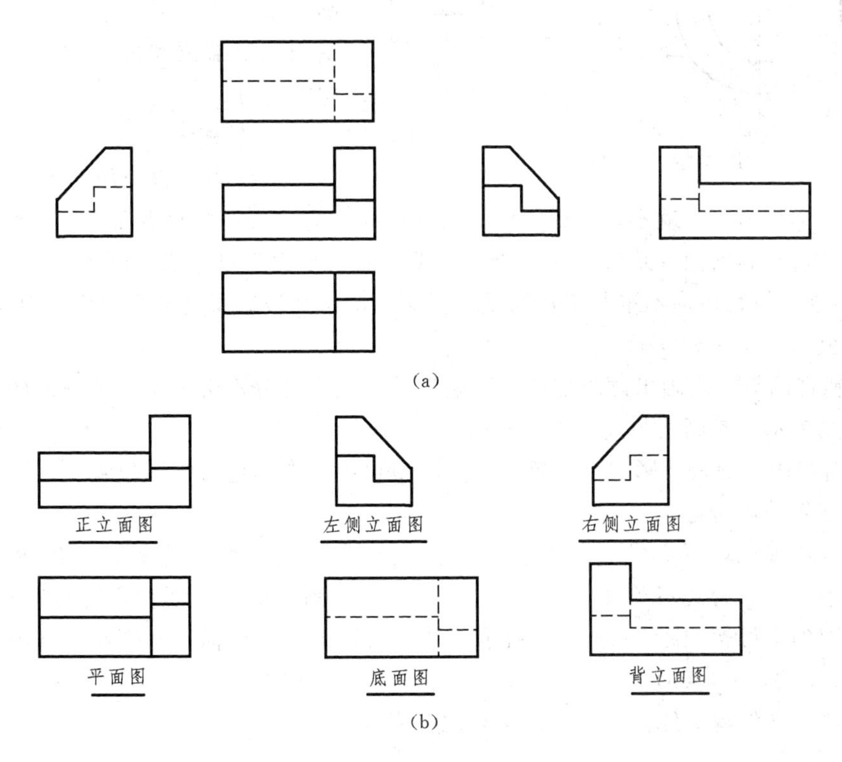

图 8-2　基本视图的布置

二、辅助视图

1. 局部视图

如图 8-3 所示物体，用主视图、俯视图 2 个基本视图已把主体结构表达清楚，只有箭头所指的两处凸台的形状尚未表达清楚。若再画出左视图和右视图则大部分重复，而如果如图所示仅画出所需要表达的那一部分，则简洁明了。这种只将物体的某一部分向基本投影面投影所得的视图称为局部视图。

画局部视图时应注意以下几点：

（1）局部视图只画出需要表达的局部形状，其范围可自行确定。

（2）局部视图的断裂边界用波浪线表示。但当所表达的局部结构是完整的且外轮廓线

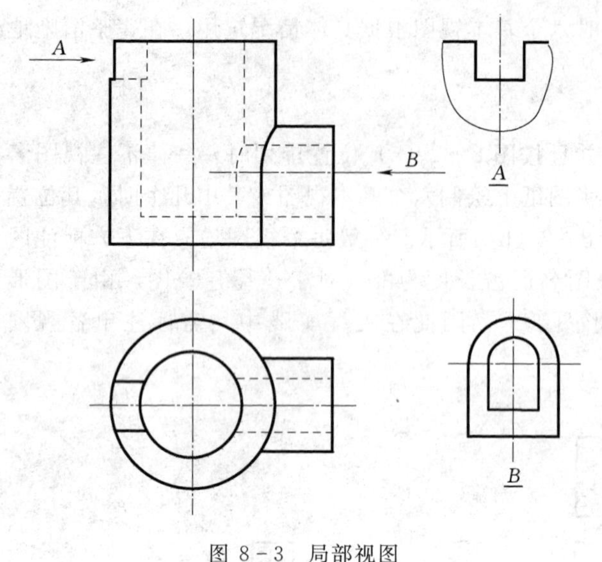

图 8-3　局部视图

又成封闭时，波浪线可省略不画。注意波浪线要画在工程形体的实体部分。

(3) 局部视图应尽量按投影关系配置，如果不便布图，也可配置在其他位置。

局部视图无论配置在什么位置都应进行标注，标注的方法是：在局部视图的下方标出视图的名称“×”(其中“×”为大写英文字母)，并在其下画一粗短线，在基本视图上画一箭头指明投影部位和投影方向，并注写相同的字母。

2. 斜视图

当物体上的表面与基本投影面倾斜时，在基本投影面上就不能反映表面的真实形状，为了表达倾斜表面的真实形状，可以选用一个平行于倾斜面并垂直于某一个基本投影面的平面为投影面，画出其视图，如图 8-4 所示。这种将物体向不平行于任何基本投影面的平面投影所得的视图称为斜视图。

画斜视图时应注意以下几点：

(1) 斜视图只要求画出倾斜部分的真实形状，其余部分不必画出。斜视图的断裂边界仍以波浪线表示，其画法与局部视图相同。

(2) 斜视图一般按投影关系配置，必要时也可配置在其他适当的位置。在不致引起误解时，允许将图形转正。

(3) 画斜视图时，必须进行标注。标注方法是：在斜视图的下方标出视图的名称“×”(其中“×”为大写英文字母)，在基本视图上画一箭头指明投影部位和投影方向，并注写相同的字母，如图 8-4 (a) 所示。如将斜视图转正，标注时应在斜视图下方标注旋转符号，如图 8-4 (b) 所示。

应强调：在斜视图的标注中字母必须水平书写。

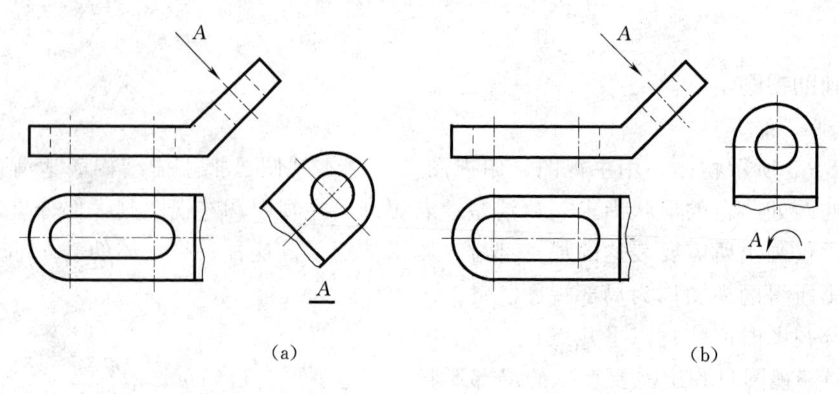

图 8-4　斜视图

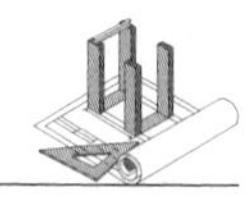

3. 镜像视图

按 GB/T 50001—2001 规定，当某些工程构造，用直接正投影法不易表达时，可用镜像投影法绘制。如图 8-5（a）所示，用镜面代替水平投影面，则形体在镜面中反射得到的图像称为镜像视图，这种投影方法称为镜像投影法。采用镜像投影法绘制的视图，应在图名后加注“镜像”二字，如图 8-5（b）所示。图 8-5（c）是用直接正投影法绘制的该物体的两个图样，读者可与图 8-5（b）中镜像平面图作对比。在房屋建筑图中，常用镜像平面图来表示室内装修的顶棚布置情况等。

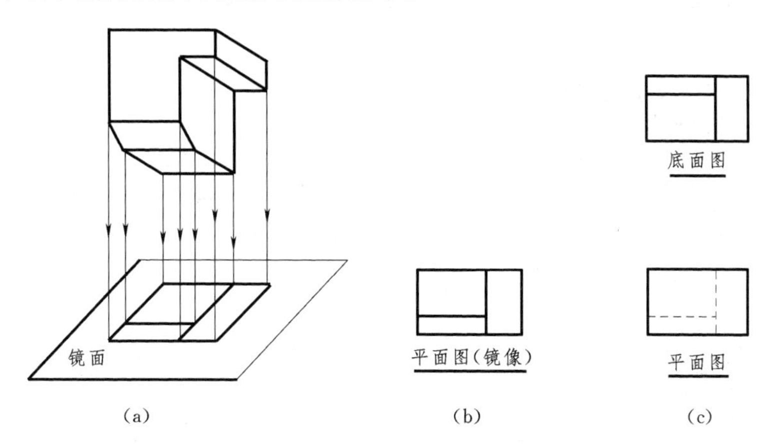

图 8-5　镜像视图

4. 展开视图

在房屋建筑中，经常会出现立面的某部分与基本投影面不平行，如圆形、折线形及曲线形等。画立面图时，可将该部分展开至与基本投影面平行，再按直接正投影法绘制，并在图名后加注“展开”两字。

图 8-6 所示房屋模型的立面图，就是将房屋两侧展开至平行于正立投影面后得到的视图，图中省略了旋转方向等的标注。

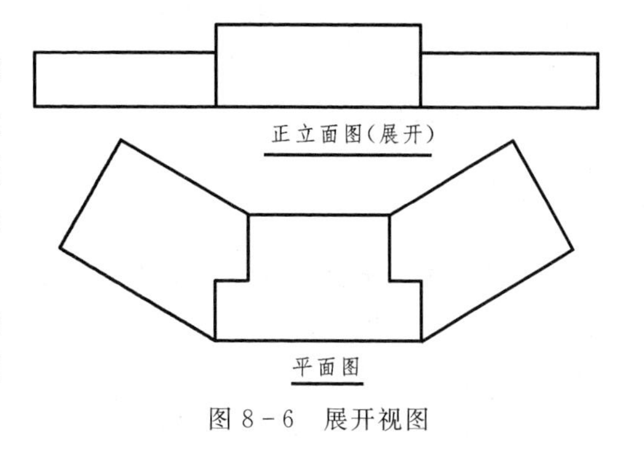

图 8-6　展开视图

第二节　第三角投影简介

一、第三角投影概念

三个相互垂直的投影面 H、V、W，延伸开将空间划分为八个分角，工程图样就是将工程形体用正投影法向这些投影面投射所形成的。将形体放置在第一分角内，并使其处于观察者与投影面之间而得到的多面正投影，称为第一角投影。若将形体放置在第三分角内，并使投影面处于观察者与形体之间而得到的多面正投影，称为第三角投影，如图 8-7（a）所示。我国、俄国、西欧等国家采用第一角投影，而美国、日本、加拿大等国家采用第三角投影。随着国际间技术交流的不断增加，常会接触到用第三角投影画的图样，所以我们对第三角投影也应有所了解。

在图 8-7（a）中，由前向后作 V 面投影，由上向下作 H 面投影，由左向右作 W 面投影，然后按照如图 8-7（b）所示方法保持 V 面不动，将 H、W 面分别向上、向右旋转至与 V 面处于同一平面上，即得第三角投影的投影图。第三角投影图的位置关系如图 8-7（c）所示。

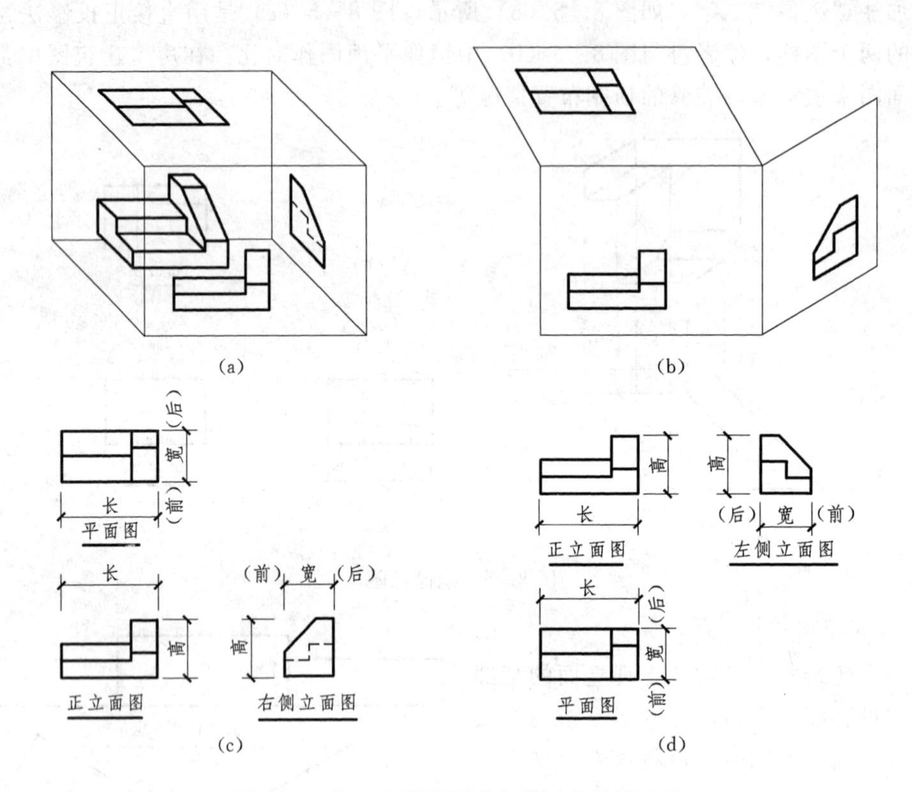

图 8-7　第三角投影形成与第一角投影比较

二、第三角投影与第一角投影的比较

第一角投影与第三角投影，均采用直接正投影法，二者所得到的投影图均满足“长对正、高平齐、宽相等”的对应关系。二者的不同之处如下：

（1）投影面与形体的相对位置不同。在第一角投影中，H、V、W 面分别在形体的下方、后方、右方；而在第三角投影中，H、V、W 面分别在形体的上方、前方、右方。

（2）投影规则不同。第一角投影是按“观察者→形体→投影面”的位置关系向三个投影面作投影，即投射线先通过形体上各点再投射到投影面上，所得到的三视图分别是正立面图、平面图、左侧立面图；第三角投影是按“观察者→投影面→形体”的位置关系向三个投影面作投影，即投射线先穿过投影面然后投射到形体上各点，投射线与投影面的各交点就是形体上相应各点的投影，所得到的三视图分别是正立面图、平面图、右侧立面图。

（3）投影的排列位置不同。第一角投影中平面图在正立面图的下方，左侧立面图在正立面图的右方；第三角投影中平面图在正立面图的上方，右侧立面图在正立面图的右方。两种投影图的三等关系及宽度方向的前后位置如图 8-7（c）、（d）所示。

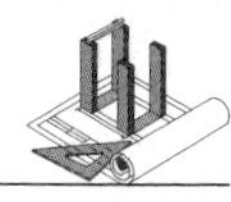

第三节 剖 面 图

一、剖面图的画法

1. 剖面图的画法

假想用剖切面剖开物体，把剖切面和观察者之间的部分移去，将剩余部分向投影面进行投影，同时在剖切平面剖切到的实体部分画上物体相应的材料图例，这样画出的图形称为剖面图。如图 8-8 所示。

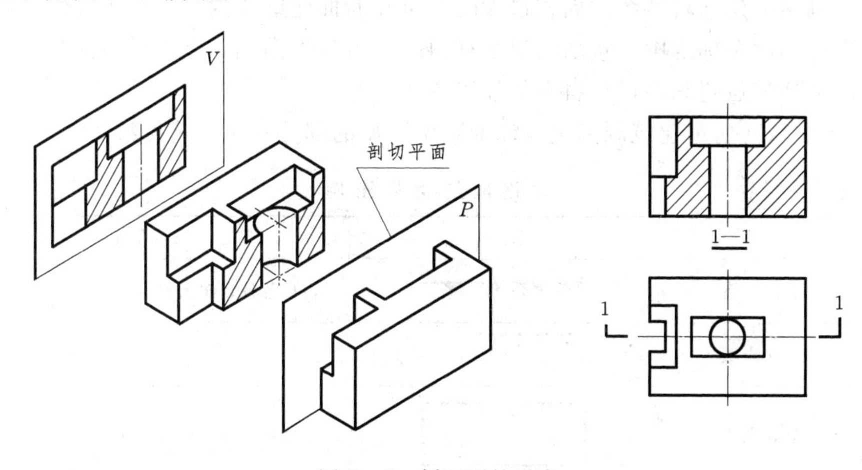

图 8-8 剖面图的形成

2. 剖面图的标注

为了便于阅读，查找剖面图与其他图样间的对应关系以及表达剖切情况，剖面图应进行标注。标注应包括：

（1）剖切位置和投影方向。剖切位置线用两小段与图形不相交的粗实线表示，每段长度约为 6～10mm，投影方向线表明剖切后的投影方向，它与剖切位置线垂直，长度约为 4～6mm。

（2）剖面图的名称。在投影方向线的端部用相同的阿拉伯数字或大写拉丁字母对剖切位置加以编号，若有多个剖面图，应按顺序由左至右，由上至下连续编排，同时在相应剖面图的下方用相同的数字或字母写成“1－1”或“A－A”的形式注写图名，并在图名下画一粗横线，编号一律水平书写。如图 8-8 所示。

3. 常用建筑材料图例

建筑制图标准只规定了剖面的常用建筑材料图例画法，对其尺度比例不作具体规定，使用时应根据图样大小而定。在绘制剖面图例时应注意下列事项：

（1）图例线应间隔均匀，疏密适度，做到图例正确，表示清楚。

（2）不同品种的同类材料使用同一图例时，应在图上附加必要的说明。

（3）两个相同的图例相接时，图例线宜错开或使倾斜方向相反，如图 8-9 所示。

（4）两个相邻的涂黑图例（如混凝土构件、金属件）间，应留有空隙。其宽度不得小于 0.7mm，如图 8-10 所示。

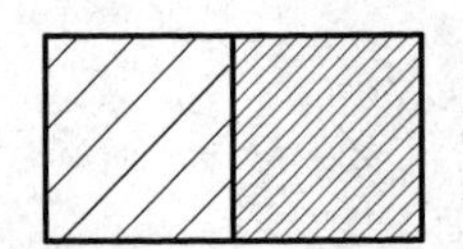
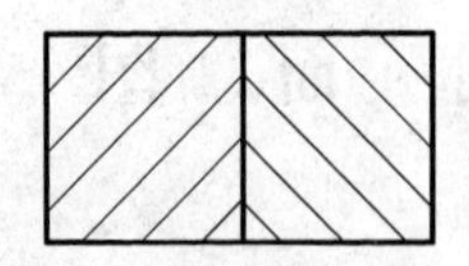

图 8－9　相同图例相接时的画法

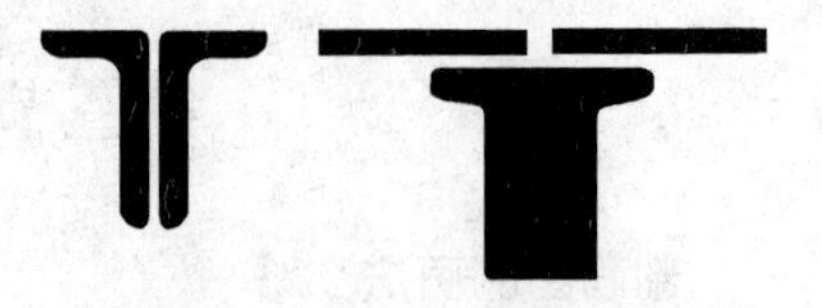

图 8－10　相邻涂黑图例的画法

(5) 下列情况可不加图例，但应加文字说明：

一张图纸内的图样只用一种图例时；图形较小无法画出建筑材料图例时。

(6) 需画出的建筑材料图例面积过大时，可在断面轮廓线内，沿轮廓线作局部表示。

(7) 当选用制图标准中未包括的建筑材料时，可自编图例，但不得与标准所列的图例重复，并应在适当位置画出该材料图例加以说明。

表 8－1 是从《房屋建筑制图统一标准》中选摘的部分常用建筑材料图例。

表 8－1　　常用建筑材料图例

序号	名称	图例	备注
1	自然土壤		包括各种自然土壤
2	夯实土壤	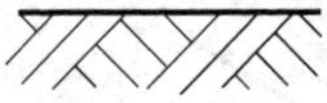	
3	砂、灰土	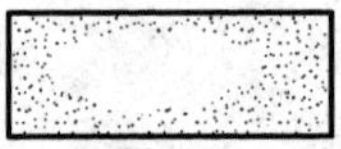	靠近轮廓线绘较密的点
4	砂砾石、碎砖三合土	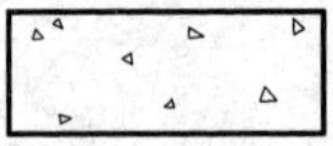	
5	石 材	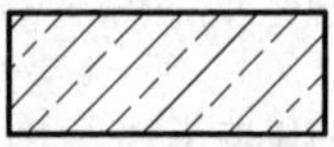	
6	毛 石	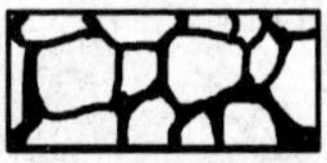	
7	普通砖	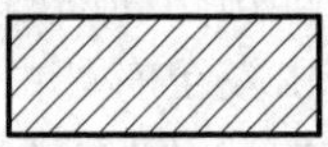	包括实心砖、多孔砖、砌块等砌体。断面较窄不易绘出图例线时，可涂红
8	空心砖	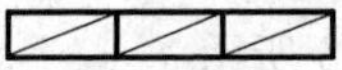	指非承重砖砌体
9	混凝土	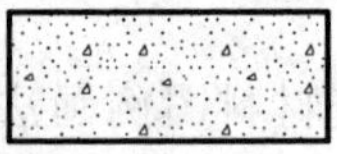	(1) 本图例指能承重的混凝土及钢筋混凝土 (2) 包括各种强度等级、骨料、添加剂的混凝土 (3) 在剖面图上画出钢筋时，不画图例线 (4) 断面图形小，不宜画出图例线时，可涂黑
10	钢筋混凝土	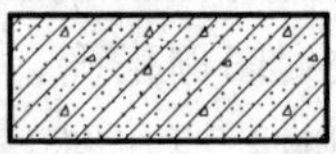	
11	多孔材料	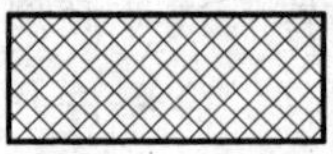	包括水泥珍珠岩、沥青珍珠岩、泡沫混凝土、非承重加气混凝土、软木、蛭石制品等

续表

序号	名称	图例	备注
12	木材		（1）上图为横断面，上左图为垫木、木砖、木龙骨 （2）下图为纵断面
13	金属		（1）包括各种金属 （2）图形小时，可涂黑
14	防水材料		构造层次多或比例大时，采用上面图例

注 序号1、2、5、7、10、11、13图例中的斜线、短斜线、交叉斜线等一律为45°。

4．画剖面图应注意的问题

（1）剖切是假想的，形体仍然是完整的形体。因此，当某个图形采用了剖面图后，其他图形仍应按完整物体来画，如图8－8中的俯视图。

（2）合理地省略虚线。剖面图中不可见的虚线，当配合其他视图能够表达清楚时，一般省略不画。如图8－11（a）的主、左视图中均省略了一段虚线。

（3）不要漏线。剖面图不仅应该画出与剖切面接触的断面形状，而且还要画出剖切面后的可见轮廓线。

（4）正确绘制材料图例符号。在剖面图上画剖面材料符号时，应注意同一物体各剖面图上的材料符号要一致，即斜线方向一致、间距相等。正确与错误画法如图8－11（b）所示。

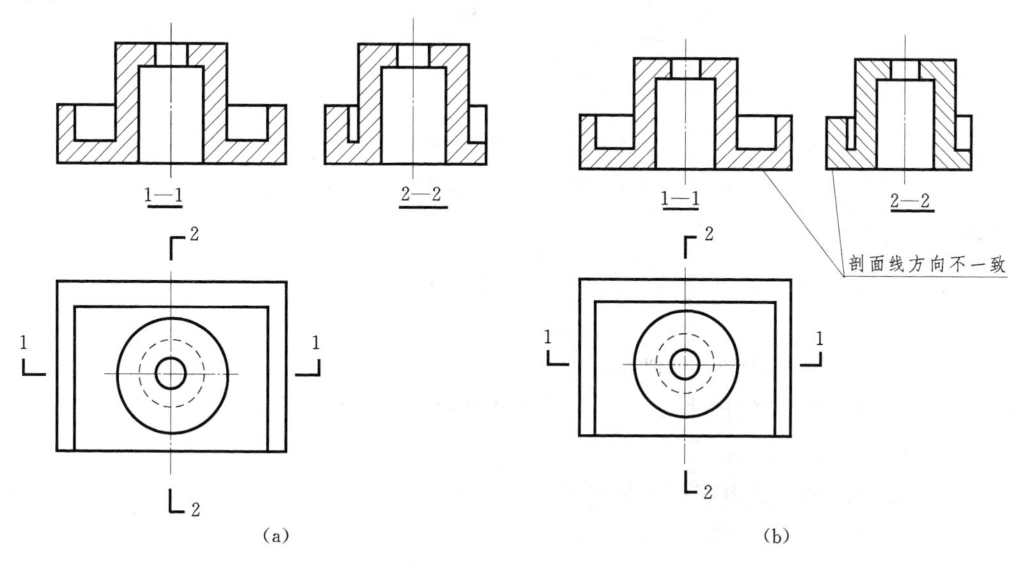

图8－11 剖面线的画法

（a）正确画法；（b）错误画法

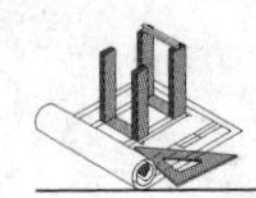

二、剖面图的种类与表达方法

1. 全剖面图

用一个剖切面把形体完整地剖开所得到的剖面图称为全剖面图。全剖面图以表达内部结构为主。常用于外部形状较简单的不对称形体，图 8－8 和图 8－11（a）所示图形均为全剖面图。

2. 半剖面图

对于对称的形体，在垂直于对称平面的投影面上的投影，可以对称中心线为分界线，一半画成剖面图表达内部结构，另一半画成视图表达外部形状，这种图形称为半剖面图，如图 8－12 所示。

半剖面图既表达了形体的外形，又表达了其内部结构，它适用于内外形状都较复杂的对称形体。

半剖面图的画图方法与全剖面图相同，只是画一半即可，另一半画外形轮廓线，虚线一般省略。

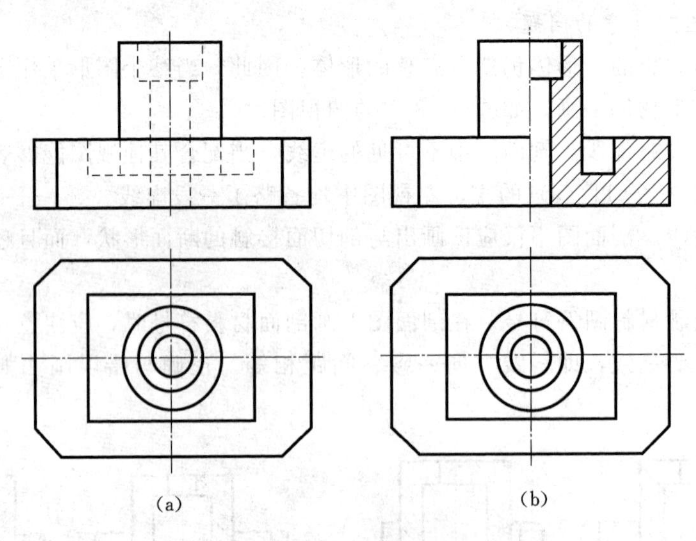

图 8－12　半剖面图画法

(a) 视图；(b) 半剖面图

画半剖面图应注意：

(1) 半个剖面图与半个视图之间的分界线必须是细点划线，不能用其他任何图线代替。

(2) 半个剖面图习惯上一般画在竖直中心线右侧、水平中心线下方。

(3) 当对称物体的对称平面上有结构轮廓线时，不能画成半剖面图，如图 8－13 所示。

(4) 半剖面图的标注方法同全剖面图。

3. 局部剖面图

用剖切平面局部剖开形体后所得的剖面图称为局部剖面图，如图 8－14 所示。局部剖面图常用于外部形状比较复杂，仅需要表达局部内部形状的形体。

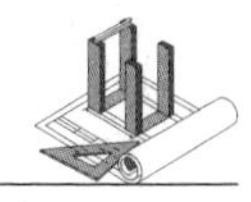

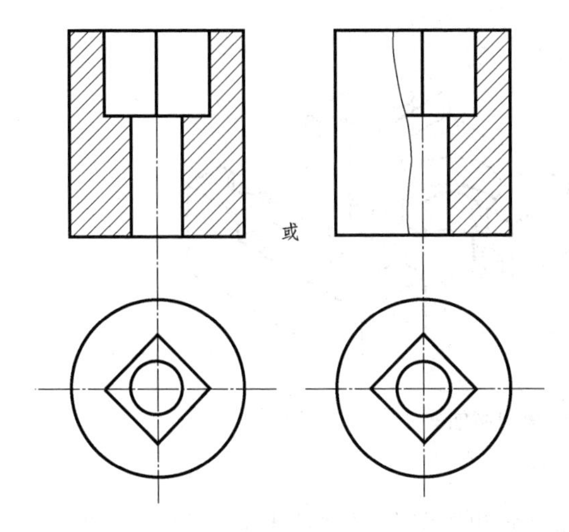

图 8－13　不宜用半剖面图的结构

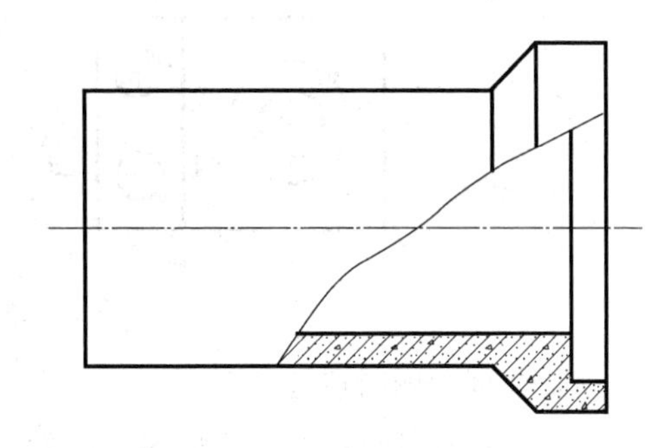

图 8－14　局部剖面图

局部剖面图通常画在视图内并以波浪线与视图分界。波浪线可以理解为物体上断裂边界线的投影，因此波浪线应画在物体的实体处，不得与轮廓线重合，也不得超出物体的轮廓线。关于局部剖面图中波浪线的正确与错误画法如图 8－15 所示。

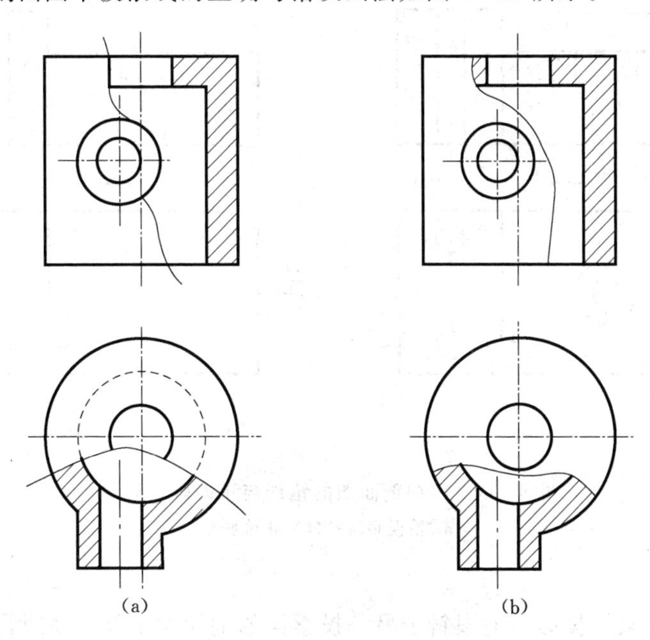

图 8－15　局部剖面图的正确画法

(a) 波浪线错误；(b) 波浪线正确

4. 阶梯剖面图

用两个或两个以上互相平行的剖切面剖切形体得到的全剖面图，称为阶梯剖面图。

当形体内部结构层次较多，用一个剖切面不能同时剖切到所要表达的几处内部构造且它们又处于互相平行的位置时，常采用阶梯剖面图，如图 8－16 所示。

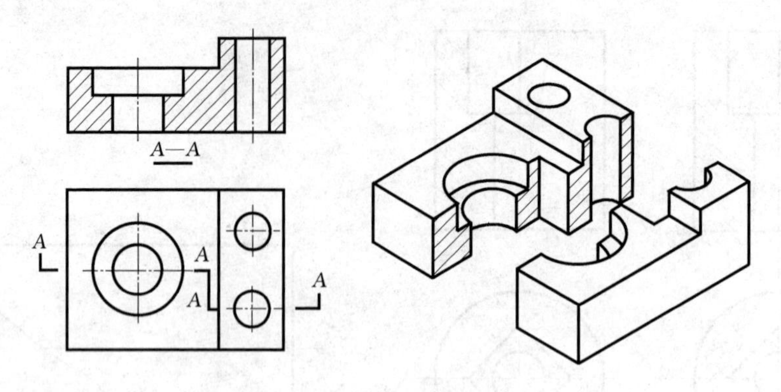

图 8-16　阶梯剖面图

画阶梯剖面图时应注意：

(1) 在剖切面的开始、转折和终了处，都要画出剖切符号并注上同一编号，如图 8-14 所示。

(2) 剖切是假想的，在剖面图中不能画出剖切平面转折处的分界线，转折处也不应与形体的轮廓线重合。正确和错误对照如图 8-17 所示。

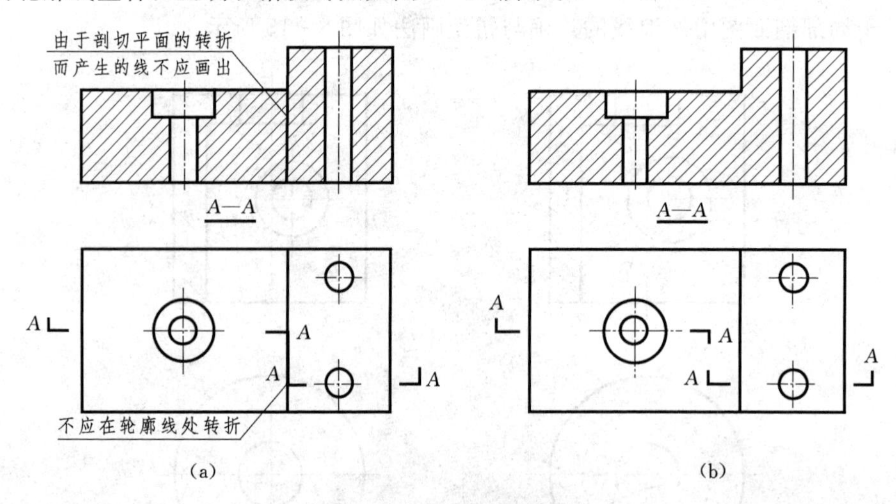

图 8-17　阶梯剖面图的错误与正确画法对照

(a) 错误画法；(b) 正确画法

5. 斜剖面图

用一个垂直于某一投影面但倾斜于另一投影面的剖切面剖开形体所得的全剖面图称为斜剖面图，如图 8-18 所示。

画斜剖面图应注意以下几点：

(1) 斜剖面图一般配置在投影方向线所指一侧，并与基本视图保持对应的投影关系。必要时允许将图形配置在其他适当位置。在不引起误解时也可以将图形转正画出，但要在图名后加注旋转符号。

(2) 当斜剖面图的主要轮廓线与水平线成 45°或接近 45°时，该部分的断面材料符号中的倾斜线应画成 30°或 60°，倾斜方向与该物体的其他剖面图一致。

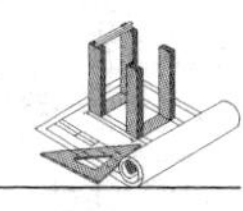

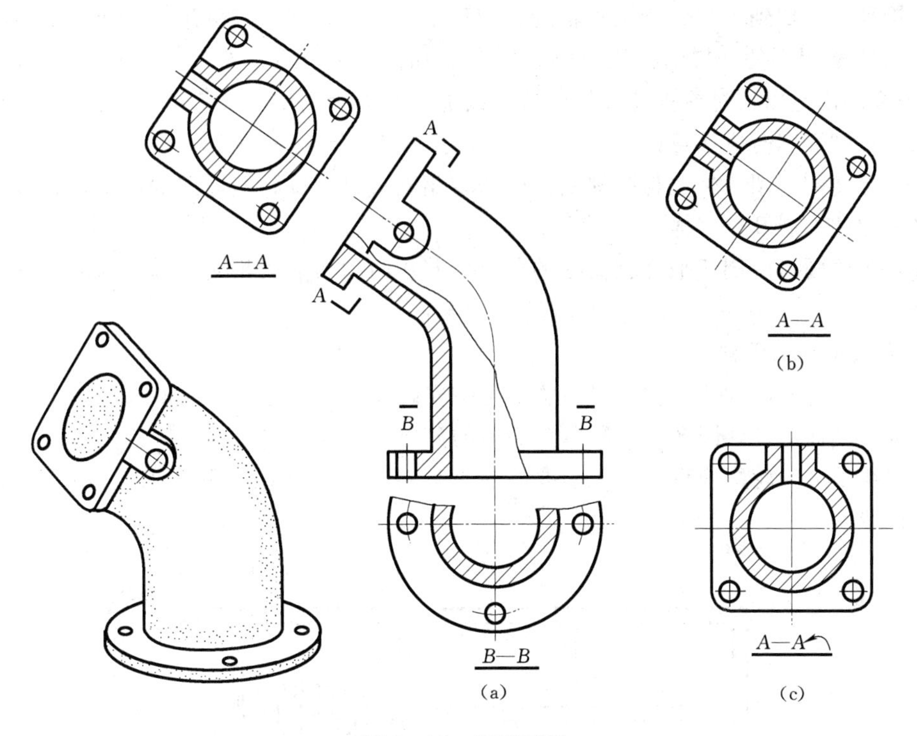

图 8-18 斜剖面图

6. 旋转剖面图

用两个或两个以上相交的剖切平面（交线垂直与某一投影面）剖开形体，并将倾斜于投影面的断面及其有关部分绕剖切面的交线旋转到平行于投影面的位置，然后再向该投影面作投影，得到的剖面图，称为旋转剖面图。旋转剖面图常用于内部形状用一个剖切平面剖切不能表达完全，并且具有回转轴的形体。如图 8-19 所示是用两个剖面图表达的检查井。从 2—2 剖面图中可以看出 1—1 剖面图是用相交于铅垂轴线的正平面和铅垂面剖切

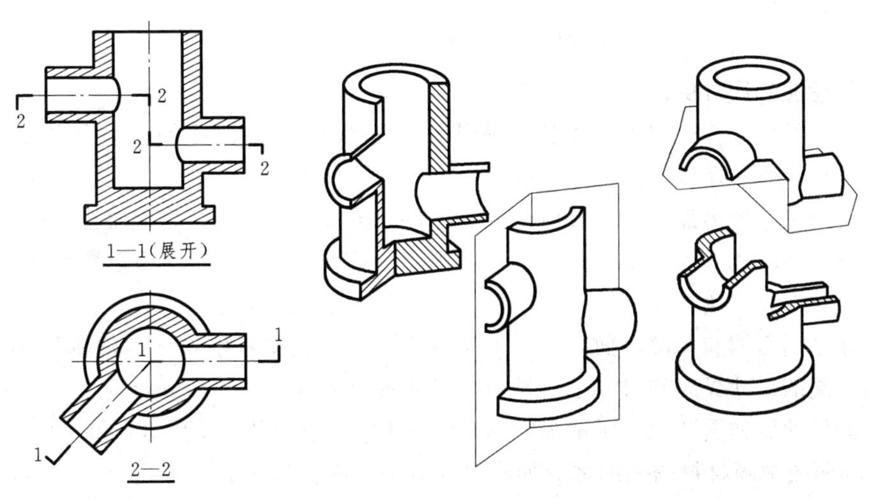

图 8-19 旋转剖面图

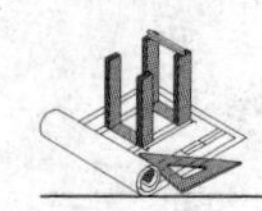

后，将铅垂面剖切到的部分绕铅垂轴旋转到正平面位置，并与右侧用正平面剖切的部分一起向 V 面投影得到的。按国标规定需在图名后加注“展开”字样。从1—1剖面图中可以看出 2—2 剖面是以通过检查井两侧管段轴线的水平面为剖切面，作阶梯剖面图得到的。

画旋转剖面图时应注意：

(1) 旋转剖面图的标注与阶梯剖面图基本相同。只是按制图标准的规定，旋转剖面图的图名后加注“展开”字样。

(2) 不可画出两剖切平面相交处的分界线并在两剖切平面相交处标注与剖切符号相同的编号。

7. 分层剖切剖面图

对一些具有不同构造层次的建筑物，可按实际需要，用分层剖切的方法表示。从而获得分层剖切剖面图。如图 8 - 20 所示为墙面的分层剖切剖面图，各层构造之间以波浪线为界且波浪线不应与轮廓线重合，不需要标注剖切符号。这种方法多用于表示地面、墙面、屋面等构造。

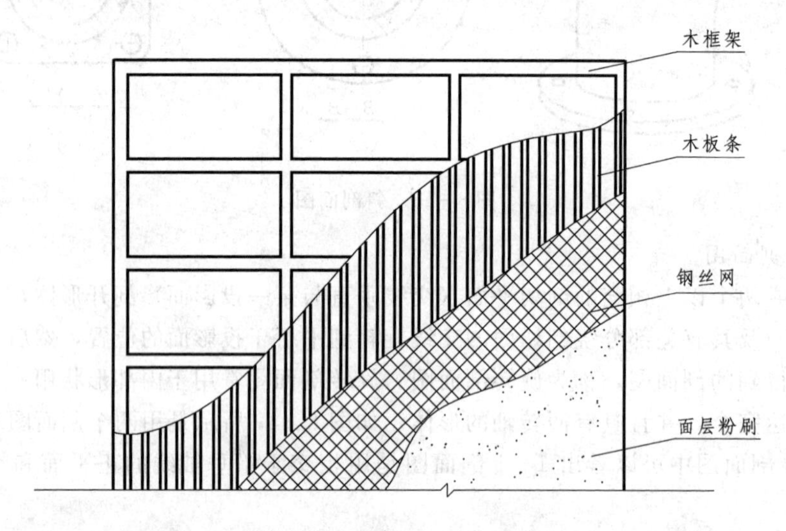

图 8 - 20　分层剖切剖面图

三、剖面图的尺寸标注

剖面图中的尺寸标注与组合体基本相同，均应遵循制图标准中的有关规定。在对剖面图进行尺寸标注时，还应注意以下几点：

(1) 外形尺寸和内部结构尺寸应分开标注，如图 8 - 21 所示。为混凝土管的局部剖面图，尺寸 60、40、450 为外形尺寸，标注在视图一侧；尺寸 50 为内部结构尺寸，尽量靠近剖面图标注在另一侧。

(2) 在半剖面图和局部剖面图上，由于对称部分省去了虚线，注写内部结构尺寸时，只需画出一端的尺寸界线和尺寸起止符号，尺寸线应超过对称线少许，但尺寸数字应注写整个结构的尺寸。如图 8 - 21 所示中的 $\phi150$、$\phi210$，图 8 - 22 中的 $\phi260$ 和 $\phi250$。

(3) 剖面图中画材料图例的部分如有尺寸数字，应将相应的图例线断开，不要使图例线穿过尺寸数字。

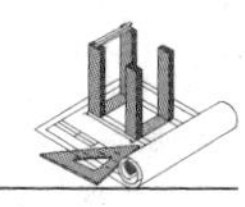

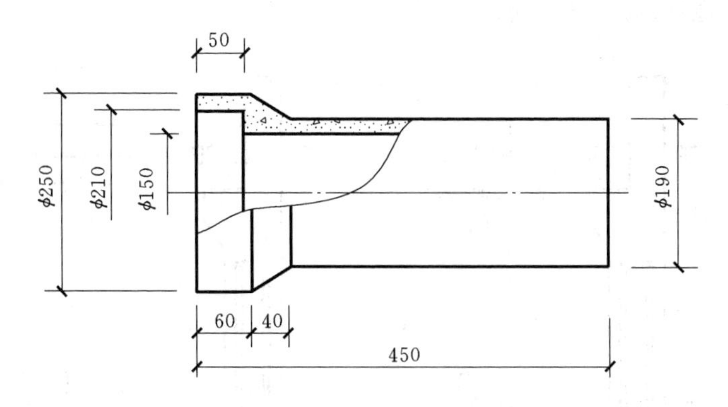

图 8-21　局部面视图尺寸标注

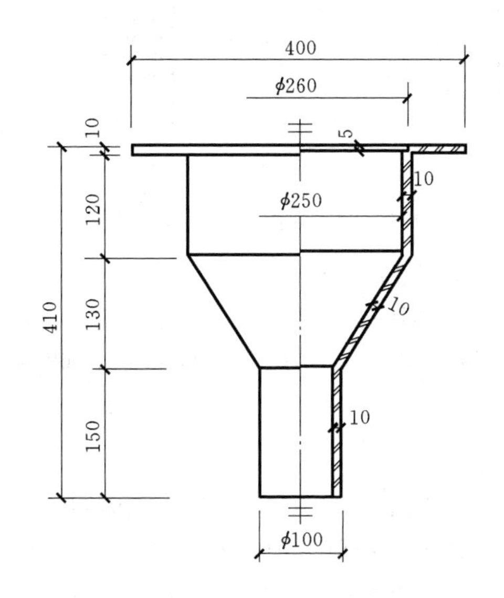

图 8-22　半剖面图尺寸标注

第四节　断　面　图

一、断面图的基本概念

用一个假想剖切平面剖开物体，将剖得的断面向与其平行的投影面投影，所得的图形称为断面图或断面，如图 8-23（a）所示。

断面图常用于表达建筑物中梁、板、柱的某一部位的断面形状，也用于表达建筑形体的内部形状。如图 8-23 所示为一根钢筋混凝土牛腿柱，从图中可见，断面图与剖面图有许多共同之处，如都是用假想的剖切平面剖开形体；断面轮廓线都用粗实线绘制；断面轮廓范围内都画材料图例等。

断面图与剖面图的区别主要有两点：

（1）表达的内容不同。断面图是形体被剖切到的断面的投影，即断面图是平面图形的投影。而剖面图是形体被剖切后剩余形体的投影，是体的投影。实际上，剖面图中包含着

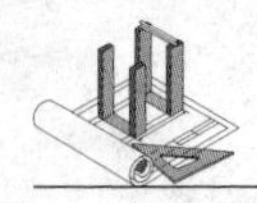

断面图，如图 8－23（a）、（b）所示。

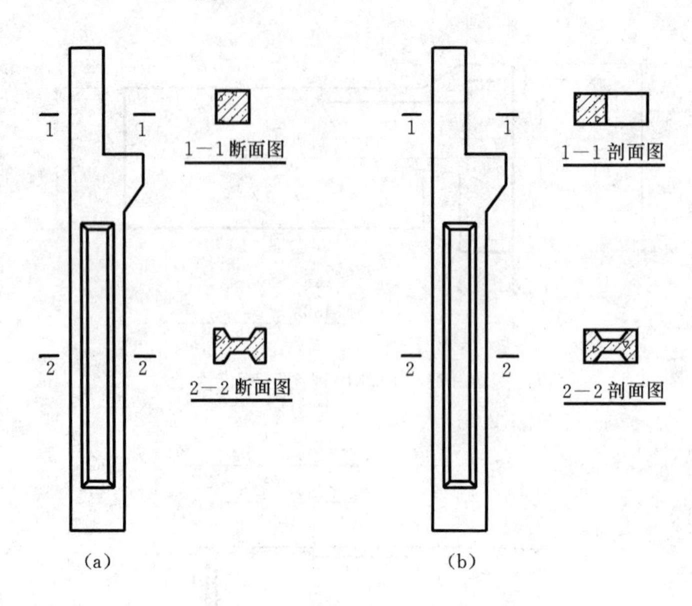

图 8－23　剖面图与断面图对照

（2）标注不同。断面图的剖视剖切符号只画剖切位置线，用粗实线绘制，长度为 6～10mm，不画剖视方向线，而用剖切符号编号的注写位置来表示投射方向，编号所在一侧应为该断面的剖视方向。图 8－23（a）中 1—1 断面和 2—2 断面表示的剖视方向都是由上向下。

二、断面的种类与画法

根据断面图与视图配置位置的不同，可分为移出断面图、中断断面图和重合断面图。画断面图时，首先明确剖切位置和投射方向，准确想象其形状，并用粗实线画出断面图形，再在断面轮廓线内画上材料图例，最后进行标注。

1. 移出断面

配置在形体投影图以外的断面图，称为移出断面。如图 8－23（a）所示，钢筋混凝土柱按需要采用 1—1、2—2 两个断面图来表达柱身的形状，这两个断面都是移出断面，根据其配置位置的不同，标注的方法也不相同。

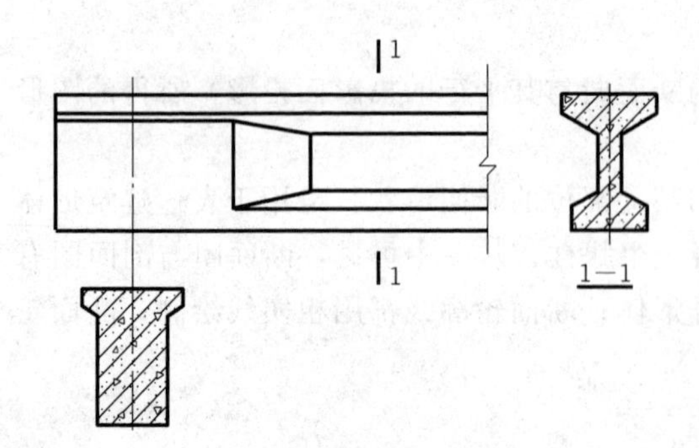

图 8－24　钢筋混凝土梁的断面图

（1）当移出断面图是对称图形，其位置紧靠原视图，中间无其他视图隔开时，用剖切线的延长线作为断面图的对称线，画出断面图。可省略剖切符号和编号，如图 8－24 所示左端的断面图。

（2）在一个形体上需作多个断面图时，可按次序依次排列在视图旁边，尽量画在剖切面位置线的延长线上，如图 8－23（a）所示。必要时断面图也可改变比例放大

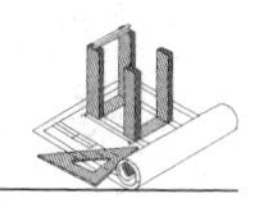

画出。

(3) 对于具有单一截面的较长杆件，其断面可以画在靠近其端部处，如图 8-25 所示，这时可不标注。

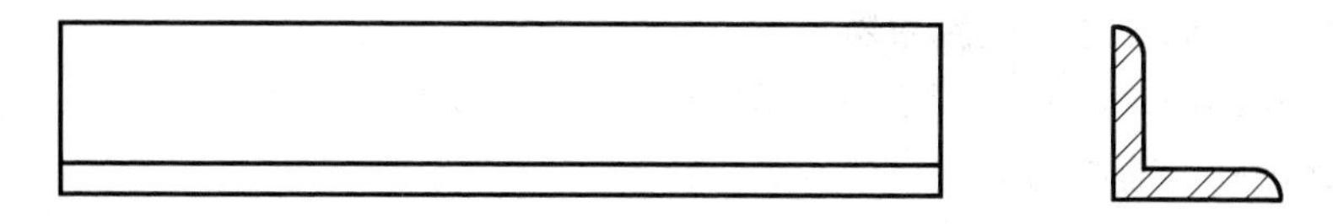

图 8-25　断面画在杆件的端部

2. 中断断面

将杆件的断面图置于杆件的中断处，这种断面称为中断断面。中断断面常用来表达横断面不发生变化的较长杆件，如图 8-26 所示。

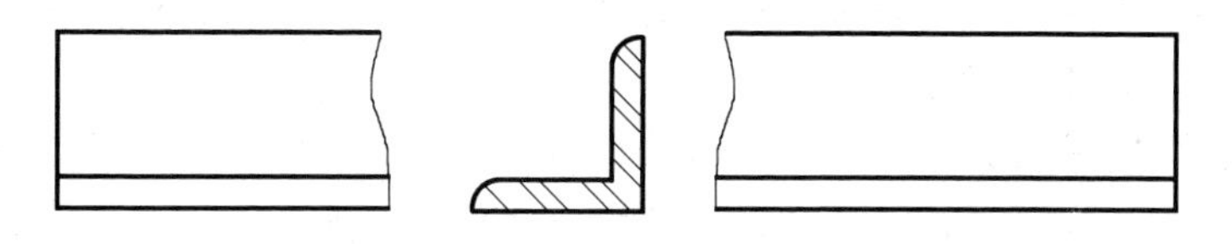

图 8-26　中断断面

3. 重合断面

直接画在投影图内的断面图，称为重合断面。重合断面是将断面旋转 90°后画在剖切处与视图重合。当视图的轮廓线为粗实线时，重合断面的轮廓线用细实线画出，如图 8-27 所示；当视图的轮廓线为细实线时，重合断面的轮廓线用粗实线画出，如图 8-28 所示；当视图中轮廓线与重合断面轮廓线重合时，视图中的轮廓线仍应连续画出，不可间断，如图 8-27 所示；当断面尺寸较小时，可将断面涂黑，如图 8-29 所示是画在钢筋混凝土结构布置图上浇注在一起的梁与板的重合断面。图 8-28 是用重合断面表示墙面的凹凸起伏情况，该断面需在断面范围内沿轮廓线边缘画 45°细剖面线。重合断面不标注。

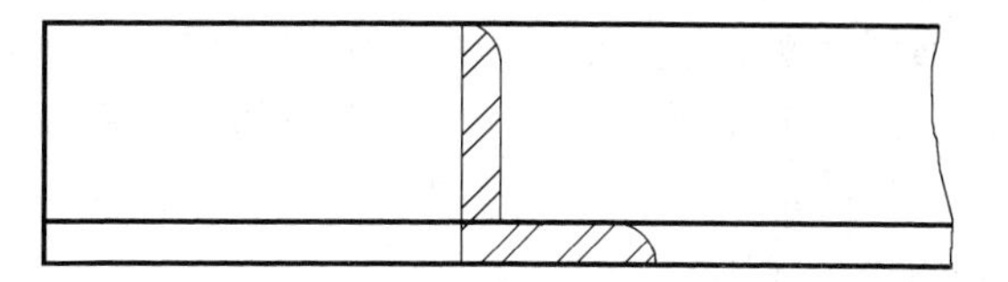

图 8-27　重合断面（一）

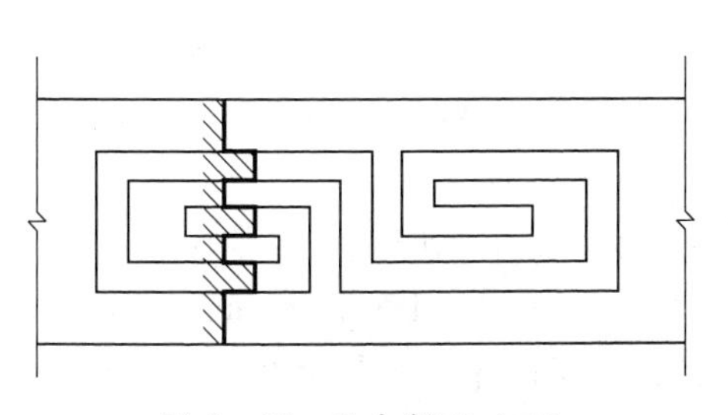

图 8-28　重合断面（二）

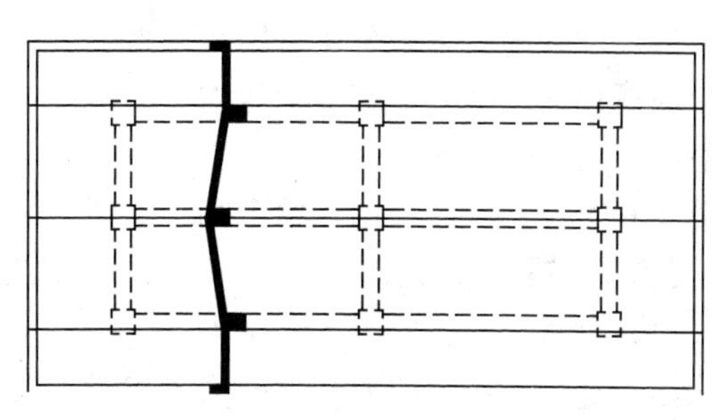

图 8-29　重合断面（三）

第五节　形体的表达应用举例

一、剖面图与断面图的应用举例

剖面图、断面图常与基本视图互相配合，使建筑形体的图样表达得完整、清晰、简明。识读剖面图和断面图的步骤一般为：

1. 分析视图

首先明确形体由哪些视图共同表达，其中剖面图和断面图采用哪种方式，根据图名和对应的剖切符号找出与其他视图之间的投影关系。

2. 分析形体各部分形状

运用形体分析法和线面分析法读图，将形体大致分成几个部分，通过剖面图或断面图明确其形状，弄清空实关系，各视图联系起来，读懂各部分的内、外形状。

3. 综合起来想象整体

读懂了形体各组成部分的形状后，再按各视图显示出的前后、左右、上下相对位置，读懂各部分彼此之间的关系，综合想象形体的整体形状。遇到剖面图或断面图时，除了要看懂形体被剖切后的内部形状，还要想象出形体被假想剖去部分的形状。现举例说明识读形体视图的方法与步骤。

【例 8-1】　识读如图 8-30 所示的化粪池的结构形状。

(1) 分析视图。如图 8-30 所示，该化粪池的三个视图都为剖面图，正立面图采用全剖面图，平面图与侧立面图是半剖面图。从立面图可以看出平面图是采用通过化粪池顶部圆孔的水平面剖切，得到的半剖面图。从平面图可以看出正立面图是采用通过化粪池前后对称线的正平面剖切，得到的全剖面图；侧立面图则是采用通过化粪池左侧顶部圆孔轴线的侧平面剖切，得到的半剖面图。

(2) 分析形体各部分形状。由图 8-30 可以看出，该化粪池由 3 个部分组成。最下部为一长方体底板。化粪池中部为一个箱形长方体池身，中间有隔板将其分成左右两部分并且隔板下方有小圆孔使两部分相通。箱体左右侧壁和隔板上各有一个小圆孔。顶面上有两个通向上部结构的圆孔。化粪池上部有横竖两块长方体肋板，肋板上方各有一个带孔的圆柱体，圆孔与池身相通。

(3) 综合起来想象整体。综合上面的分析，将各部分组合到一起，可知化粪池前后对称，底板比池身略大。左部箱体大于右部分，上部两块长方体肋板的圆孔的中心线都在前后对称面上。化粪池用水平面剖切后的部分及整体形状如图 8-30 (b) 所示。化粪池各部分及相对位置尺寸见正立面图和平面图中的标注。

【例 8-2】　识读如图 8-31 所示的钢筋混凝土梁、柱节点的具体构造。

(1) 分析视图。由图 8-31 (a) 可知，该节点构造由一个正立面图和三个断面图共同表达，三个断面图均为移出断面，按投影关系配置，画在杆件断裂处。

(2) 分部分想形状。由各视图可知该节点构造由三部分组成。水平方向的为钢筋混凝土梁，由 1—1 断面可知梁的断面形状为“十”字形，俗称“花篮梁”，尺寸见 1—1 断面。

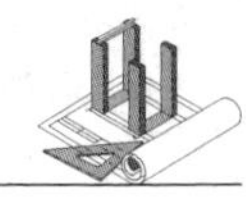

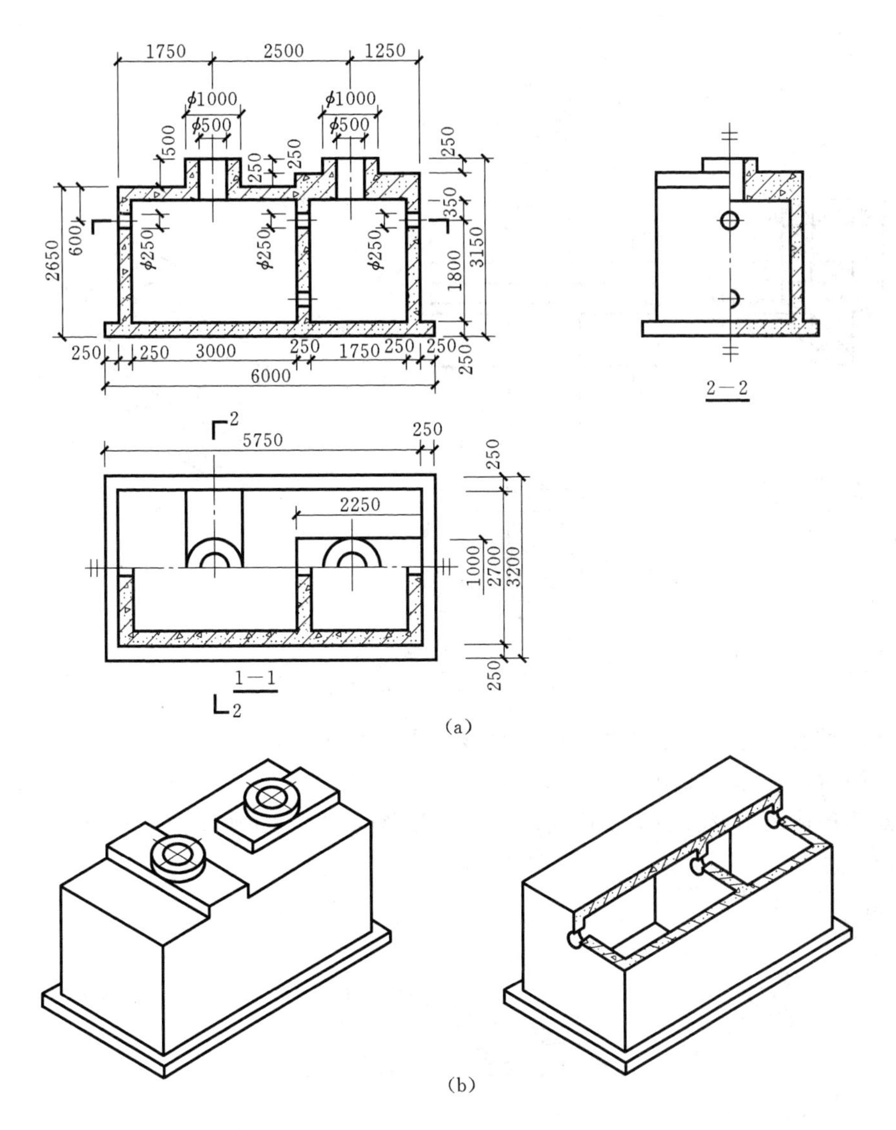

图 8-30　化粪池剖面图

竖向位于梁上方的柱子，由 2—2 断面可知其断面形状及尺寸。竖向位于梁下方的柱子，由 3—3 断面可知其断面形状及尺寸。

（3）综合起来想象整体。由各部分形状结合正立面图可看出，断面形状为方形的下方柱由下向上通至花篮梁底部，并与梁底部产生相贯线，从花篮梁的顶部开始向上为断面变小的楼面上方柱。该梁、柱节点构造的空间形状如图 8-31（b）所示。

二、简化画法

为了节省图幅和绘图时间，提高工作效率，建筑制图国家标准允许在必要时采用下列简化画法：

1. 对称图形的简化画法

对称形体的图形，可只画一半（习惯上画左半部、上半部），并画出对称符号，如图

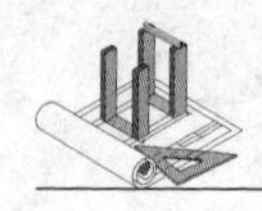

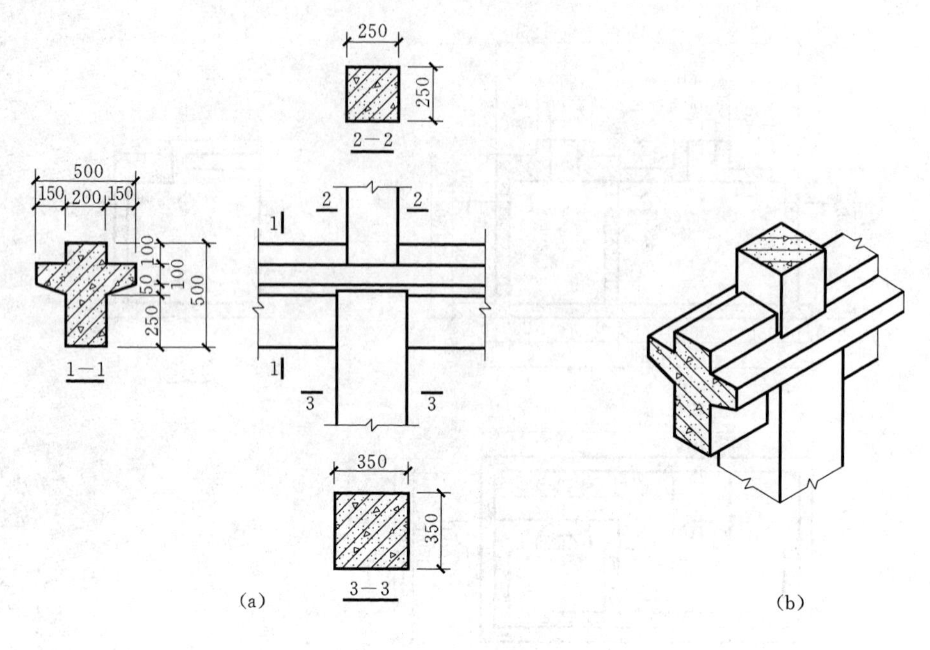

图 8-31　梁、柱节点构造

8-32（a）所示；也可以超出图形的对称线，画一半多一点儿，然后加上波浪线或折断线，而不画对称符号，如图 8-32（b）所示。

若对称形体的图形有两条对称线，可只画图形的 1/4，并画出对称符号，如图 8-32（c）所示。

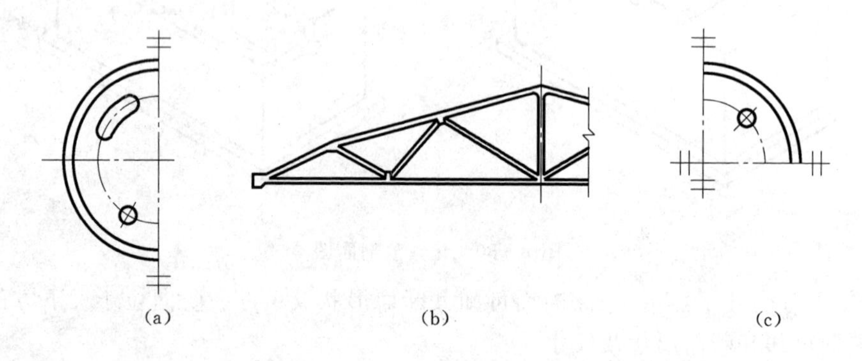

图 8-32　对称图形的画法

2. 相同要素的省略画法

如果形体上有多个形状相同且连续排列的结构要素时，可只在两端或适当位置画少数几个要素的完整形状，其余的用中心线或中心线交点来表示，并注明要素总量，如图 8-33（a）、（b）、（c）所示。

如果形体上有多个形状相同但不连续排列的结构要素时，可在适当位置画出少数几个要素的形状，其余的以中心线交点处加注小黑点表示，并注明要素总量，如图 8-33（d）所示。

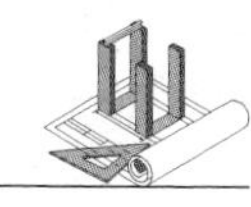

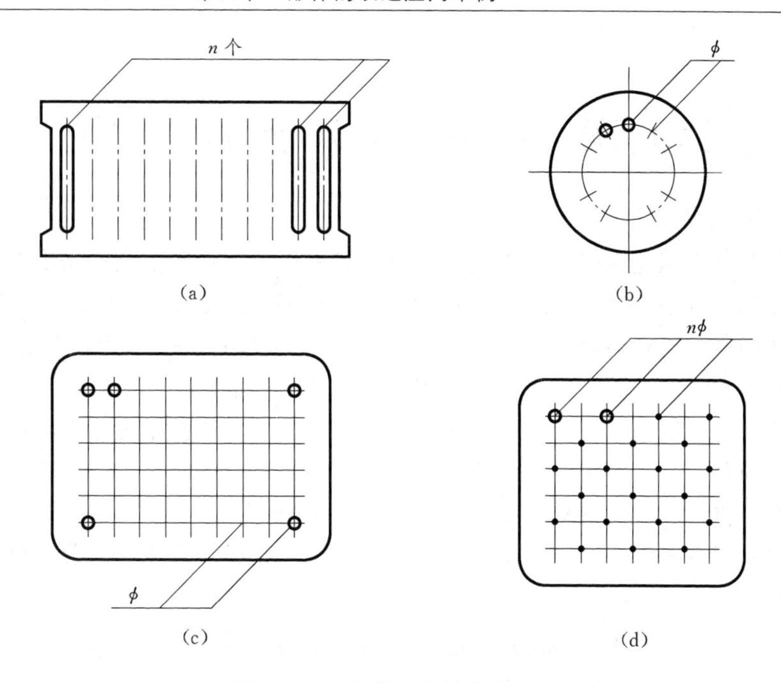

图 8-33　相同要素的省略画法

3. 折断省略画法

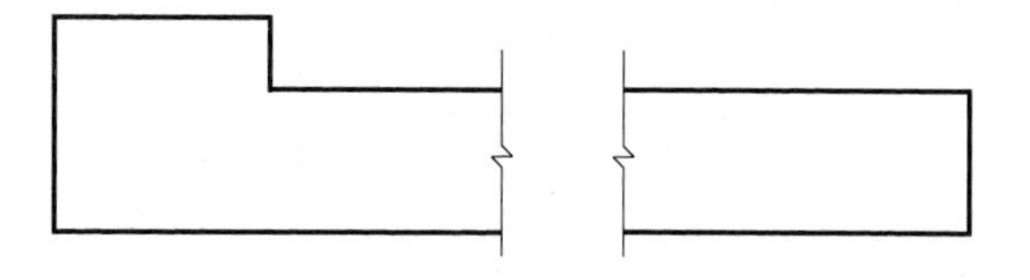

图 8-34　折断省略画法

当形体较长且沿长度方向的形状相同或按一定规律变化时，可采用折断的办法，将折断的部分省略不画。断开处以折断线表示，折断线两端应超出轮廓线 2～3mm，如图 8-34 所示。需要注意的是尺寸要按折断前原长度标注。

4. 局部省略画法

当两个形体仅有部分不同时，可在完整地画出一个后，另一个只画不同部分，但应在形体的相同与不同部分的分界处，分别画上连接符号，两个连接符号应对准在同一线上，如图 8-35 所示。连接符号用折断线和字母表示，两个相连接的图样字母编号应相同。

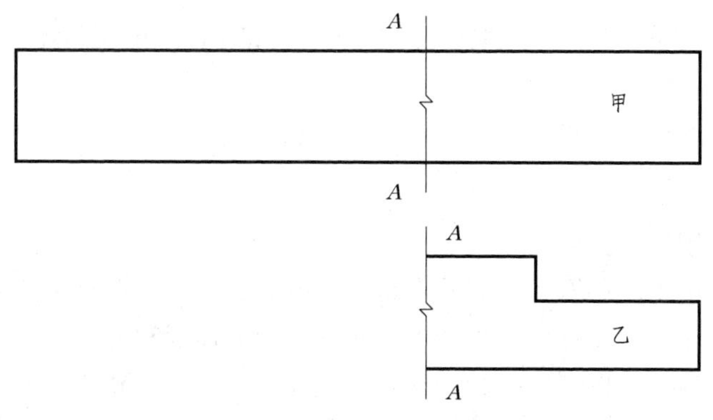

图 8-35　局部省略画法

第九章　钢筋混凝土结构图

在工程建筑（房屋建筑、水工建筑、道路桥梁等）中，结构系统都是由各种受力构件（结构构件）组成，这些构件主要承受各种活动荷载和固定荷载。工程建筑有安全性、耐久性和稳定性的要求，这就需要对各种结构构件进行力学计算，确定出构件的形状、尺寸、材料和连接方式等，并将结果绘制成图，作为施工的依据，指导施工，这类图样称为钢筋混凝土结构图。钢筋混凝土结构图包括：结构构件图和结构布置图。常用的结构构件按使用功能不同分为：板、梁、柱、基础、桁架和支撑等（图 9－1）；按所用材料分为：预制钢筋混凝土构件、钢筋混凝土构件、钢构件和木构件等。

本章主要介绍钢筋混凝土结构构件图，结构布置图在以后有关的章节中介绍。

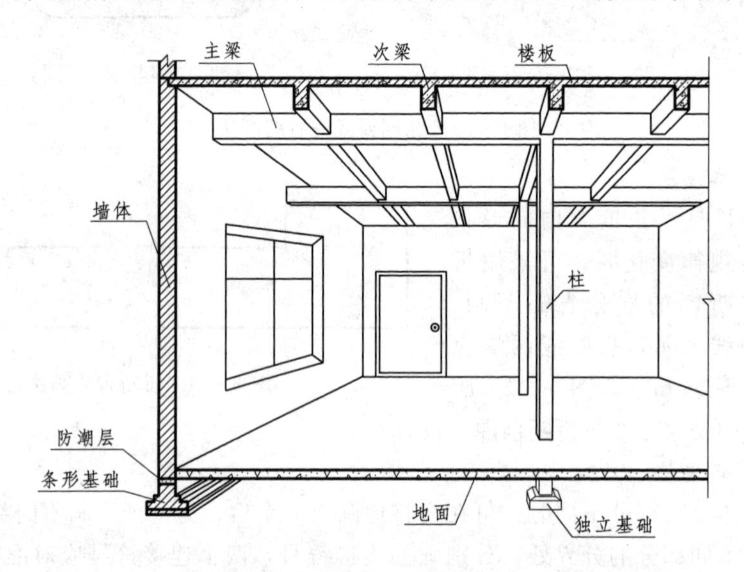

图 9－1　构件使用部位示意图

第一节　钢筋混凝土结构的基本知识

把混凝土和钢筋根据各自的力学特性有机地结合在一起，制成各种不同的承重构件，在工程建筑中广泛应用。

一、混凝土的组成和强度等级

混凝土主要是由水泥、石子、砂及水组成。有时为了改善混凝土的性能、节约水泥和加快施工的进度，还常常在混凝土中加入一些其他的外加剂和掺和料。

水泥、石子、砂、水按一定的配合比，经过拌和、养护和硬化后就形成了混凝土。混凝土具有很高的抗压强度，而它的抗拉强度却很低，一般约为抗压强度的 7％～14％。根

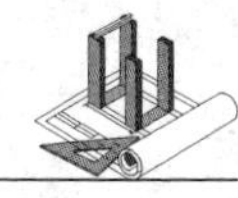

据混凝土结构设计规范（GB50010—2002），可将混凝土分为若干等级，如 C15、C20、C25 、C30、C35、C40、C45、C50、C55、C60、C65、C70、C75、C80，其中的数字表示混凝土的强度等级，数字越大，抗压强度越大。

没有钢筋的混凝土构件称为素混凝土构件，它的抗压性能较好，抗拉性能很差。图 9 - 2 (a)为一素混凝土梁，在外力作用下，梁的上部受压，下部受拉，当外力达到一定限值时，梁的下部就会被拉裂。为了加强混凝土的抗拉强度，在混凝土的受拉区域配置钢筋，让钢筋来承受拉力，不容易使构件开裂，如图 9 - 2（b）所示，这种配有钢筋的构件称为钢筋混凝土构件。钢筋混凝土构件根据制作工艺的不同可分为：现浇钢筋混凝土构件、预制钢筋混凝土构件和预应力钢筋混凝土构件。

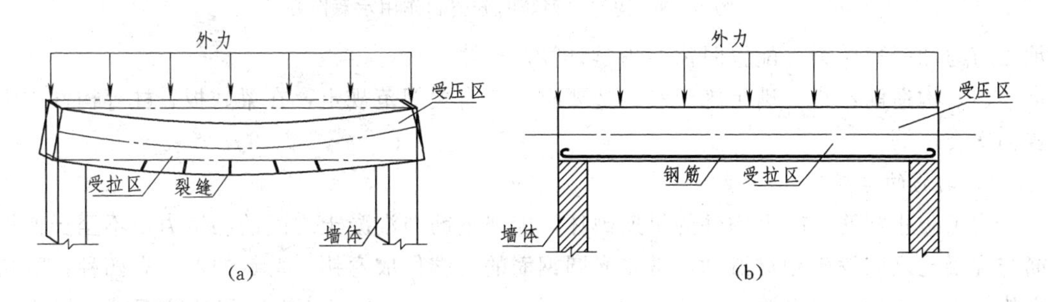

图 9 - 2　梁受力示意图

(a) 素混凝土梁；(b) 钢筋混凝土梁

二、钢筋的基本知识

1. 钢筋的种类及代号

钢筋按生产工艺和抗拉强度的不同可以分为多种强度等级，根据混凝土结构设计规范（GB50010—2002），常用的钢筋种类和代号见表 9 - 1。

表 9 - 1　　钢筋的种类及代号

种　　类	符　　号	d (mm)
HPB235 (Q235)	Φ	8～20
HRB335 (20MnSi)	Φ	6～50
HRB400 (20MnSiV、20MnSiNb、20MnTi)	Φ	6～50
RRB400 (K20MnSi)	$Φ_R$	8～40

表中 HPB235 为光圆钢筋；HRB335、HRB400 为人字纹钢筋；RRB400 为光圆或螺纹钢筋。

2. 构件中钢筋的分类和作用

如图 9 - 3 所示，按钢筋在梁、板、柱等构件中所起的作用不同，可分为：

(1) 受力筋：指在梁、板、柱等构件中主要承受拉力或压力的钢筋，有时为加强支座端，常将受力筋弯起。受力筋必须经过力学计算来配置。

(2) 架立筋：指在梁、板、柱等构件中与箍筋一起形成骨架钢筋。架立筋用来固定钢筋的位置，常根据构造要求来配置。

(3) 箍筋（也称钢箍）：指用来固定钢筋的位置的钢筋，在梁、板、柱等构件中主要

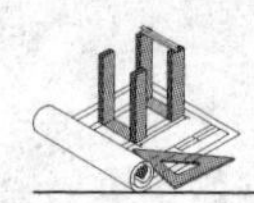

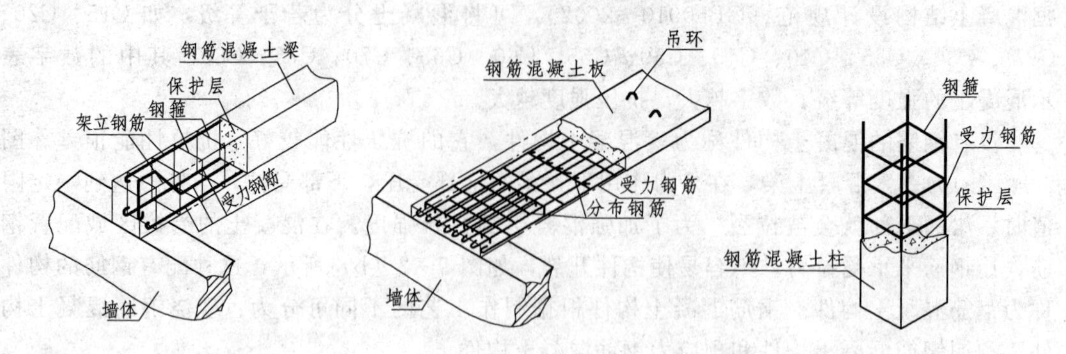

图 9-3　构件中钢筋的分类和作用示意图

承受剪力和斜拉应力。配置时需经力学计算。

(4) 构造筋：指为满足施工和构造要求，按有关规范规定，在梁、板、柱等构件中配置的次类钢筋。

3. 钢筋的弯钩

为了防止钢筋混凝土构件的早期破坏，加强钢筋与混凝土之间的黏结力，不至于使钢筋与混凝土之间发生相对滑动，常将光圆钢筋的两端作成弯钩。弯钩的形式有四种：直角弯钩、半圆弯钩、斜弯钩、箍筋弯钩，如图 9-4 所示。人字纹钢筋和螺纹钢筋一般不做弯钩。

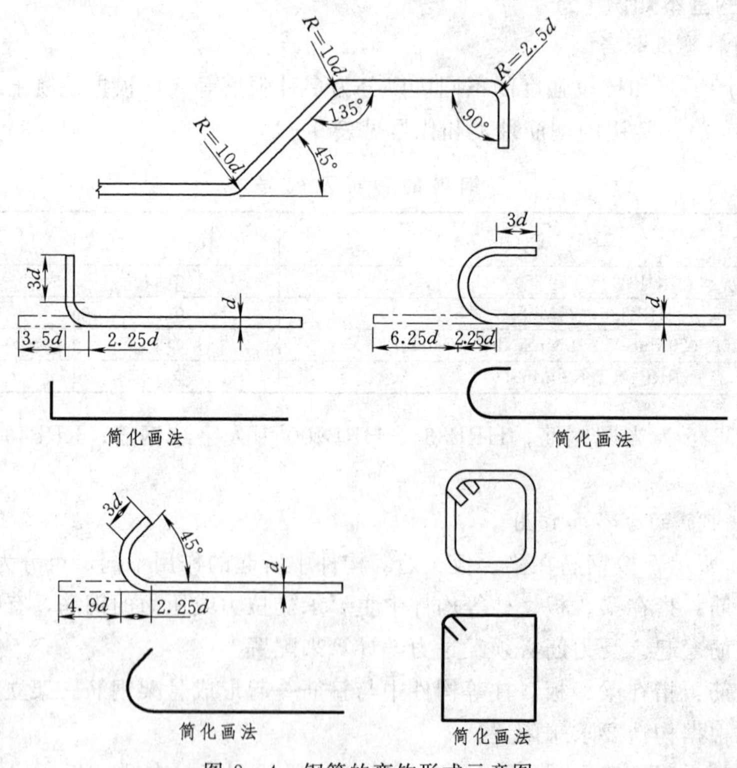

图 9-4　钢筋的弯钩形式示意图

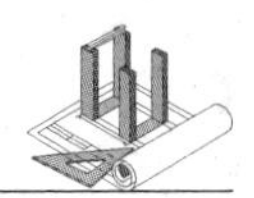

4. 钢筋的保护层

为了满足结构构件的耐久性要求和对受力筋有效锚固的要求，防止钢筋受环境影响而产生锈蚀，保证钢筋与混凝土的有效黏结，钢筋混凝土构件必须有足够的混凝土保护层，混凝土保护层的厚度从钢筋的外边缘起算到构件的表面为止。在《钢筋混凝土设计规范》(GB50010—2002) 中对构件的保护层厚度作了如下规定（表 9-2)。

表 9-2　　混凝土保护层最小厚度 (mm)

环境类别	板、墙、壳	梁、柱、杆
一	15	20
二 a	20	25
二 b	25	35
三 a	30	40
三 b	40	50

5. 常用构件代号

为了读图、绘图方便，对基础、板、梁、柱等钢筋混凝土构件的名称用代号表示。代号一般是该构件汉语拼音前两个字的第一个字母表示，代号后应用阿拉伯数字标注该构件的型号或编号，也可为构件的顺序号。构件的顺序号采用不带角标的阿拉伯数字连续编排。常用的构件代号见表 9-3。

表 9-3　　常用构件代号 (GB/T50105—2010)

序号	名称	代号	序号	名称	代号	序号	名称	代号
1	板	B	19	圈梁	QL	37	承台	CT
2	屋面板	WB	20	过梁	GL	38	设备基础	SJ
3	空心板	KB	21	连系梁	LL	39	桩	ZH
4	槽形板	CB	22	基础梁	JL	40	挡土墙	DQ
5	折板	ZB	23	楼梯梁	TL	41	地沟	DG
6	密肋板	MB	24	框架梁	KL	42	柱间支撑	ZC
7	楼梯板	TB	25	框支梁	KZL	43	垂直支撑	CC
8	盖板或沟盖板	GB	26	屋面框架梁	WKL	44	水平支撑	SC
9	挡雨板或檐口板	YB	27	檩条	LT	45	梯	T
10	吊车安全走道板	DB	28	屋架	WJ	46	雨篷	YP
11	墙板	QB	29	托架	TJ	47	阳台	YT
12	天沟板	TGB	30	天窗架	CJ	48	梁垫	LD
13	梁	L	31	框架	KJ	49	预埋件	M—
14	屋面梁	WL	32	刚架	GJ	50	天窗端壁	TD
15	吊车梁	DL	33	支架	ZJ	51	钢筋网	W
16	单轨吊车梁	DDL	34	柱	Z	52	钢筋骨架	G
17	轨道连接	DGL	35	框架柱	KZ	53	基础	J
18	车挡	CD	36	构造柱	GZ	54	暗柱	AZ

注 1. 预制钢筋混凝土构件、现浇钢筋混凝土构件、刚构件和木构件，一般可直接采用本表中的构件代号。在绘图中，当需要区别上述构件的材料种类时，可在构件代号前加注材料代号，并在图纸中加以说明。

2. 预应力钢筋混凝土构件的代号，应在构件代号前加注“Y—”，如 Y—DL 表示预应力钢筋混凝土吊车梁。

设计绘图过程中，采用标准通用图集中的钢筋混凝土构件时，应用该图集中的规定代号或型号来注写。由于目前各地区注写方法不同，使用时应该注意查阅该地区的标准图集。如图 9-5 所示，6—YKB5—36—2 表示 6 块预应力空心板，板长 3600mm，板宽 500mm，荷载等级为Ⅱ级。

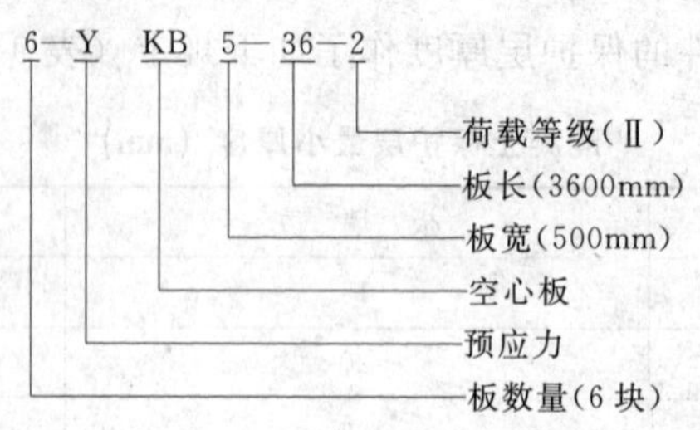

图 9-5　预应力空心板标注示意图

第二节　钢筋混凝土构件图的图示方法

一、钢筋混凝土构件图的内容

1. 模板图

模板是钢筋混凝土工程中重要的施工工具，为了保证施工安全、保证施工质量、加快施工速度和降低工程成本，要合理选用模板结构。模板应按模板图设计要求制作，以使钢筋混凝土构件按规定的几何尺寸和位置成型。模板图就是钢筋混凝土构件的外形图，表明钢筋混凝土构件的外部形状以及预埋件和预留空洞的位置、标高和吊点位置等。结构形状复杂的构件应单独画模板图。

2. 配筋图

配筋图是钢筋混凝土结构图中的一种重要图样。它是构件施工和加工、绑扎钢筋的主要依据。配筋图不仅表示出了构件的外部形状和尺寸，而且还表示出了钢筋在构件中的位置、数量、种类和直径等。绘图时可假想钢筋混凝土构件为透明体，将钢筋混凝土构件中钢筋的配置情况投影成图，称为配筋图。它一般包括平面图、立面图、断面图和钢筋详图（钢筋表）等。

3. 预埋件图

在钢筋混凝土构件施工和运输时，需要对钢筋混凝土构件进行吊装和连接，这就需要在制作构件时，将一些铁件连接在钢筋骨架上，浇筑完混凝土后，使其一部分伸出到钢筋混凝土构件的表面外，这就叫做预埋件。预埋件在其他图形中应表示出位置，自身用预埋件详图来表达。

二、钢筋的一般表示方法

1. 图线规定

在表达钢筋混凝土构件的配筋图时，为了突出钢筋的布置情况，可见的钢筋混凝土构件的轮廓线用细实线，不可见的轮廓线用细虚线；钢筋混凝土构件内的可见钢筋用粗实线，不可见的钢筋用粗虚线；预应力钢筋用粗的双点划线。

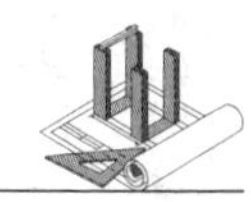

2. 钢筋的编号

在钢筋混凝土构件的配筋图中，要把同类型钢筋（规格、形状、直径、尺寸相同的钢筋称为同类型钢筋）编一个号而不管它的根数有多少。有多少种同类型钢筋就编多少个号。编号采用阿拉伯数字，注写在引出线端直径为 6mm 的细实线圆中，编号一般采用先受力筋，后架立筋、箍筋和构造筋。

除了对同种类型的钢筋进行编号外，还应在引出线上注明该种钢筋的直径、间距和根数。下面通过如图 9-6 所示示例说明钢筋的编号方式和标注含义。

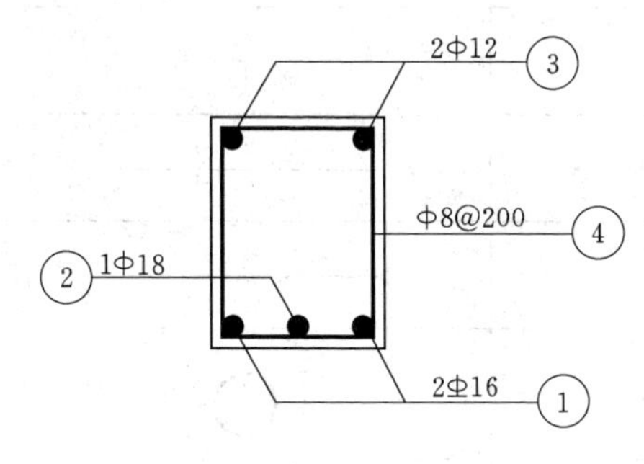

图 9-6　钢筋编号示意图

图 9-6 中，受力筋有两种，包括编号为“1”的两根直径 16mm 的 HRB335 钢筋和编号为“2”的一根直径 18mm 的 HPB235 钢筋；架立筋一种，编号为“3”的两根直径 12mm 的 HPB235 钢筋；箍筋有一种，编号为“4”的直径 8mm、间距 200mm 的 HPB235 钢筋。

3. 钢筋的图例

为了将钢筋混凝土构件中各种类型的钢筋表达清楚，在《建筑结构制图标准》(GB/T50105—2010) 中列出了钢筋的常用图例，表 9-4 为一般钢筋的常用图例。

表 9-4　　一般钢筋常用图例

序　号	名　　称	图　　例	说　　明
1	钢筋横断面	●	
2	无弯钩的钢筋端部		1. 下图表示长、短钢筋； 2. 投影重叠时，短钢筋的端部用 45°斜划线表示
3	带半圆形弯钩的钢筋端部		
4	带直钩的钢筋端部		
5	带丝扣的钢筋端部		
6	无弯钩的钢筋搭接		
7	带半圆弯钩的钢筋搭接		
8	带直钩的钢筋搭接		
9	花篮螺丝钢筋接头		
10	机械连接的钢筋接头		用文字说明机械连接的方式（或冷挤压或锥螺纹等）

表 9-5 列出了预应力钢筋的图例。

表 9-5　　　　预应力钢筋常用图例

序号	名称	图例
1	预应力钢筋或钢绞线	
2	后张法预应力钢筋断面无黏结预应力钢筋断面	
3	单根预应力钢筋断面	
4	张拉端锚具	
5	固定端锚具	
6	锚具的端视图	
7	可动连接件	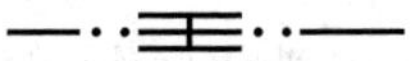
8	固定连接件	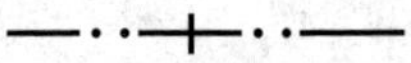

此外，还有钢筋网片的图例，在使用时可查阅规范。

4. 钢筋的连接

钢筋的连接可分为两类：绑扎搭接、焊接。同一构件中相邻纵向受力钢筋的绑扎搭接接头宜相互错开，其画法采用表 9-4 中的规定图例。纵向受力钢筋的焊接接头也应相互错开，焊接接头的型式和标注方法应符合表 9-6 的规定。

表 9-6　　　　钢筋的焊接接头

序号	名称	接头型式	标注方法
1	单面焊接的钢筋接头		
2	双面焊接的钢筋接头	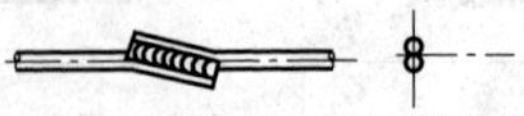	
3	用帮条单面焊接的钢筋接头	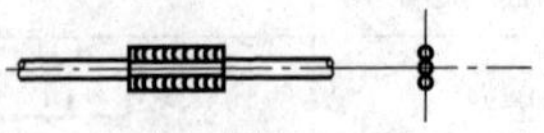	
4	用帮条双面焊接的钢筋接头	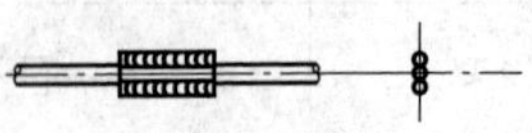	
5	接触对焊的钢筋接头（闪光焊、压力焊）	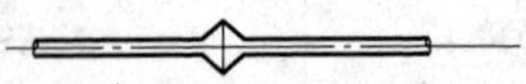	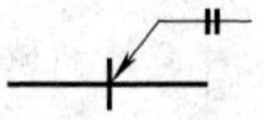

续表

序 号	名 称	接头型式	标注方法
6	坡口平焊的钢筋接头	60° b	60° b
7	坡口立焊的钢筋接头	b 45°	45° b
8	用角钢或扁钢做连接板焊接的钢筋接头		
9	钢筋或螺（锚）栓与钢板穿孔塞焊的接头		

5．钢筋的画法

在表达钢筋混凝土结构图中的钢筋时，画法还应符合表 9－7 的规定。

表 9－7　　钢 筋 的 画 法

序 号	说 明	图 例
1	在结构平面图中配置双层钢筋时，底层钢筋的弯钩应向上或向左，顶层钢筋的弯钩则向下或向右	（底层）（顶层）
2	钢筋混凝土墙体配双层钢筋时，在配筋立面图中，远面钢筋的弯钩应向上或向左，而近面钢筋的弯钩向下或向右（JM 近面；YM 远面）	JM YM JM YM　JM YM JM YM
3	若在断面图中不能表达清楚的钢筋布置，应在断面图外增加钢筋大样图（如钢筋混凝土墙、楼等）	

续表

序　号	说　明	图　例
4	图中所表示的箍筋、环筋等若布置复杂时，可加画钢筋大样图及说明	或
5	每组相同的钢筋、箍筋或环筋，可用一根粗实线表示，同时用一根两端带斜短划线的横穿细线，表示其余钢筋及起止范围	

三、配筋平面、立面、断面图的画法

1. 配筋平面图画法

对于钢筋混凝土板，由于其纵、横方向上尺寸都比较大，通常只用一个平面图来表示配筋情况。如图 9－7 所示为一现浇钢筋混凝土板的配筋情况，在绘制该图时就仅用了配筋平面图来表达，图中用中实线画出四周墙体的可见轮廓线，用中虚线画出不可见墙体和梁的轮廓线，钢筋用粗实线来画，并表明了钢筋的配置和弯曲情况，其中：①号钢筋为两端带有向左弯起的半圆弯钩的 HPB235 级钢筋，配置在板底，直径是 10mm，间距为 150mm；②号钢筋为两端带有向上弯起的半圆弯钩的 HPB235 级钢筋，配置在板底，直径是 10mm，间距为 150mm；③号钢筋为两端带有向右和向下弯起的直弯钩的 HPB235 级钢筋，配置在板顶，直径是 8mm，间距为 200mm；④号钢筋为两端带有向右弯起的直弯钩的 HPB235 级钢筋，配置在板顶，直径是 8mm，间距为 200mm。

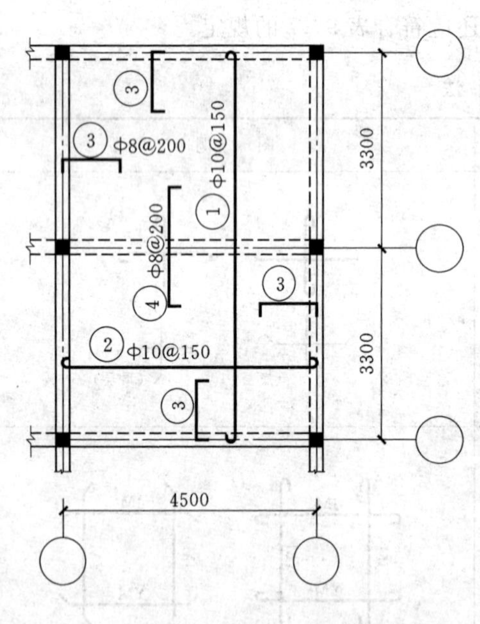

图 9－7　现浇钢筋混凝土板配筋平面图

钢筋混凝土板为双向板，四周伸进了墙体的内部，①、②号钢筋为受力筋，③号钢筋为配置在端部支座处的构造筋，④号钢筋配置在中间支座处的负弯矩钢筋。

2. 配筋立面图和配筋断面图的画法

对于钢筋混凝土梁和柱，由于其比较细长，通常用配筋立面图和配筋断面图表达配筋情况。

图 9－8 为一单跨简支梁的配筋立面图和配筋断面图，另外给出了钢筋详图和钢筋表。

在配筋立面图 L 中，梁长 3600mm，梁的轮廓线用细实线，各种规格的钢筋用粗实

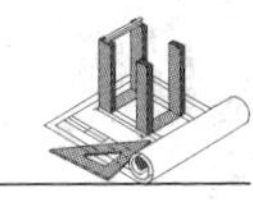

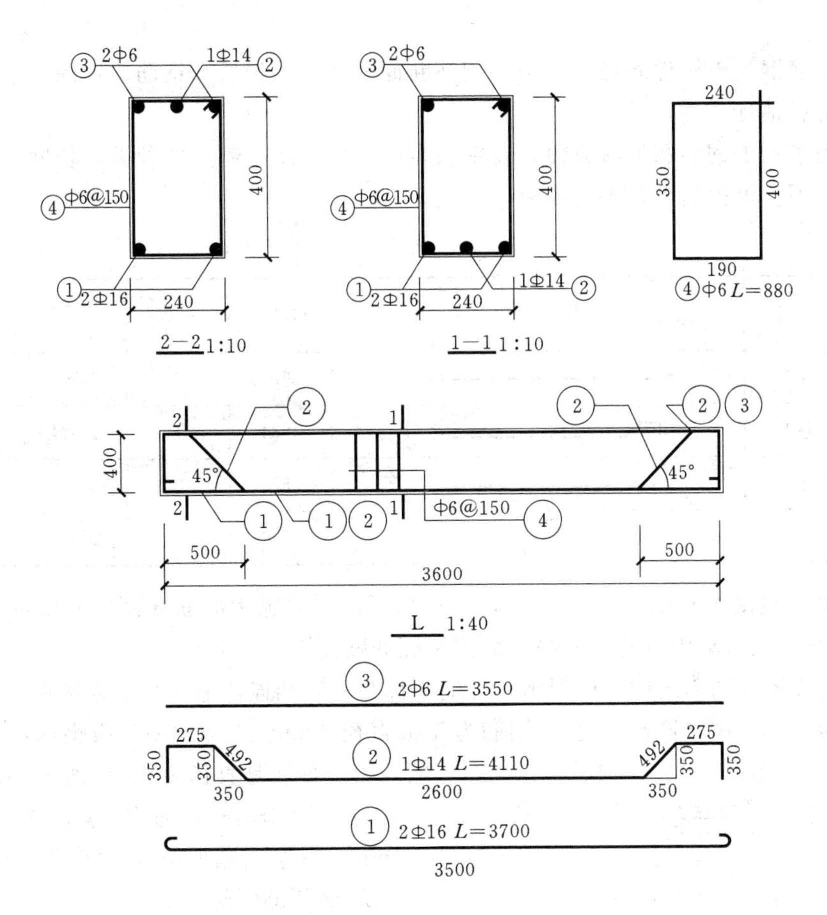

图 9-8 单跨简支梁的配筋立面图和配筋断面图

线。其中：①号钢筋为两端带有半圆弯钩钢筋，配置在梁底；②号钢筋为弯起钢筋，中间段在梁底，距梁两端 500mm 时向上弯起，弯起角度为 45°至梁顶，到梁两端时又垂直向下弯起至梁底部；③号钢筋为架立筋配置在梁顶，沿梁通长布置，不带弯钩；④号钢筋为箍筋，沿梁纵向均匀布置，在图中采用了简化画法。

图 9-8 中 1—1、2—2 为该梁的配筋断面图，主要表达了梁的截面形状、尺寸大小、各钢筋的位置和箍筋的形状，不画混凝土的材料图例。梁断面轮廓线用细实线，各钢筋用粗实线表达。1—1 断面图表达了梁中间部分的断面形状，2—2 断面图表达了梁端部的断面形状。通过这两个断面图可知，梁的断面是 240mm×250mm 的矩形，①号钢筋为两端带有半圆弯钩的 HPB235 级钢筋，两根，配置在梁底两角处，直径是 16mm；②号钢筋为弯起的 HPB235 级钢筋，直径是 14mm；③号钢筋为两根 HPB235 级的直筋，配置在梁顶两角处，直径是 6mm；④号钢筋为两端带有 135°弯钩矩形 HPB235 级钢筋，直径是 6mm，间距为 150mm。

图中还画出了各种钢筋的成型图（钢筋详图、抽筋图），是加工钢筋的主要依据，应和钢筋立面图对应布置，从梁顶部钢筋开始依次排列。同一种编号的钢筋在图中用粗实线只画一根，并对钢筋进行标注，标注内容包括钢筋的编号、直径、种类、根数和下料

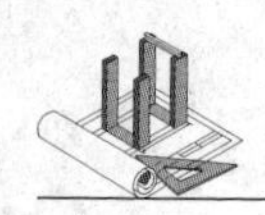

长度。

在画钢筋混凝土构件配筋立面图和配筋断面图时，保护层和钢筋弯钩的大小，不必精确度量，可凭估计画出。

有时为了加工钢筋和下料方便，在钢筋表中列出了所有钢筋的种类、长度、根数和钢筋的重量，项目可根据需要进行增减，见表9-8。

表9-8　钢筋表

编号	规格	简　图	单根长度	根数	总长(m)	重量(kg)
①	Φ16		3700	2	7.40	7.53
②	Φ14		4834	1	4.834	5.83
③	Φ6		3550	2	7.10	1.58
④	Φ6		1180	24	28.32	6.32

简单钢筋混凝土柱的图示方法与梁基本相同，一般也用配筋立面图和配筋断面图表示。图9-9为某活动中心的柱配筋立面图和配筋断面图。

从柱立面图和断面图中可以看出，柱的下部与基础相连，上部与梁连接在一起。柱的断面尺寸为350mm×350mm，受力钢筋为4根直径20mm的HPB235级钢筋，配置在柱的四角。箍筋是直径为8mm的HPB235级钢筋，与柱基础连接部分为加密区，间距100mm，其余为非加密区，间距是200mm。

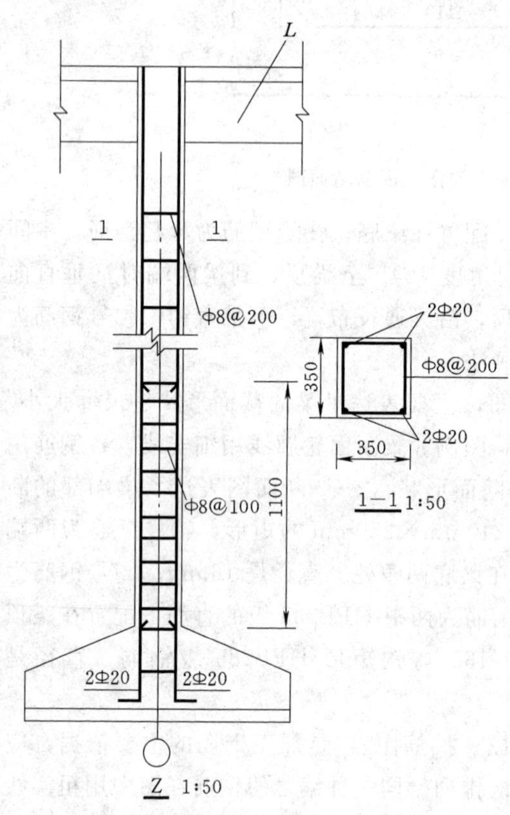

图9-9　柱配筋立面图和配筋断面图

3. 配筋图的简化画法

(1) 当构件对称时，钢筋网片可用1/2或1/4表示，如图9-10所示。图中钢筋网代号用"W"表示；钢筋骨架代号用"G"表示。

(2) 钢筋混凝土构件配筋较简单时，可采用局部剖切，作出局部剖面图。如图9-11所示，图9-11 (a) 为独立基础，图9-11 (b) 为其他构件。

(3) 对称的钢筋混凝土构件，可在同一图样中以1/2表示外形视图，另1/2表示配筋，如图9-12所示。

四、钢筋混凝土构件平面整体表示方法

钢筋混凝土构件除了用配筋平面图、立面图、断面图一一表示外，近几年来又出现了一种新的标注方式——平面整体表示方法。概括来讲，这种表达形式，是把结构构件的

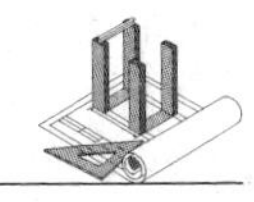

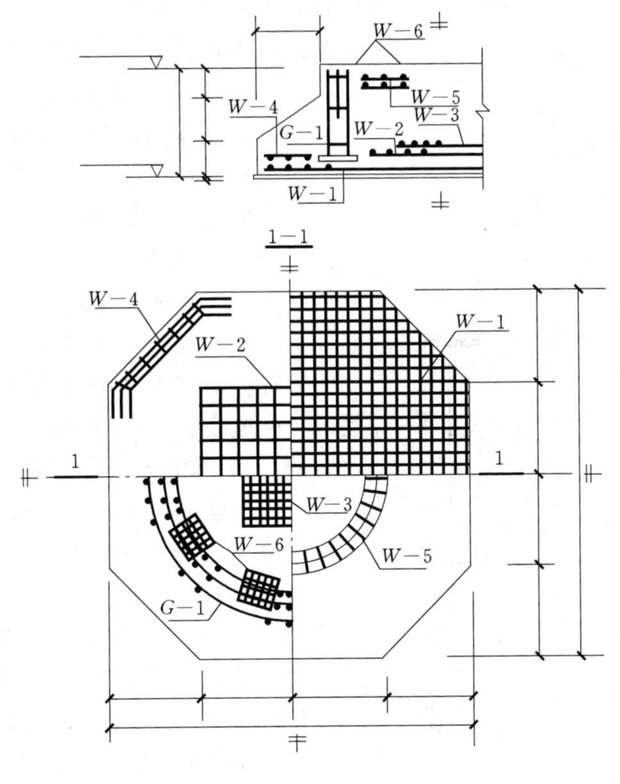

图 9-10　配筋简化图

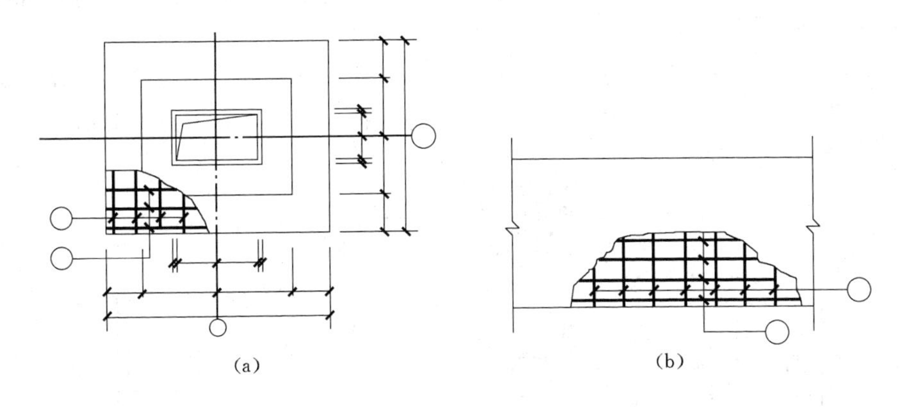

图 9-11　配筋简化图

尺寸和配筋等，按照平面整体表示方法制图规则，整体直接表达在各类构件的结构平面图上。这种方式改变了传统的逐个绘制钢筋混凝土构件配筋图和重复标注的繁琐方法，由于其图示方式简便、大大减少了作图量，因此目前在结构设计中得到广泛的应用。

下面以梁、柱为例来说明平面整体表示方法。

(一) 钢筋混凝土梁平面整体表示方法

梁平面整体表示法是在梁平面布置图上采用平面注写方式或截面注写方式表达。梁平

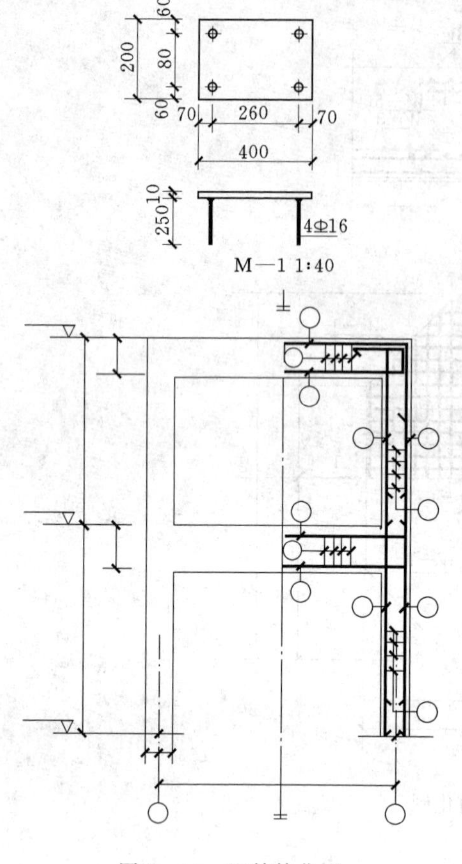

图 9-12　配筋简化图

面布置图，应分别按梁的不同结构层，将全部梁和其他相关联的构件一起采用适当比例绘制。

1. 梁的平面注写方式

平面注写方式，是在梁平面布置图上，分别在不同编号的梁中各选一根梁，在其上注写截面尺寸和配筋的具体数值，平面注写包括集中标注与原位标注，其中集中标注表达梁的通用数值，包括五项必注值和一项选注值，五项必注值是梁编号、梁截面尺寸、梁箍筋、梁上部通长筋或架立筋配置、梁侧面纵向构造钢筋或受扭钢筋配置；一项选注值是梁顶面标高高差。原位标注表达梁的特殊数值，内容包括上部纵筋、下部纵筋、附加箍筋或吊筋。施工时，原位标注取值优先。以图 9-13 为例，来说明具体的注写方法。

（1）集中标注：

1）KL2（2A）300×650 中 KL2 表示第 2 号框架梁；（2A）表示 2 跨，一端有悬挑（B 表示两端有悬挑）；300×650 表示梁的截面尺寸。

2）ф 8@100/200（2）2 Φ 25 中ф 8@100/200（2）表示箍筋为Ⅰ级钢筋，直径为 8mm，加密区间距为 100，非加密区间距为 200，均为四肢箍；2 Φ 25 表示梁的上部有 2 根直径为 25 的通长筋。

3）G4 ф 10 表示梁的两个侧面共配置 4 ф 10 的纵向构造钢筋，每侧各配置 2 ф 10。

4）（−1.100）表示梁的顶面低于所在结构层的楼面标高，高差为 1.100m。

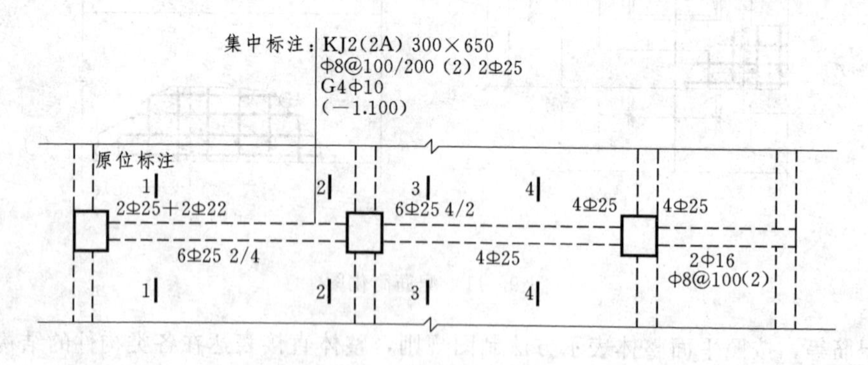

图 9-13　平面注写方式

（2）原位标注：

1）梁支座上部纵筋。

①2 Φ 25+2 Φ 22 表示梁支座上部有两种直径钢筋共 4 根，中间用“+”相连，其中 2 Φ 25 放在角部，2 Φ 22 放在中部。

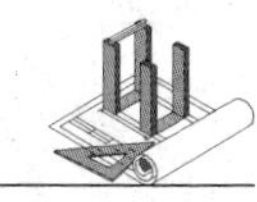

②6 ф 25 4/2 表示梁上部纵筋为两排，用斜线将各排纵筋自上而下分开。上一排纵筋为 4 ф 25，下一排纵筋为 2 ф 25。

③4 ф 25 表示梁支座上部配置 4 根直径为 25mm 的钢筋。

2）梁支座下部纵筋。

①6 ф 25 2/4 表示梁下部纵筋为二排，用斜线将各排纵筋自上而下分开。上一排纵筋为 2 ф 25，下一排纵筋为 4 ф 25。

②4 ф 25 表示梁下部中间配置 4 根直径为 25mm 的钢筋。

③ф 8@100（2）表示箍筋为Ⅰ级钢筋；直径为 8mm，间距为 100，为两肢箍。

图 9－14 给出了传统的表示方法，用于对比按平面注写方式表达的同样内容。实际采用平面注写方式表达时，不需绘制梁截面配筋图和图 9－13 中相应截面号。

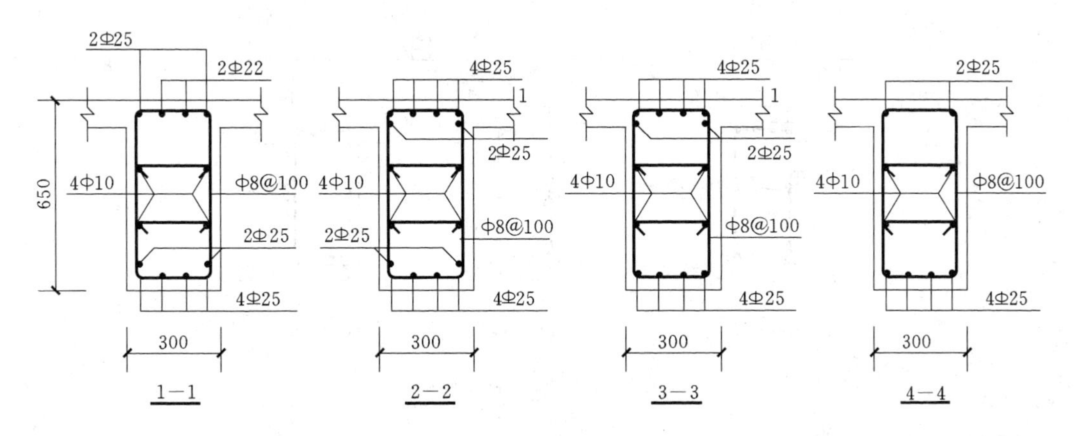

图 9－14　传统截面表示法

2. 梁的截面注写方式

梁截面注写方式，是在梁平面布置图上，分别在不同编号的梁中各选择一根梁用剖面号引出配筋图，并在其上注写截面尺寸和配筋的具体数值。如图 9－15 所示。

（二）钢筋混凝土柱平面整体表示方法

柱平面整体表示法是在柱平面布置图上采用截面注写方式或列表注写方式表达。柱平面布置图可采用适当比例单独绘制，也可与其他构件合并绘制。

1. 柱的截面注写方式

柱的截面注写方式是在柱平面布置图的柱截面上，分别在同一编号的柱中选择一个截面，以直接注写方式注写截面尺寸和配筋具体数值。具体注写方式如图 9－16 所示：

1）KJ1、KJ2、KJ3 为柱代号，表示柱的类型为框架柱；

2）650×600 表示柱的截面尺寸。22 ф 22、24 ф 22 表示柱中纵筋的级别、直径和数量；

3）当纵筋采用两种直径时，须再注写截面各边中部筋的具体数值，对于采用对称配筋的矩形截面柱，可仅在一侧注写中部筋，对称边省略不注；

4）ф 10@100/200 表示柱中箍筋的级别、直径和间距，用“/”区分加密和非加密区的间距。

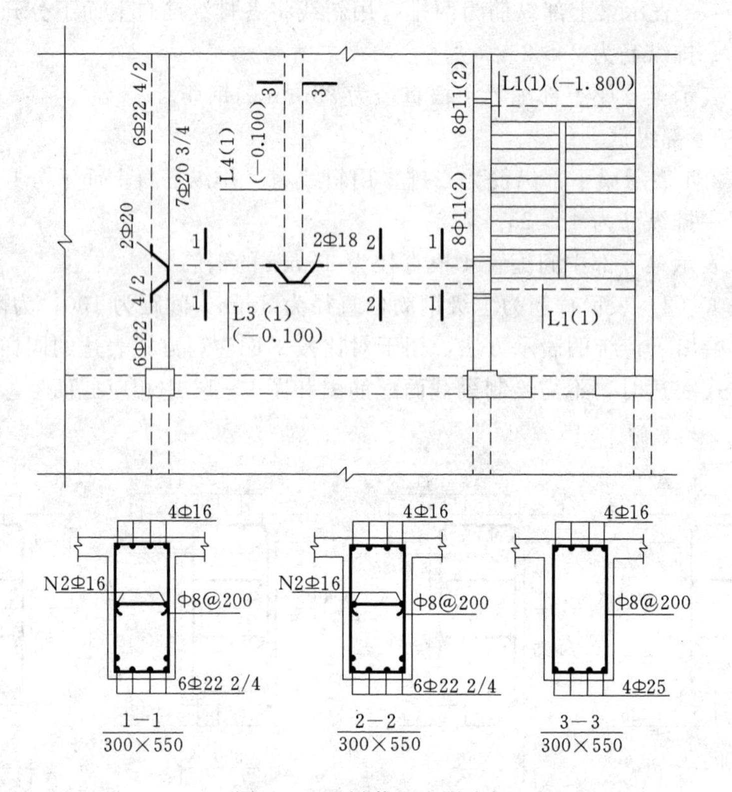

图 9-15　梁截面注写法

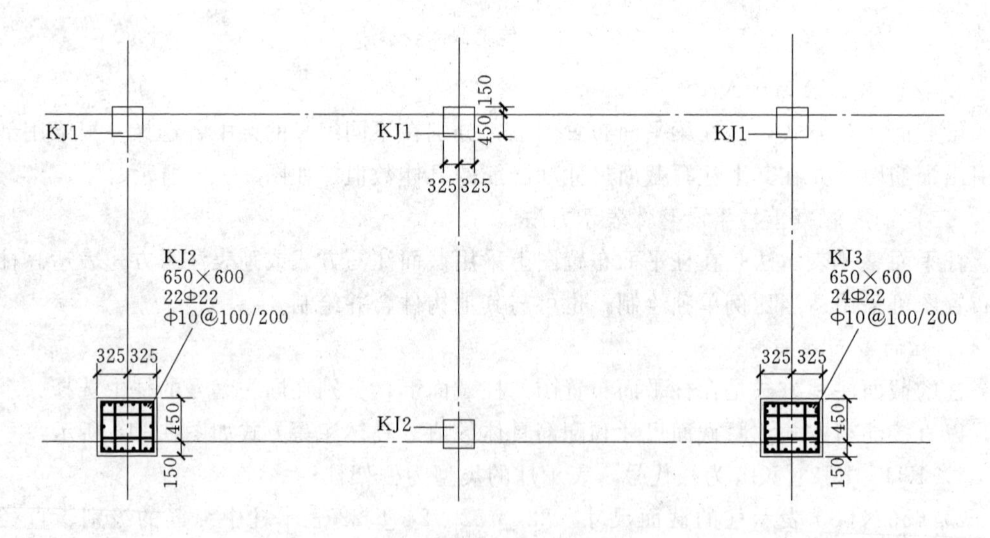

图 9-16　柱截面注写法

2. 柱的列表注写方式

柱的列表注写方式是在柱平面布置图上，分别在同一编号的柱中选择一个或几个截面标注几何参数代号：在柱表中注写柱号、柱段起止标高、几何尺寸与配筋的具体数值，并配以各种柱截面形状及其箍筋类型图来表达的一种方式。

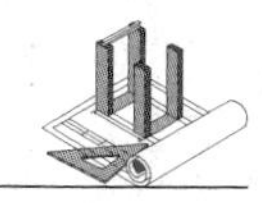

柱表中注写的内容规定如下：

1）注写柱编号，柱编号由类型代号和序号组成。

2）注写各段柱的起止标高，自柱根部往上以变截面位置或截面未变但配筋改变处为界分段注写。

3）注写各段柱的截面尺寸。

4）注写柱的纵筋。包括根数、级别、直径。

5）柱写箍筋类型号及箍筋肢数。

6）注写柱箍筋，包括钢筋级别、直径与间距。

具体注写方式可查阅有关的标准图集。

第三节　钢筋混凝土构件图的阅读

图 9－17、图 9－18、图 9－19 是某单层厂房的预制钢筋混凝土柱，它是单层厂房的主要承重构件，对厂房的安全和稳定有重大的影响。该预制钢筋混凝土柱分为上柱、牛

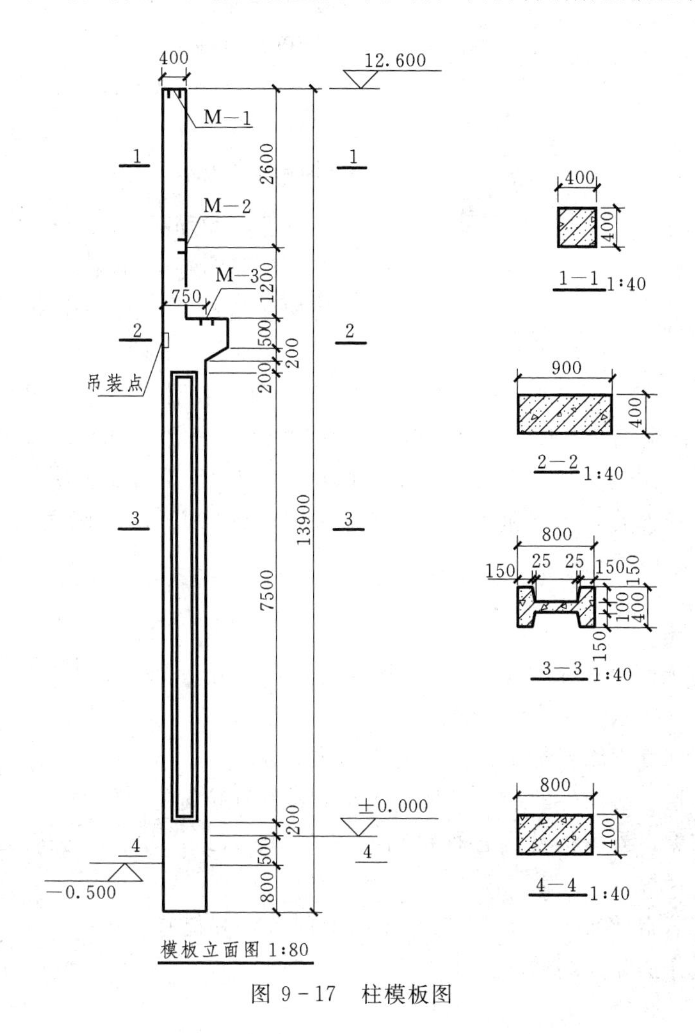

图 9－17　柱模板图

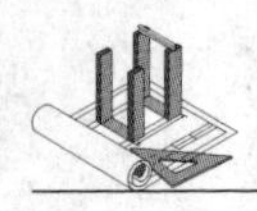

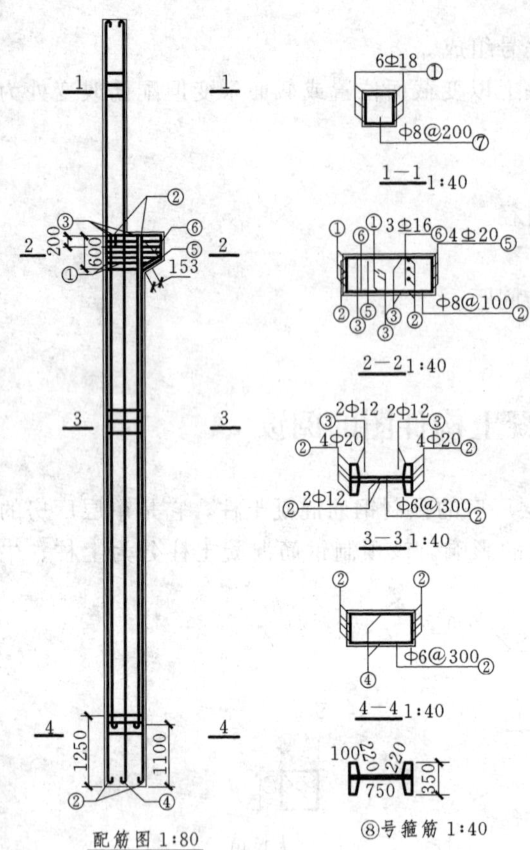

图 9-18 柱配筋图

腿、下柱三部分，上柱承受屋架传来的荷载，支撑屋架；牛腿用来支撑吊车梁；下柱直接插入到杯形基础中。从图中可知，该柱用模板图、配筋图和预埋件图等 3 种图样来进行了表达，下面就对这 3 种图样所表达的内容分别进行介绍。

一、模板图

模板图主要用来表达柱的外部形状以及预埋件和预留空洞的位置、标高和吊点位置等。从图 9-17 中可知，该图用一个立面图和四个断面图表达。上柱断面尺寸为 400mm×400mm，牛腿处的最大断面尺寸为 400mm×800mm，下柱为工字形截面。柱顶标高为 12.600m，牛腿处标高为 8.600m，柱的总长为 13.9m。柱顶处的预埋件 M—1 用来与屋架相连接，牛腿处的两个预埋件与吊车梁连接，具体作法用预埋件详图来表示。

二、配筋图

配筋图主要用来表达预制钢筋混凝土柱配筋情况。它有一个立面图和四个断面图组成如图 9-18 所示。从立面图中可知柱纵向钢筋的编号、直径、级别和排列情况，1—1 断面图表明了上柱中配置有 6 Φ 18 的受力筋和φ8@200 的箍筋，其中受力筋布置在柱的两侧，每侧 3 根。2—2 断面图表明了牛腿处的配筋情况，比较复杂，应与立面图对照识读。3－3 断面图表明了下柱中工字形部分的配筋情况，受力筋为②号和③号筋，箍筋采用φ6@300。4—4 断面图为下柱中矩形部分的配筋情况。

三、预埋件图

预埋件图用了两个图形来表达：一个为底面图，另一个为立面图如图 9-19 所示。它表明了预埋件的构造作法。

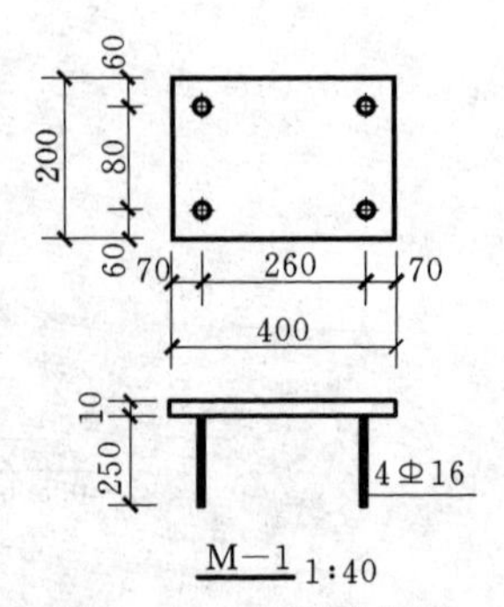

图 9-19 柱预埋件图

综上所述，阅读钢筋混凝土构件图的方法步骤如下：

(1) 整体概括了解构件的形状、尺寸大小、预埋件位置等。

(2) 局部细看，弄清构件中各种钢筋的位置、形状、尺寸、级别、数量和直径等。

(3) 最后综合起来阅读，记下关键部分的内容。并能指出任何部位的构造作法和配筋情况。

第十章 房屋建筑图

第一节 概 述

将一幢房屋的全貌及各细部，按正投影原理及建筑制图的有关规定，准确而详细地在图纸上表达出来，就是房屋建筑图。房屋建筑图是指导房屋施工、设备安装的技术文件。

一、房屋的类型及组成

房屋按使用功能可以分为民用建筑（居住建筑、公共建筑）、工业建筑（厂房、仓库等）和农业建筑（粮仓、饲养场等）。各种不同功能的房屋，虽然它们的使用要求、空间组合、外形、规模等各不相同，但是构成建筑物的主要部分一般都有基础、墙、柱、梁、楼板、地面、楼梯、屋顶、门、窗等，此外还有阳台、雨篷、台阶、窗台、雨水管、明沟或散水，以及其他一些构配件。

二、房屋的建造过程和房屋施工图的分类

建造房屋要经过两个过程，一是设计，二是施工。首先，根据所建房屋的要求和有关技术条件，进行初步设计，绘制房屋的初步设计图，初步设计图是设计过程中用来征求意见的图样，比较简略，经研究、修改和审批之后，再完整、详细地绘制出房屋施工图。房屋施工图是建造房屋的技术依据，是直接用来指导施工的，要求表达完整、尺寸齐全、准确无误。

房屋施工图由于专业分类不同，又分为建筑施工图、结构施工图和设备施工图，简称“建施”、“结施”和“设施”。设备施工图按需要又分为给排水施工图、采暖通风施工图、电气施工图等，简称“水施”“暖施”“电施”。

由此可见，在房屋的设计阶段，需要绘制初步设计图和施工图；在施工阶段，要读懂整套施工图，并按照图纸进行施工。因此，从事建筑专业的工程技术人员，必须掌握识读和绘制房屋施工图的其本技能。

三、房屋施工图的有关规定

为了保证制图质量、提高效率、表达统一，绘制和阅读房屋施工图应依据正投影原理及视图、剖面图和断面图的基本图示方法，遵守《房屋建筑制图统一标准》（GB/T50001—2010)；在绘制和阅读总平面图时，应遵守《总图制图标准》（GB/T50103—2010)；在绘制和阅读建筑平面图、建筑立面图、建筑详图时，应遵守《建筑制图标准》(GB/T50104—2010)；在绘制和阅读结构施工图时，应遵守《建筑结构制图标准》（GB/T50105—2010)；在绘制和阅读给水排水施工图时，应遵守《给水排水制图标准》（GB/T50106—2010)。现就下列几项简要说明有关规定的主要内容和表示方法。

1. 图线

建筑专业制图采用的各种线型、线宽，应符合《建筑制图标准》中的规定，见表

10－1。绘图时，应按照所绘图样的具体情况选定粗实线的宽度“b”，其他线型的宽度也就随之而定；如果所绘图样比较简单，可采用两种线宽的线宽组，其线宽比为b：0.25b。

表 10－1　　建筑制图中的图线

名　称	线　型	线　宽	用　途
粗实线	——————	b	平面图、剖面图及详图中被剖切到的主要轮廓线；立面图中的外轮廓线；构配件详图中的可见轮廓线；平立剖面的剖切符号等
中粗实线	——————	0.7b	平面图、立面图、剖面图中建筑物构配件的轮廓线；平面图、剖面图中被剖到的次要建筑物构造（包括构配件）的轮廓线；构配件详图中的一般轮廓线
中实线	——————	0.5b	尺寸线、尺寸界线、索引符号、标高符号、详图材料做法引出线、粉刷线、保温层线等
细实线	——————	0.25b	图例线、家具线、纹样线等
中粗虚线	－－－－－－－－－－－－	0.7b	建筑构造详图及建筑构配件不可见轮廓线；拟建、扩建的建筑物轮廓线
中虚线	－－－－－－－－－－－－	0.5b	投影线、小于 0.5b 的不可见轮廓线
细虚线	－－－－－－－－－－－－	0.25b	图例填充线、家具线等
细点划线	——·————·——	0.25b	中心线、对称线、定位轴线
折断线	———⌇———	0.25b	断开界线

2. 比例

建筑专业制图选用的比例，应符合《建筑制图标准》中的有关规定，见表 10－2。

表 10－2　　建筑制图比例

图　名	比　例
建筑物或构筑物的平面图、立面图、剖面图	1∶50、1∶100、1∶150、1∶200、1∶300
建筑物或构筑物的局部放大图	1∶10、1∶20、1∶25、1∶30、1∶50
配件及构造详图	1∶1、1∶2、1∶5、1∶10、1∶15、1∶20、1∶50

3. 常用图例

建筑物和构筑物是按比例缩小绘制在图纸上的，对于有些建筑构件及建筑材料，往往不可能按实际投影画出，同时用文字注释也难以表达清楚。为了得到简单而明了的效果，《建筑制图标准》规定了统一的图例和代号，常用构造及配件图例见表 10－3。

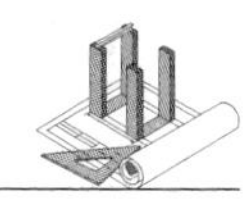

表 10－3　　　　　　　　　　　　常用构造及配件图例

名称	图　　例	说　　明
楼梯	上 底层 下 上 中间层 下 顶层	1. 平面图； 2. 楼梯的形式和步数应按实际情况绘制
单层固定窗		1. 窗的名称代号用 C 表示； 2. 立面图中的斜线表示窗的开启方向，实线为外开，虚线为内开；开启方向线交角的一侧安装合页； 3. 图例中，剖面图所示左为外，右为内，平面图所示下为外，上为内； 4. 平、剖面图上的虚线，仅说明开关方式，在设计图中不需要表示
单层外开上悬窗		
单层外开平开窗		

名称	图　　例	说　　明
单扇门（包括平开式单面弹簧）		1. 门的名称代号用 M 表示； 2. 图例中剖面图左为外，右为内，平面图下为外，上为内； 3. 立面图上开启方向线交角的一侧安装合页，实线为外开，虚线为内开； 4. 平面图上门线 45°或 90°开启弧线宜绘出； 5. 立面图上的开启线在一般设计图中可不表示，在详图及室内设计图上应表示
双扇门		
单扇双面弹簧门		
墙中单扇推拉门		
双扇双面弹簧门		

4. 标高

标高是标注建筑物高程的另一种尺寸形式。标高分绝对标高和相对标高两种。绝对标高以黄海平均海平面为零点，相对标高以单个建筑物的室内底层地面为零点，写成±0.000。建筑施工图中的标高符号应按图 10－1（a）所示形式以细实线绘制，图 10－1（b）所示为具体画法。标高数字以米为单位，精确到小数点后三位数（总平面图中精确到小数点后两位数），标注方法如图 10－1（c）所示。标高数字前“－”表示该面低于零点标高，高于零点的标高不注“＋”号。如在同一位置表示几个不同标高时，数字可按图 10－1（d）的形式注写。

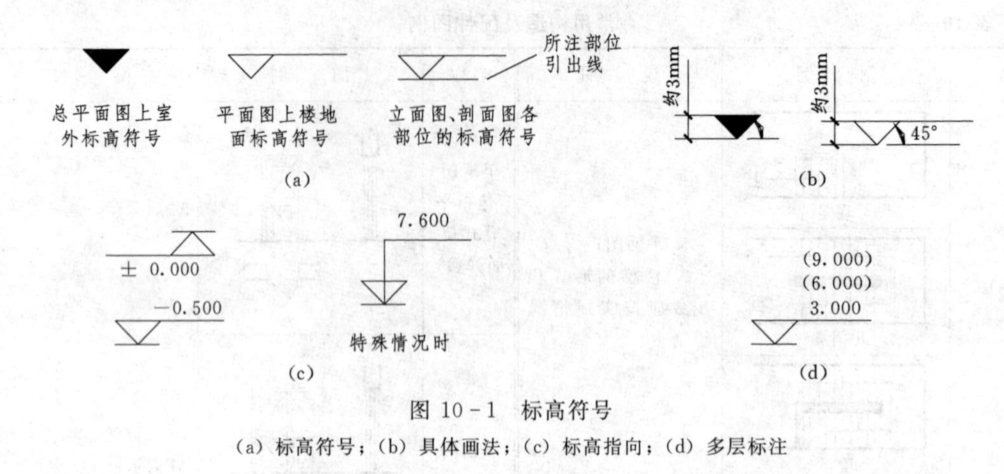

图 10-1 标高符号

(a) 标高符号；(b) 具体画法；(c) 标高指向；(d) 多层标注

第二节 建筑施工图

建筑施工图是表示建筑物的总体布局、外部造型、内部布置、细部构造、内外装修以及施工要求的图样。建筑施工图主要用来作为施工放线、砌墙、安装门窗、室内外装修以及编制预算和施工组织计划等的依据。一般包括总平面图、建筑平面图、建筑立面图、建筑剖面图和建筑详图。

一、总平面图

将拟建工程四周一定范围内的新建、拟建、原有和拆除的建筑物连同其周围的地形地物状况，用水平投影和相应的图例所画出的图样，称为总平面图。它能反映出新建房屋和原有房屋的位置、朝向、道路、绿化等的布置以及地形、地貌、标高等。总平面图是新建房屋施工定位、土方施工以及其他专业（如水、暖、电、煤气等）管线总平面图设计的重要依据。

总平面图一般采用 1∶500、1∶1000、1∶2000 的比例，表 10-4 给出了总平面图中的部分图例。

表 10-4 总平面图常用图例

名　称	图　例	名　称	图　例
新建建筑物	右上角用点数或数字表示层数	填挖边坡	
		围墙及大门	
原有建筑物		落叶针叶树	
拆除的建筑物		草坪	
新建道路	15.00 R9	室内标高	(±0.00) 15.00
原有道路		室外标高	▼15.00
台阶	箭头表示向上	坐标	x150.00 y165.65

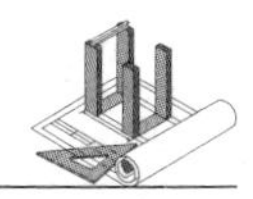

在总平面图中，除图例以外，通常还要画出带有指北方向的风向频率玫瑰图（简称风玫瑰图，参见图 10－2 右下角所绘图形），用来表示该地区常年的风向频率和房屋的朝向。风玫瑰图是根据当地多年平均统计的风向次数，按一定比例绘制的，风的吹向是从外吹向中心。实线表示全年风向频率，虚线表示夏季风向频率。

在总平面图中，常标出新建房屋的总长，总宽和定位尺寸，新建房屋室内底层地面和室外地面的绝对标高，尺寸和标高都以 m 为单位，注写到小数点以后两位数字。

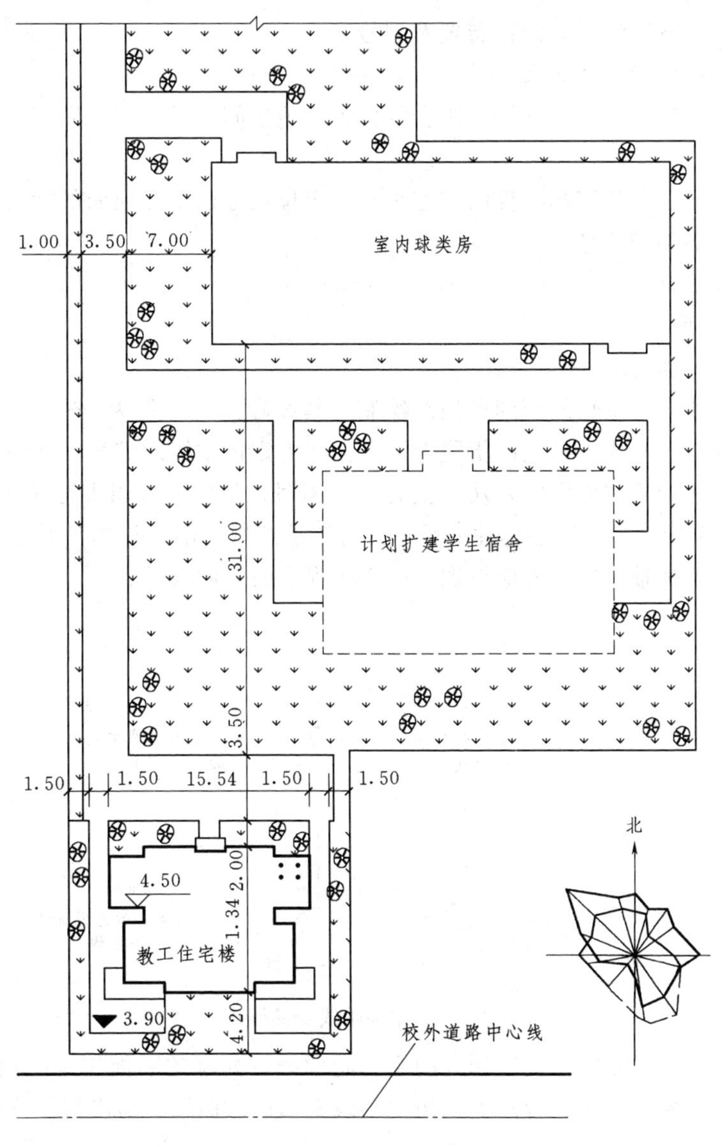

图 10－2 总平面图

二、建筑平面图

建筑平面图是房屋的水平剖面图，是假想用一个水平剖切面，沿门窗洞的位置将房屋切开，移去剖切平面上方的房屋，将留下的部分向水平投影面作正投影所得到的图样。它

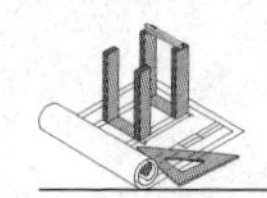

主要用来表示房屋的平面布置情况，在施工过程中，是进行放线、砌墙和安装门窗等工作的依据。

1. 图示内容

一般地，建筑平面图应包括以下内容：

（1）图名、比例、朝向、层次。

（2）纵、横定位轴线及其编号。

（3）墙、柱的断面形状和大小。

（4）各房间的分隔情况，门窗布置及型号。

（5）楼梯梯段的走向和级数。

（6）其他构配件如台阶、雨篷、阳台的位置，卫生间、厨房、壁橱等固定设备及雨水管、明沟的布置。

（7）轴线间距、各建筑构配件的定型尺寸、定位尺寸以及楼地面的标高。

（8）剖面图的剖切符号。

（9）详图索引符号。

（10）施工说明等。

2. 相关规定和要求

（1）定位轴线。定位轴线用细点划线绘制，其编号注在直径为 8～10mm 的圆内，圆心在定位轴线的延长线或延长线的折线上。平面图上定位轴线的编号，标注在图样的下方与左侧，横向编号用阿拉伯数字，从左至右顺序编写，竖向编号用大写拉丁字母（I、O、Z 除外）从下至上顺序编写。在标注非承重的分隔墙或次要的承重构件时，可在两根轴线之间附加轴线，附加轴线的编号应按图 10－3 所规定的分数表示。

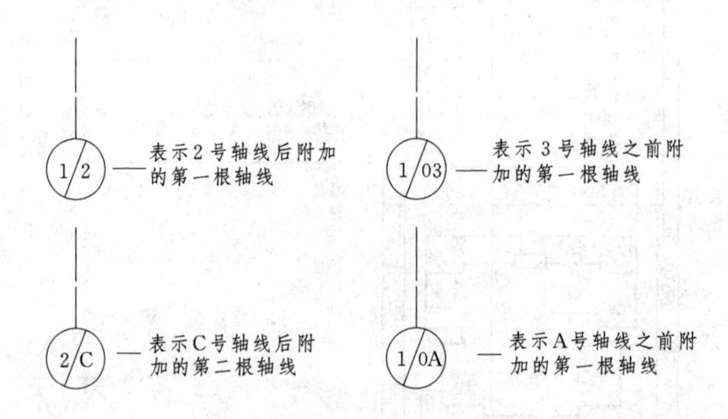

图 10－3 附加轴线及其编号

（2）图线。建筑平面图中被剖切到的主要轮廓线，如墙的断面轮廓线用粗实线表示；次要轮廓线，如楼梯、踏步、台阶等，用中实线表示；图例线、引出线、标高符号等用细实线表示。

（3）符号和图例。在底层平面图上应画出指北针，所指方向应与总平面图中风玫瑰的指北方向一致。指北针用细实线绘制，圆的直径为 24mm，指北针尾部宽为 3mm，指针尖端指向北，由指北针可以看出整幢住宅和各个房间的朝向。

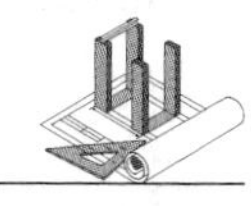

对需要另画详图表达的局部构造或构件，应在图中相应部位用索引符号索引；而索引出的详图，则应画出详图符号。索引符号以细实线绘制，圆的直径为10mm，引出线应指在要索引的位置上，当引出的是剖面详图时，用粗实线表示剖切位置，引出线所在的一侧为剖视方向，圆内编号的含义如图10－4所示；详图符号应以粗实线绘制，直径为14mm，当详图与被索引的图样不在同一张图纸内时，可用细实线在详图符号内画一水平直径，圆内编号的含义如图10－5所示。

比例为1∶100、1∶200时，建筑平面图中的墙、柱断面不画建筑材料图例，而按《建筑制图标准》的规定，采用简化画法，砖墙涂红，钢筋混凝土涂黑。

门窗按规定图例绘制，代号分别为M、C，钢门、钢窗的代号分别为GM、GC，代号后面的阿拉伯数字是它们的型号。

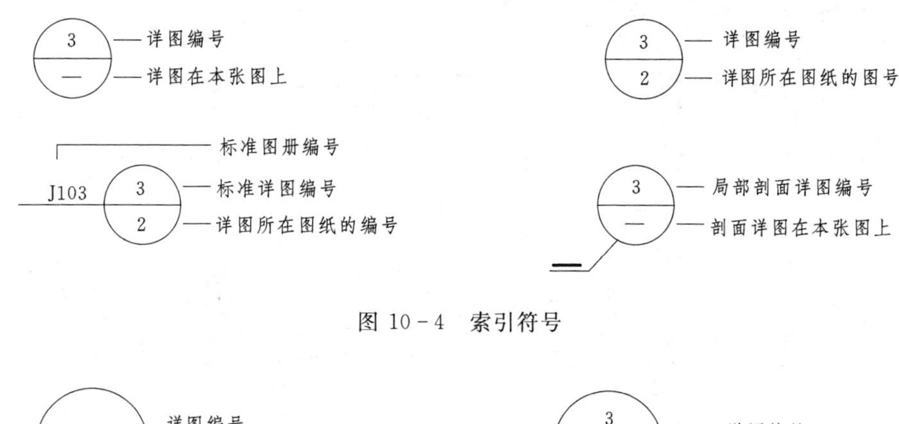

图10－4　索引符号

3
详图编号
详图与被索引图样在
同一张图纸上
3
2
详图编号
被索引图纸的编号

图10－5　详图符号

（4）尺寸标注。在建筑平面图中，应标注房屋总长、总宽，各房间的开间、进深，门窗洞的宽度、位置、墙厚，以及其他一些主要构配件与固定设施的定型和定位尺寸。其中外墙应注三道尺寸，最靠近图形的一道，是表示外墙的细部尺寸；第二道主要标注轴线间的尺寸；最外一道，表示这幢住宅两端外墙面之间的总尺寸。上述尺寸，均不包括粉刷层厚度。

在建筑平面图中，宜标注室内外地面、楼地面、阳台等处的完成面标高，即包括面层（粉刷层厚度）在内的建筑标高。在底层平面图中，还应标注出地面的相对标高，在地面有起伏处，应画出分界线。

3. *建筑平面图识读*

底层平面图是在底层窗台之上，底层通向二层楼梯平台之下水平剖切后，按俯视方向投射所得到的图形，主要反映这幢住宅底层的平面布置和房间大小。

图10－6表示这幢住宅楼的底层平面图。图中可看出住宅北面室外标高为－0.600m，上两级台阶后标高为－0.320m，进门洞后标高为－0.300m，上两级踏步，至标高为

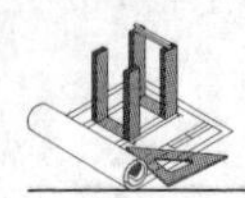

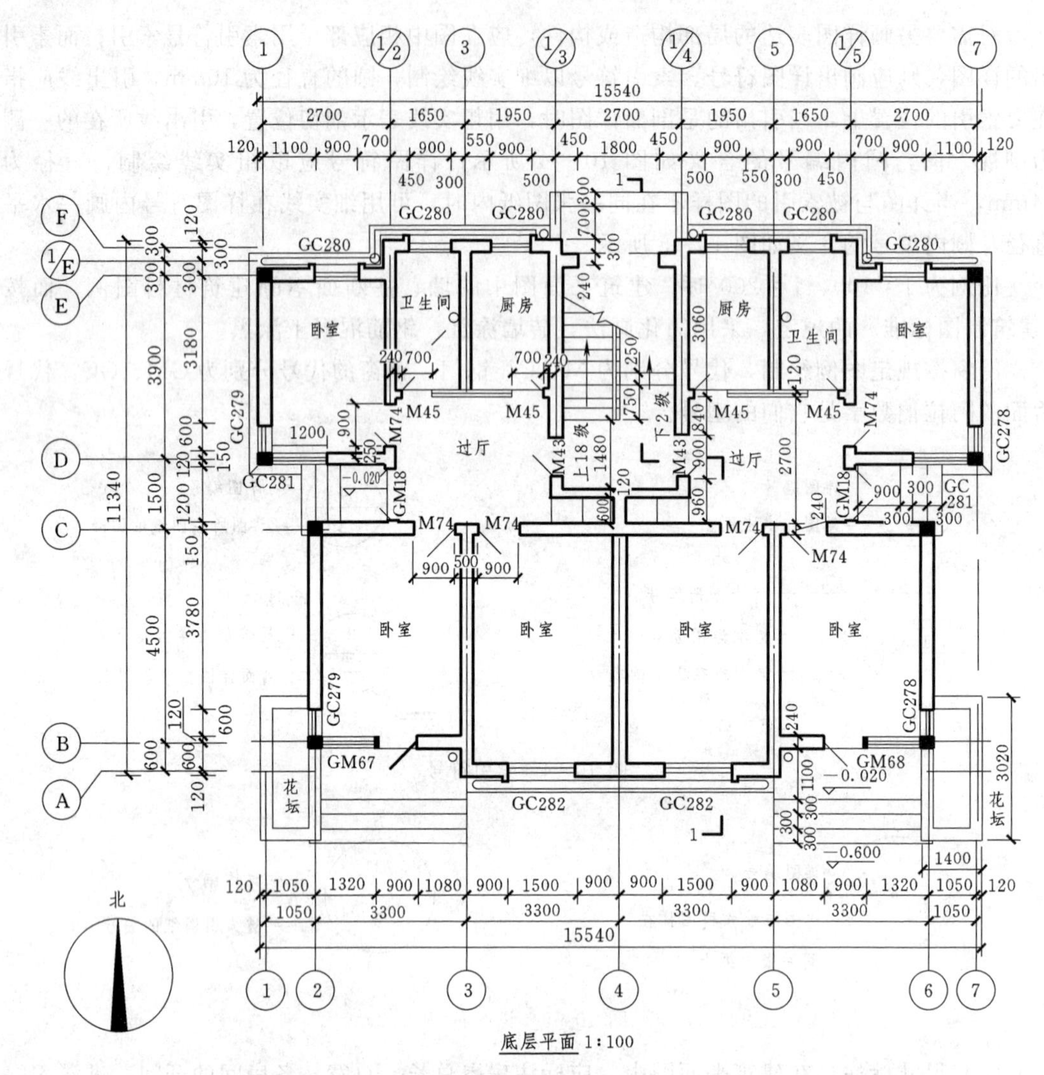

图 10-6 底层平面图

±0.000m的地面，继续上 18 级台阶则到达二楼楼面。底层分东西两户，每户各有三个卧室、一个过厅、一个厨房和一个卫生间。从门 M43 进入任一户，首先是一过厅，过厅的大门（M43）旁边，有一个壁橱；过厅与厨房、卫生间之间有玻璃隔墙分隔；过厅向南，分别有大、小两间朝南卧室，大的开间为 3300mm，进深为 5100mm，小的开间为 3300mm，进深为 4500mm；过厅向北，有一小卧室，开间 2700mm，进深为 3900mm；另外还可看到室外构配件和固定设施，如房屋四周的明沟、散水和雨水管的位置；北面的门洞外、住宅的东侧和西侧（过厅通往室外处），东南角和西南角分别有台阶和平台；在东南角和西南角的台阶角隅外，各有一个花坛。

三、建筑立面图

建筑立面图是在与房屋立面相平行的投影面上所作的正投影。它主要用来表示建筑物的体型和外貌，并表明外墙面的装修要求。

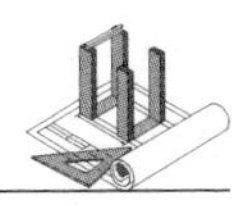

房屋有多个立面，通常把房屋的主要入口的立面图画为正立面图，从而确定背立面图和侧立面图。有定位轴线的建筑物，根据两端定位轴线编号确定立面图名称；无定位轴线的建筑物，则可按房屋的朝向来定立面图的名称，例如南立面图、东立面图。

1. 图示内容

（1）图名、比例。

（2）立面两端的定位轴线及其编号。

（3）门窗的位置和形状。

（4）屋顶的外形。

（5）外墙面的装饰及做法。

（6）台阶、雨篷、阳台等的位置、形状和做法。

（7）标高及必须标注的局部尺寸。

（8）详图索引符号。

（9）施工说明等。

2. 相关规定和要求

（1）定位轴线。立面图中一般只画两端的定位轴线并给出编号，以便与平面图对照来确定立面的朝向，如图 10－7 所示立面图也称南立面图。

（2）图线。室外地平线用 1.4b 的加粗实线表示；外轮廓线用粗实线表示；在外轮廓线之内的凹进或凸出墙面轮廓线，以及门窗洞、雨篷、阳台、台阶、平台、遮阳板等建筑设施或构配件的轮廓线，画成 0.5b 的中实线；一些较小的构配件和细部的轮廓线，表示立面上凹进或凸出的一些次要构造或装修线，如雨水管，墙面上的引条线、勒脚、图例线等，画成线宽为 0.25b 的细实线。

（3）尺寸标注。在立面图中，一般不标注房屋的总长和总高，也不标注门、窗的宽度和高度尺寸，而应标注室内外地面、楼面、阳台、平台、檐口、门、窗等处的标高。在建筑立面图中注写标高时，除门、窗洞口不包括粉刷层外，通常在标注构件的上顶面（如女儿墙顶面和阳台栏杆顶面）时，用建筑标高，即完成面标高；而在标注构件下底面（如阳台底面、雨篷底面）时，用结构标高，即不包括粉刷层的毛面标高。

3. 建筑立面图识读

图 10－7 是住宅①～⑦立面图，也是南立面图，外轮廓线所包围的范围表示这幢住宅的总长和总高，屋顶用女儿墙包檐形式，共四层，各层布局相同，左右对称，每层居中的两个窗台和窗顶，在两侧连在一起，做成窗套，各类门窗至少有一处画出它们的开启方向线，在底层的东西两侧，分别有台阶和平台，在平台的上方，二、三、四层都有阳台，在四层的阳台之上，还有雨篷；中间墙面的墙脚处有 600mm 高的勒脚；墙面上还反映出雨水管、水斗和雨水口的位置；屋顶有水箱。

图中还用文字说明来表明立面装修的主要做法。外墙面及阳台栏板面的做法是掺10％黑石子的鹅黄石子干粘石；窗套、阳台上的小花台、四层阳台顶上的雨篷，都是用白马赛克贴面；引条线用白水泥浆勾缝；外墙面墙角处的勒脚，用 1∶2 的水泥砂浆粉面层；在中间凸出处的侧墙面上，分别有一根φ 100 镀锌铁皮雨水管。

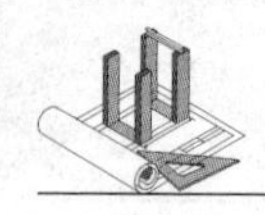

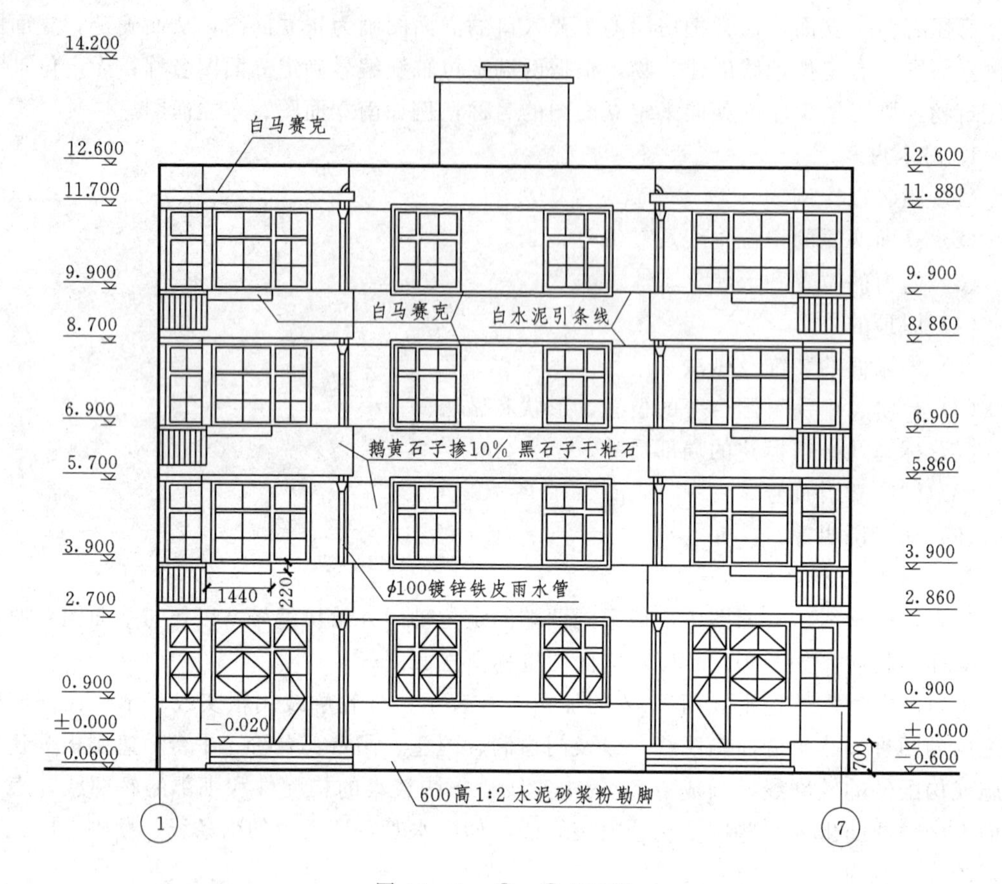

图 10-7 ①～⑦立面图

四、建筑剖面图

建筑剖面图是房屋的垂直剖面图，是假想用一个铅垂剖切平面剖开房屋，将位于剖切平面与观察者的部分移去，留下的部分向投影面作投影所得到的图形。建筑剖面图的剖切位置根据具体情况而定，一般选在内部结构较复杂，能反映房屋全貌和构造特征的地方，剖面图的数量视房屋的复杂程度和施工中的实际需要而定。

建筑剖面图主要用来表示房屋的内部分层、结构形式、构造方法、材料、做法、各部位间的联系及其标高等情况。在施工过程中，建筑剖面图是进行分层、砌筑内墙、铺设楼板、屋面板和楼梯、内部装修等工作的依据。

1. 图示内容

（1）图名、比例。

（2）外墙的定位轴线及其编号。

（3）剖切到的室内外地面、楼板、屋顶、内外墙及门窗、各种梁、楼梯、阳台、雨篷等的位置、形状及图例。

（4）未剖切到的可见部分轮廓线，如墙、门窗、梁、柱的位置和形状。

（5）垂直尺寸及标高。

（6）详图索引符号。

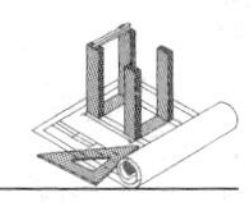

（7）施工说明等。

2. 相关规定和要求

（1）定位轴线。在建筑剖面图中，通常给出被剖切到的墙或柱子的定位轴线及其间距，建筑剖面图中定位轴线的左右相对位置，应与平面图中剖视方向投射后所得到的投影相一致，以便于与建筑平面图对照识读。

（2）图线。室外地平线为线宽1.4b的加粗实线；被剖切到的主要建筑构造、构配件的轮廓线，室外台阶和平台，为线宽b的粗实线；被剖切到的次要构配件的轮廓线，为线宽0.5b的中实线；屋面、楼地面的面层线、墙面上的一些装修线（外墙上的勒脚、引条线、内墙上的踢脚板）、一些固定设施、构配件的轮廓线（如壁橱门、水箱内部的轮廓线）等为线宽0.25b的细实线。

（3）尺寸标注。在建筑剖面图中，应标注房屋外部、内部一些必要的尺寸和标高。外部尺寸通常标注三道，门窗洞及洞间墙的高度尺寸、层高尺寸、总高尺寸；内部尺寸标注内墙上的门窗洞高度；室外地面、楼地面、阳台、平台、檐口、女儿墙顶，高出屋面的水箱、楼梯间顶部等处应标注标高。

在建筑剖面图中，主要标注高度方向的尺寸，对楼地面、楼梯、平台等处，应标注建筑标高（包括粉刷层高度），其余部位标注结构标高（不包括粉刷层）。

3. 建筑剖面图识读

图10-8是四层住宅楼1—1剖面图。1—1剖面图是用两个侧平面进行剖切所得到的，一个剖切面位于楼梯间进门的两级台阶处，即从下一层楼面到上一层楼面的第二上行梯段处，在东边住户大门M43处转折成另一个侧立剖切面，通过东边住户的过厅与大卧室的门和窗进行剖切。建筑剖面图一般采用和建筑平面图相同的比例。在图中可看到，被剖切到的建筑构配件：如室外地面的地平线、室内地面的架空板、楼板和面层线（底层架空板和楼层楼板为现浇钢筋混凝土板，涂黑表示）；被剖切到的轴线为A和1/E的外墙、轴线为C的内墙，底层到二层的楼梯平台凸出处的外墙，以及这些墙面上的门、窗、窗套、过梁、圈梁等构配件的断面形状或图例，被剖切到的梯段及楼梯平台（含面层线）；伸出屋面的女儿墙及钢筋混凝土压顶，钢筋混凝土构件屋面板和面层线，屋顶的架空隔热板，带有检修孔的水箱和孔盖。未剖切到的可见构配件：如南墙外西边住户的室外台阶、平台和花坛，各楼层的阳台及其上的小花台，四层阳台顶上的雨篷，北墙外西边住户厨房的外墙面及其上的勒脚、引条线和窗套，楼梯间未被剖切到的可见楼梯段、栏杆、扶手及西墙上的踢脚板，西端墙和压顶，支撑架热板的砖墩，屋面检修孔，支撑水箱的矮墙等。

五、建筑详图

建筑详图是建筑细部的施工图。因为建筑平、立、剖面图一般采用较小的比例，因而某些建筑构配件（如门、窗、楼梯、阳台等）和节点（如檐口、窗顶、窗台、明沟等）的详细构造和尺寸都不能在这些图中表达清楚。根据施工需要，在建筑平、立、剖面图中引出索引符号，在索引符号所指出的图纸上，另外绘制比例较大的图样，也称大样图或节点图。因此，建筑详图是建筑平、立、剖面图的补充。

建筑详图一般表达构配件的详细构造，所用的各种材料及其规格，各部分的连接方法

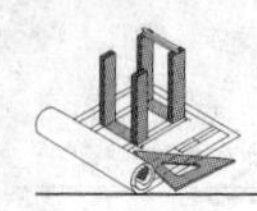

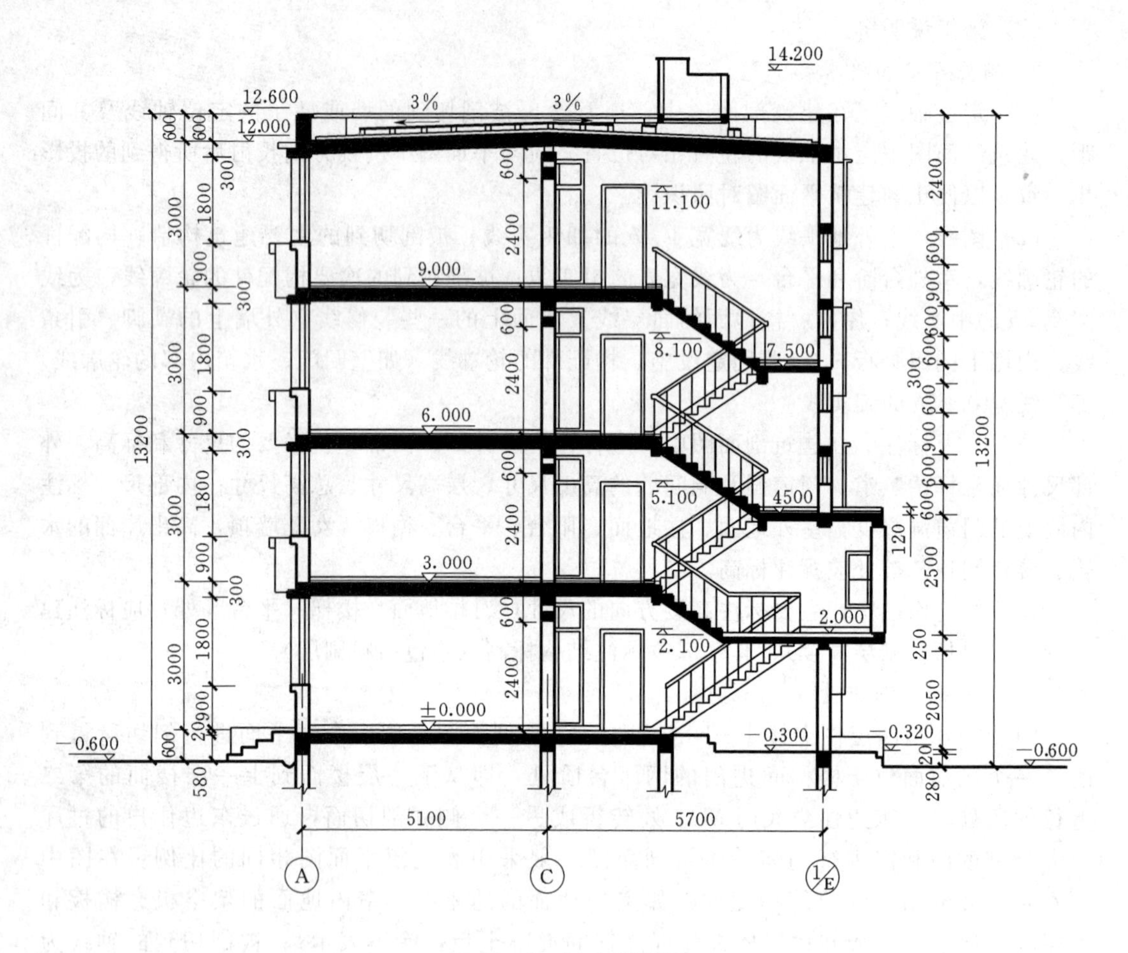

图 10-8 1—1剖面图

和相对位置关系，各部分的详细尺寸，有关施工要求和做法等，同时，建筑详图必须画出详图符号，与被索引图样上的索引符号相对应。

图 10-9 是楼梯节点详图。编号为 1 的详图表明了踏步的踏面上马赛克防滑条的定型和定位尺寸，以及扶手的定位尺寸。

在图 10-9 中编号为 2 的详图中看出楼板是钢筋混凝土板，细石混凝土面层；梯段是由楼梯梁和踏步板组成的现浇钢筋混凝土板式楼梯，板底用 10mm 厚纸筋灰浆粉平后刷白，踏步用 20mm 厚 1∶2 水泥砂浆粉面；为了防止行人行走时滑跌，在每级踏步口贴一条 25mm 宽的马赛克，高于踏面，作为防滑条；为了保障行人安全，在梯段或平台临空一侧，设栏杆和扶手，栏杆用方钢和扁钢焊成，它们的材料、尺寸和油漆颜色都已表明在图中，栏杆的下端焊接在的带有 ϕ8 钢筋弯脚的钢板上，钢板预埋于踏步中；栏杆的上端装有扶手，图中注明了扶手的油漆颜色，也注明了栏杆的上端与镶嵌在扶手底部的钢铁件焊接在一起。

从图 10-9 中编号为 3 的详图可看出扶手的断面形状和尺寸，扶手材料是木材，用通长扁钢镶嵌在扶手的底部，并用木螺钉连接，栏杆则焊接在扁钢上。

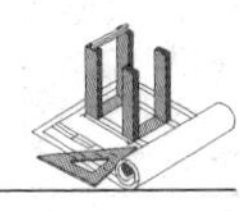

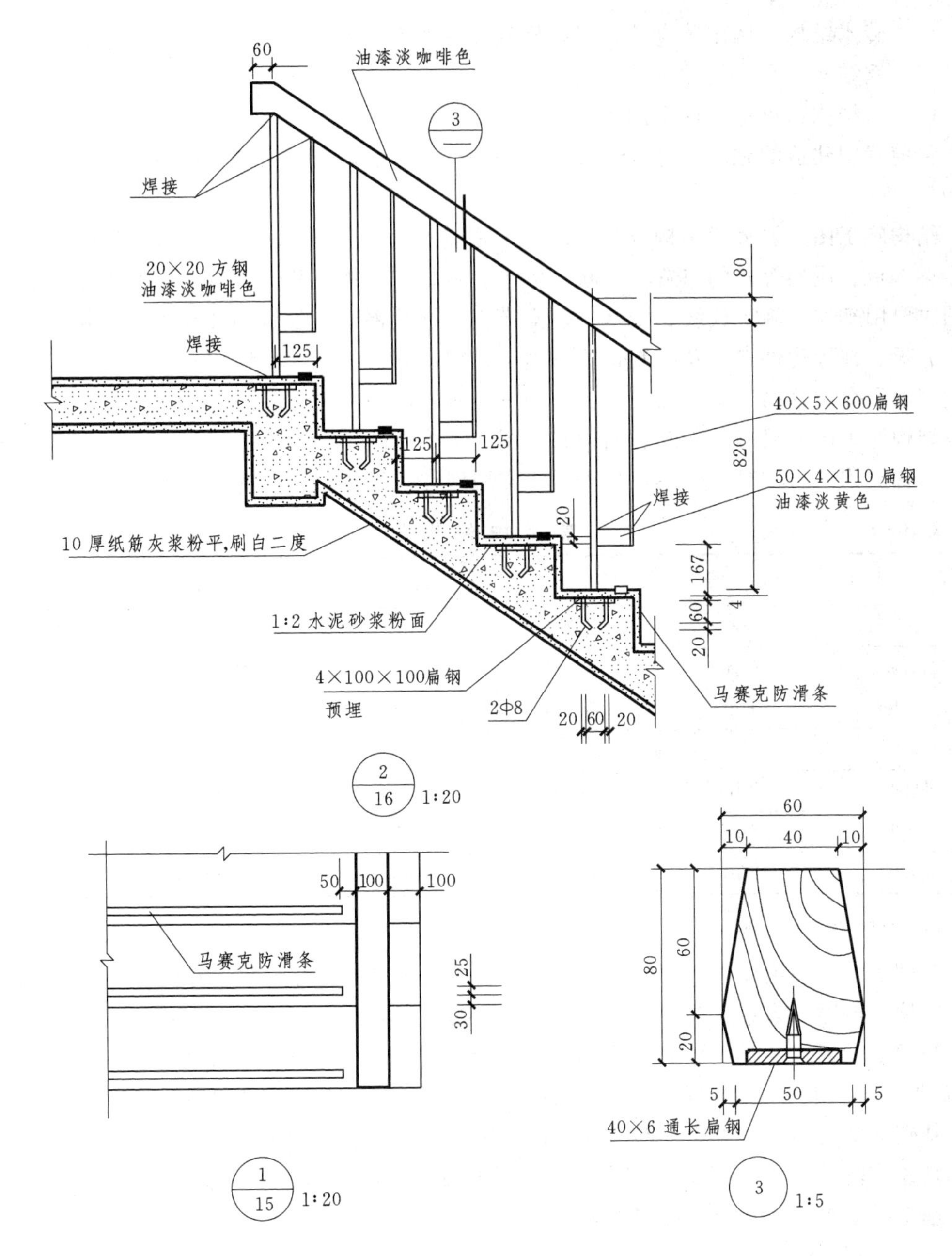

图 10－9　楼梯节点详图

第三节　结 构 施 工 图

常见的房屋结构形式按承重构件的材料可分为：

（1）混合结构：墙用砖砌筑，梁、楼板和屋面都是钢筋混凝土构件。

（2）钢筋混凝土结构：柱、梁、楼板和屋面都是钢筋混凝土构件。

（3）砖木结构：墙用砖砌筑，梁、楼板和屋架都用木料制成。

（4）钢结构：承重构件全部为钢材。

（5）木结构：承重构件全部用木料。

目前我国建造的住宅、办公楼、教学楼和集体宿舍等民用建筑，都广泛采用混合结构。

结构施工图主要表达结构设计的内容，是表示建筑物各承重构件（如基础、承重墙、柱、梁、板、屋架等）的布置、形状、大小、材料、构造及相互位置关系的图样。结构施工图主要用来作为施工放线、挖基槽、支模板、绑扎钢筋、设置预埋件、浇捣混凝土、安装梁、板、柱等构件，以及编制预算和施工组织计划等的依据。结构施工图必须与建筑施工图密切配合，这两个工种的施工图之间不能有矛盾。

结构施工图一般有基础图、结构布置图和结构详图等。为了图示方便，在结构施工图中表示各类构件名称时，可用代号表示。常用构件代号见表 10－5。

表 10－5　　常用构件代号

名　称	代　号	名　称	代　号	名　称	代　号
板	B	梁	L	基础梁	JL
屋面板	WB	屋面梁	WL	楼梯梁	TL
空心板	KB	圈　梁	QL	屋　架	WJ
楼梯板	TB	过　梁	GL	框　架	KJ
檐口板	YB	雨　篷	YP	钢　架	GJ
墙　板	QB	阳　台	YT	柱	Z
天沟板	TGB	预埋件	M	基　础	J

一、基础图

基础是位于墙壁或柱下面的承重构件，它承受房屋的全部荷载，并传递给基础下面的地基。地基可以是天然土壤，也可以是经过加固的土壤。

基础图是表示基础部分的平面布置和详细构造的图样，它是施工时在基础上放灰线（用石灰粉线定出房屋定位轴线、墙身线、基础底面线），开挖基坑和砌筑基础的依据。

基础的结构形式与房屋上部结构形式密切相关，一般上部是墙体，基础为条形基础；上部是柱，基础则为独立基础。图 10－10 是常见基础示意图。

基础图通常包括基础平面图和断面详图。

（一）基础平面图

基础平面图是表示基础平面布置的图样。是假想用一个水平的剖切平面沿房屋的地面与基础之间剖切，移去房屋上部和基坑内的泥土所作的基础水平投影图。

1. 图示内容和要求

基础平面图主要内容有：图名、比例；纵横定位轴线及其编号；基础墙、柱以及基础底面的形状、大小及其与轴线的关系；基础梁的位置和代号；剖切符号及编号；轴线间距、基础定形尺寸和定位尺寸等。

基础平面图一般采用与建筑平面图相同的比例。在基础平面图中，只画出基础墙、柱

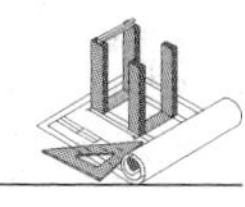

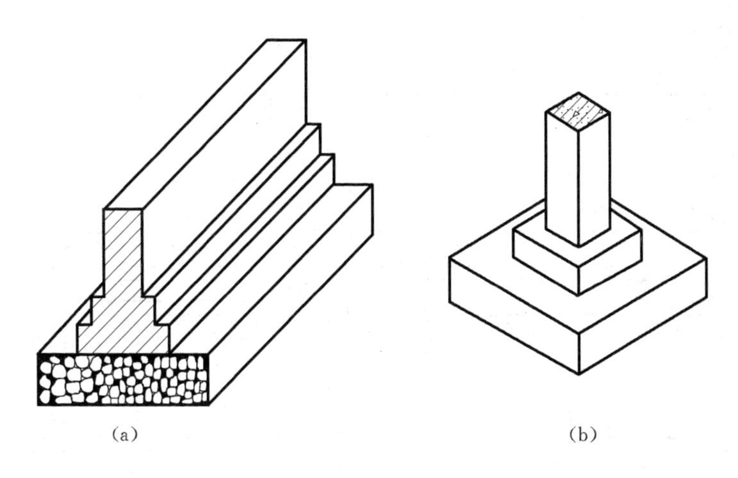

(a)　　　　　　　　　　　　(b)

图 10-10　常见基础

(a) 条形基础；(b) 独立基础

和基础底面轮廓线；梁和墙身的投影重合时，梁可用单线结构构件画出；基础、大放脚等细部的可见轮廓线省略不画，这些细部形状，将具体反映在基础详图中。在基础平面图中，剖切到的基础墙画中实线，基础底面画细实线，可见的梁画粗实线，不可见的梁画粗虚线，如果剖切到钢筋混凝土柱，则用涂黑表示。

基础平面图中应标注各部分的定型尺寸和定位尺寸。基础的定型尺寸即基础墙宽度、柱外形尺寸以及基础的底面尺寸，这些尺寸可直接标注在基础平面图上，也可以用文字加以说明（如图 10-11 所示中基础墙宽均为 240）；基础定位尺寸也就是基础墙、柱的轴线尺寸，轴线编号应和建筑施工图中的底层平面图一致。

2. 基础平面图识读

图 10-11 是某教学楼的条形基础平面图。图中可看出该楼共有 1～5 五种不同的条形基础，它们的构造、尺寸和配筋，分别由编号为 J_1 至 J_5 的剖切平面所剖切到的断面详图来表达；JL-1 和 JL-2 的是基础梁，它们的构造、尺寸和配筋也将由详图表达。通常将基础梁与基础浇捣在一起，基础梁 JL-1 可表示在 J_3 的详图中，而 JL-2 可表示在 J_1 和 J_2 的详图中。

（二）基础断面详图

基础平面图只表明了基础的平面布置，而基础各部分的形状、大小、材料、构造以及基础的埋置深度等都没有表达出来，这就需要画出各部分的断面详图，作为砌筑基础的依据。基础详图就是基础的垂直断面图，一般采用 1∶20、1∶30 等较大的比例。

1. 图示内容和要求

基础详图一般应包括以下内容：图名、比例；定位轴线及其编号；基础墙厚度、大放脚每步的高度及宽度；基础断面的形状、大小、材料以及配筋；基础梁的宽度、高度及配筋；室内外地面、基础垫层底面的标高；防潮层的位置和做法等。

在基础详图中应标注出基础各部分（如基础墙、柱、基础垫层等）的详细尺寸、钢筋尺寸（包括钢筋搭接长度）以及室内地面标高和基础底面（基础埋置深度）的标高。

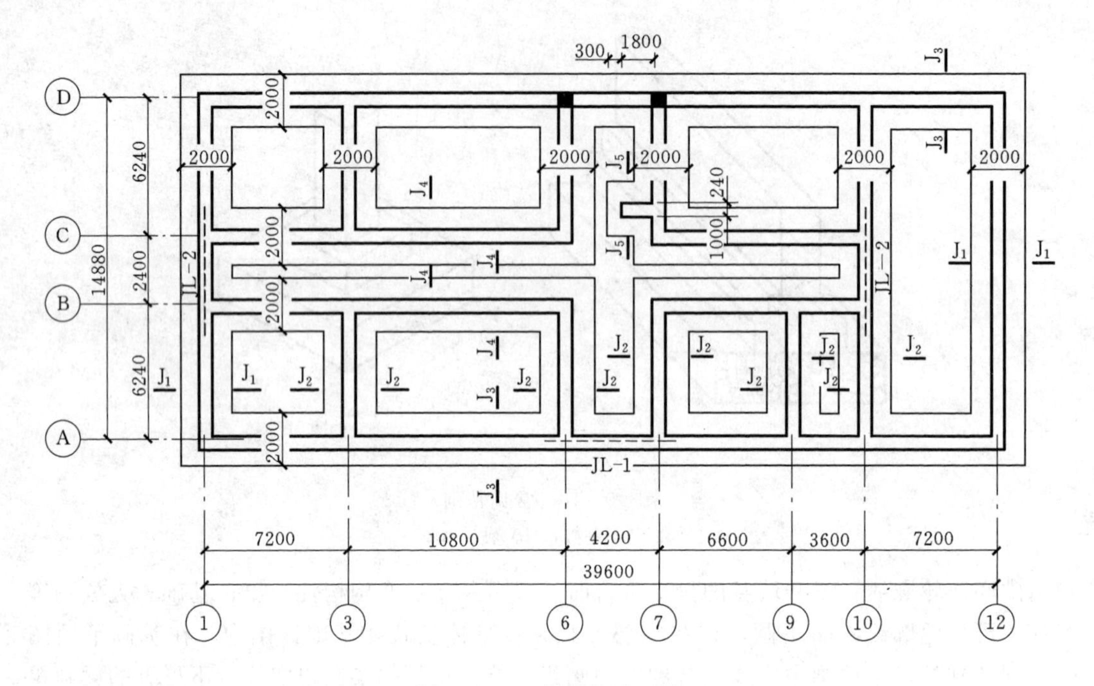

图 10-11 基础的平面图

（说明：基础墙宽均为 240）

2. 基础详图识读

图 10-12 是前边四层住宅楼的外墙基础详图，上面是砖砌的基础墙，下面的基础采

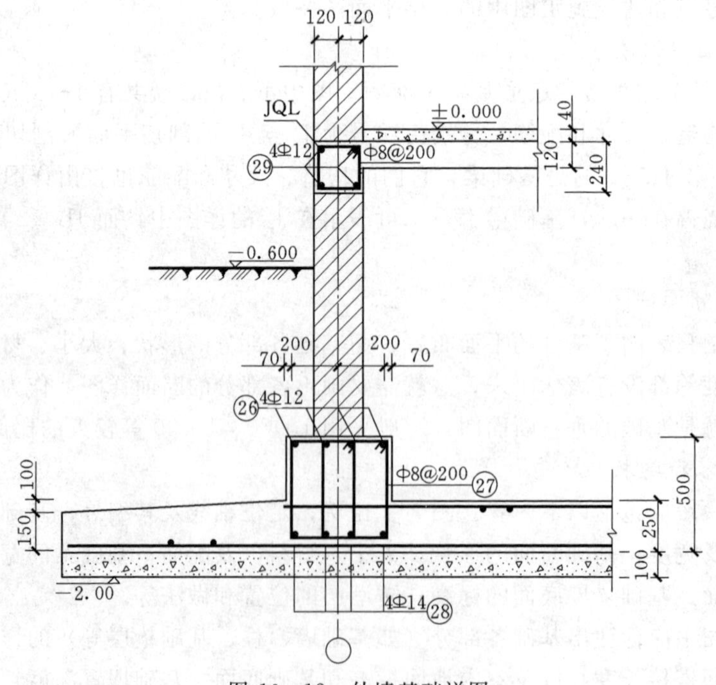

图 10-12 外墙基础详图

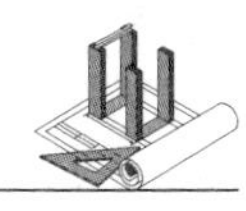

用钢筋混凝土结构。因为是通用详图，所以在定位轴线圆圈内不注写编号。在钢筋混凝土基础下铺设100mm厚的混凝土垫层，使用垫层的作用是使基础与地基有良好的接触，以便均匀地传布压力，并且使基础底面处的钢筋不与泥土直接接触，以防止钢筋锈蚀。从室外设计地面到基础垫层底面之间的深度称为基础的埋置深度，图中所示基础的埋置深度为－0.600m－（－2.000m）＝1.400m。另外还在基础梁中配置了钢筋，如图中的4 φ 12和4 φ 14及四支箍φ 8@200，四支箍可以由大小钢箍组成，也可以由两个相同的矩形钢箍拼成。

外墙室内地面下连通的钢筋混凝土基础圈梁JQL，断面尺寸为240mm×240mm，配置了纵向钢筋4 φ 12和钢箍φ 8@200。

二、楼层结构平面图

楼层结构平面图是假想沿楼板面将房屋水平剖切后所作的水平投影图，主要表示楼面板及其下面的墙、梁、柱等承重构件的平面布置情况，它是施工时布置或安放各层承重构件的依据。如果各层楼面结构布置情况相同，可只画一个楼层结构平面图，但应注明合用各层的层数。

1. 图示内容和要求

楼层结构平面图一般包括图名、比例；定位轴线及编号；各种梁、柱、楼板的布置和代号，承重墙和柱子的位置等。

结构平面图中应标注各轴线间尺寸、轴线总尺寸，还应标注有关承重构件的尺寸，如雨篷和阳台的外挑尺寸、雨篷梁和阳台梁伸进墙内的尺寸、楼梯间两侧横墙的外伸尺寸和现浇板的宽度尺寸等。此外，还必须注明各种梁、板的底面结构标高，作为安装或支模的依据。

在结构平面图中，可见的钢筋混凝土楼板的轮廓线用细实线表示，剖切到的墙身轮廓线用中实线表示，楼板下面不可见的墙身轮廓线用中虚线表示，钢筋用粗实线表示，剖切到的钢筋混凝土柱子用涂黑表示。

2. 楼层结构平面图读图

图10－13是住宅楼二层结构平面图。图中可看出大部分楼面采用120mm厚的现浇钢筋混凝土板，在楼梯间两边，厨房和卫生间采用100mm厚的现浇钢筋混凝土板。由于厨房和卫生间需要安装管道，浇筑时要在楼板上预留管道孔洞。现浇的钢筋混凝土楼板采用规定的代号B表示，其后的数字是编号，括号内数字是板的厚度。现浇楼板B－6上的荷载，在中间部分传给梁L－1后，再传给梁下面的墙身。现浇楼板的钢筋配置采用将钢筋直接画在平面图中的表示方法，如B－1，板底受力钢筋是编号为1的φ 10@150，分布钢筋是编号为4的φ 8@200。每一代号的布置，只要详细画出一处，在这一处楼板的总范围内用细实线画一条对角线，其他各处相同布置的楼板，只标注板的编号就可以了。

圈梁、过梁和梁L－1的断面形状、大小和配筋，均在断面图中表示清楚，并标注出了梁底的结构标高2.700m，作为施工的依据。梁底的结构标高也可加括号，直接标注在结构平面图中梁的代号和编号之后，如QL（2.700）。

在图10－13的楼层结构平面图中，圈梁的断面尺寸不相同，与板的连接情况也有所不同，如QL－1是矩形，而用于窗套处的QL－2是L型，只有一边与板连接。水平剖切后，有的圈梁是可见的，有的圈梁只有一部分可见。为了清楚表示圈梁的平面布置连通情

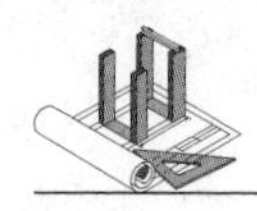

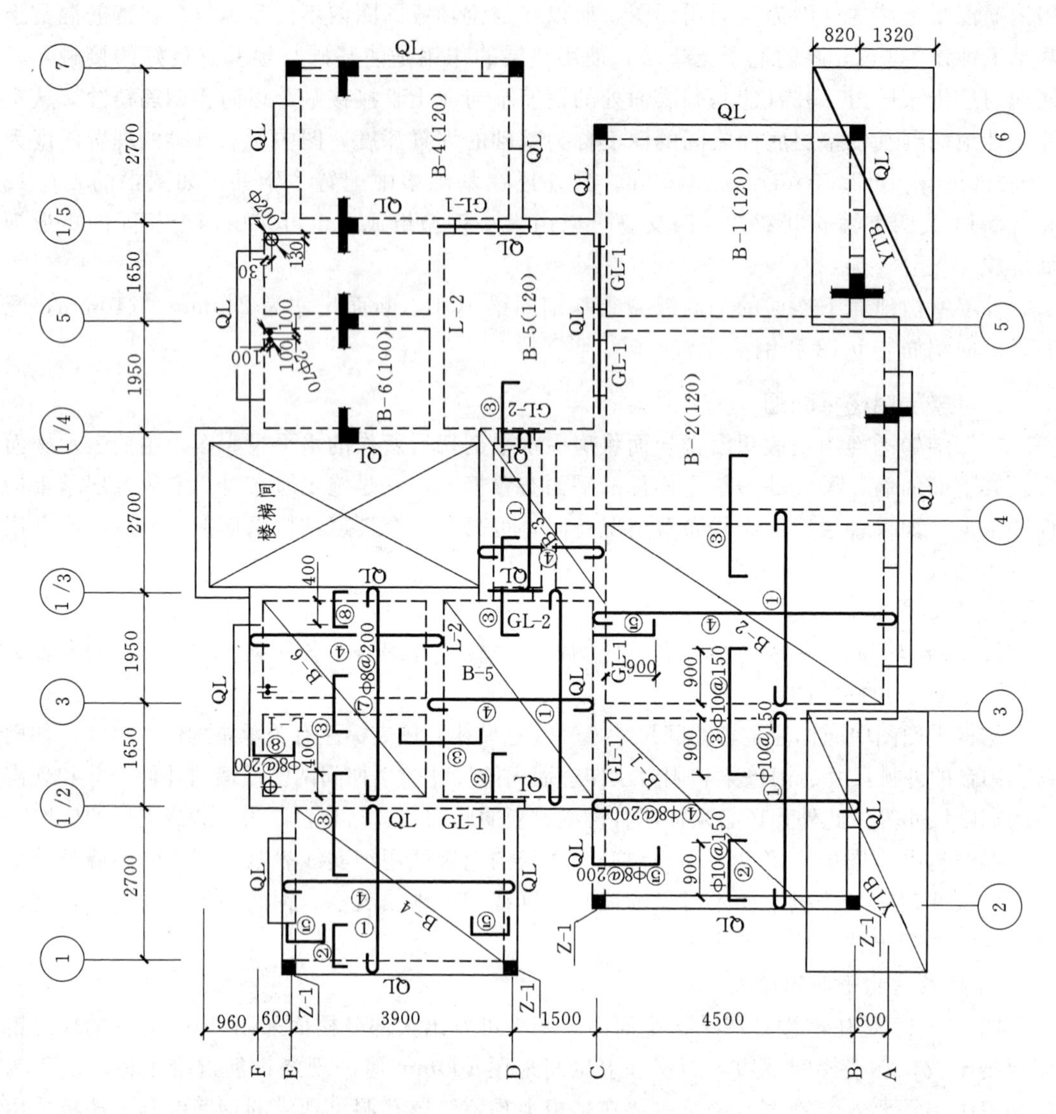

图 10-13　楼层结构平面图

况，图中只画出圈梁的轮廓线并标注 QL。此外，还用粗虚线表示出了不可见过梁的平面布置情况。

楼梯部分的结构较复杂，在楼层结构平面图中，由于比例过小，不能清楚表达楼梯结构的平面布置，故需另外画出楼梯结构详图，在这里只需画出两条细实线对角线，并注明"楼梯间"就可以了。

第四节　室内给排水施工图

给排水工程包括给水工程与排水工程。给水工程是指水源取水，水质净化、管道配水、输送过程等工程；排水工程是指经过生活和生产使用后的污水、废水以及雨水，通过

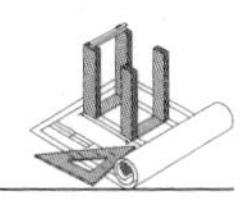

管道汇总、排除以及污水处理等工程。

本节主要讲述室内给水与排水施工图的图示特点和画法。室内给水与排水施工图是用来表示卫生设备、管道及其附件的类型、大小及其在房屋中的位置、安装方法等的图样。室内给水与排水施工图通常由给水排水平面图、管道轴测图、安装详图、施工说明等组成。

给水与排水工程图与其他专业图样一样，要符合正投影原理和视图、剖面图和断面图的基本画法规定，另外给水与排水专业制图还应遵守《给水排水制图标准》（GB/T50106—2010）和《房屋建筑制图统一标准》（GB/T50001—2010）以及国家现行的有关标准、规范的规定。

一、给排水施工图常用图例

给水与排水工程中管道很多，它们都按一定方向通过干管、支管，最后与具体设备相连接。如室内给水系统的流程为：进户管——水表——干管——支管——用水设备；室内排水系统的流程为：排水设备——支管——干管——户外排出管。常用J作为给水系统和给水管的代号，用F作为废水系统和废水管的代号，用W作为污水系统和污水管的代号。这些给水和排水的器具、仪表、阀门和管道，绝大部分都是工业部门的定型系列产品，一般只须按设计需要，选用其相应的规格产品即可。由于在房屋建筑工程和给排水工程设计中，一般用1∶50～1∶100的比例，在这样相对较小比例的图样中，不必详细表达它们的形状。在给水排水工程图中，各种管道及附件、管道连接、阀门、卫生器具、水池、设备及仪表等，都采用统一的图例表示。

表10-7中摘录了《给水排水制图标准》中规定的一部分图例，不敷应用时，可直接查阅该国家标准。对于标准中尚未列入的图例，则可自行拟设，但应在图纸上专门画出，并加以说明，以免引起误解。

二、给排水平面图

给排水平面图一般采用与建筑平面图相同的比例，主要反映卫生设备及水池、管道及其附件在房屋中的平面位置。

1. 图示内容和要求

在给排水平面图中，房屋轮廓线应与建筑施工图一致，墙、柱、门窗等都用细实线表示。抄绘建筑平面图的数量，宜视卫生设备和给排水管道的布置情况而定。对于多层房屋，底层由于室内管道需与室外管道相连，一般需单独画出一个完整的平面图（限于教材篇幅，仅画出卫生间及厨房部分平面图，其余部分省略，用折断线断开）。楼层建筑平面图只抄绘与卫生设备和管道布置有关的部分即可，一般应分层抄绘，如楼层的卫生设备和管道布置完全相同时，只需画出一个平面图，但在图中必须注明各楼层的层次和标高。设有屋顶水箱的楼层，可单独画出屋顶给水排水平面图。

为了使土建施工与管道设备的安装协调统一，在各层给水排水平面图上，均须标明墙、柱的定位轴线，并在底层平面图的定位轴线间标注尺寸；同时还应标注出各层平面图上的有关标高。

各类卫生设备及水池均可按表10-6的图例绘制，用中实线画出其平面图形的外轮廓。各种室内给水排水管道，不论直径大小，应按表10-6所述图例画出。给水排水管的

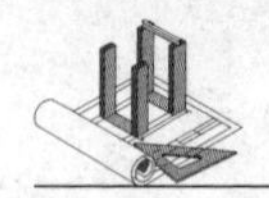

管径尺寸应以 mm 为单位，以公称直径 DN 表示，如 DN15、DN50 等。

表 10－6　　给水与排水工程图中常见图例

名称	图例	名称	图例
生活给水管	J	自动冲洗箱	
废水管	F	闸阀	
污水管	W	截止阀	DN≥50　DN<50
雨水管	Y	浮球阀	平面　系统
管道交叉	下面或后面的管道断开	放水龙头	平面　系统
三通连接		台式洗脸盆	
四通连接		浴盆	
多孔管		坐便器	
存水弯		淋浴喷头	
立管检查口		水表	
		圆形地漏	

当室内给水排水管道系统的进出口数为两个或两个以上时，宜用阿拉伯数字编号。编号圆用细实线绘制，直径为 12mm，直接画在管道进出口处，也可用指引线与引入管或排出管相连。在水平细实线以上注写的，是管道类别的代号，以汉语拼音字头表示；在水平

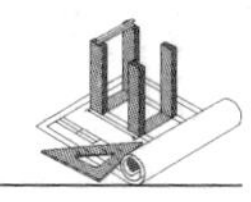

细实线以下注写的是管道的编号，用阿拉伯数字表示，如图 10-14 所示。

给水排水立管是指穿过一层及多层的竖向供水管道和排水管道。立管在平面图中以空心小圆圈表示，并用指引线注明管道类别代号。当一种系统的立管数量多于一根时，宜用阿拉伯数字编号，如 JL-1 中的 J，表示给水管；L 表示立管；1 表示编号。

管道的长度是在施工安装时，根据设备间的距离，直接测量截割的，所以在图中不必标注。

2. 平面图识读

图 10-14 是住宅楼底层给水排水平面图，西边住户的给排水系统编号为 1，东边住户的给排水系统编号为 2。在给水系统 2 中，设有通向水箱的给水立管 JL-2，管径为 50mm，另有从水箱引出的给水立管 JL-4，管径分别为 20mm 和 32mm；在给水系统 1 中，设有给水立管 JL-1，管径分别为 32mm 和 20mm，给水立管 JL-3，管径分别为 20mm 和 32mm。在污水系统 1 和 2 中，设有污水立管 WL-1 和 WL-2，管径为 DN100。在废水系统中 1 和 2，设有废水立管 FL-1 和 FL-2，管径分别为 DN50。

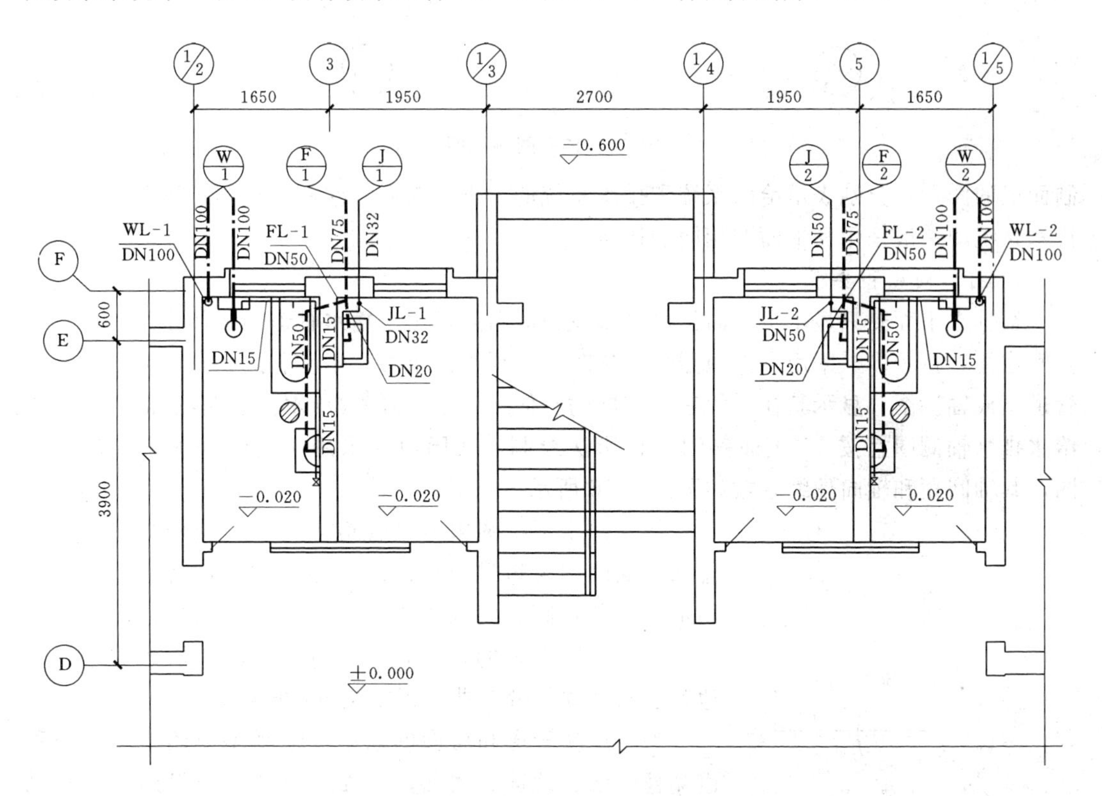

图 10-14 底层给水排水平面图

为了使图形表达得更清晰，给水管、废水管、污水管等自设图例，如图 10-15 所示。

三、给排水系统图

给水排水平面图按投影关系表示了管道的平面布置和走向，对管道的空间位置表达得不够明显，所以还必须绘制管道的系统轴测图。给排水系统图分给水系统图和排水系统图，它们是根据各层给排水平面图中卫生设备、管道及竖向标高，用斜等轴测投影方法绘

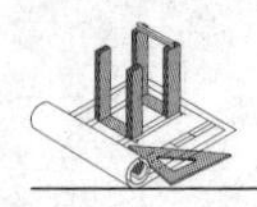

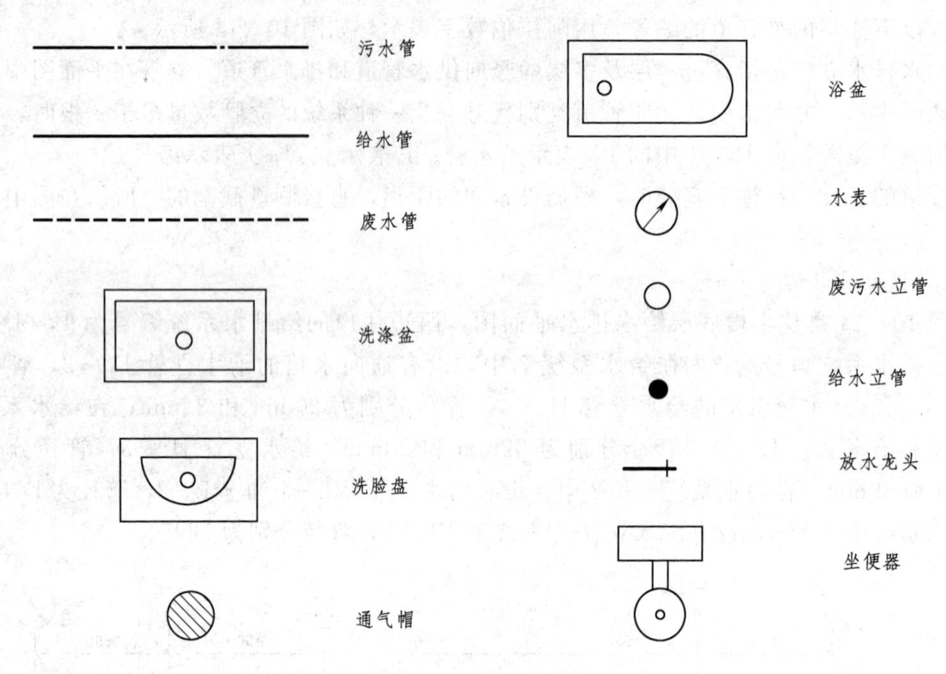

图 10－15　图例说明

制而成的图形，分别表示给水系统和排水系统的上下、前后和左右的空间位置关系。给水排水系统图一般采用和平面图相同的比例。

1. 图示内容和要求

给排水平面图只显示了室内给水排水设备的布置，由于输水管道的形体是细长的，在空间往往转折较多，采用多面视图来表达时，显得交叉重叠，不易表达完整清晰。所以将管道画成轴测图，显示其在空间三个方向的延伸，效果较好。《给水排水制图标准》规定，给水排水轴测图宜按 45°正面斜轴测投影法绘制，我国习惯采用正面斜等测来绘制轴测图，其轴间角和轴向伸缩系数如图 10－16 所示。

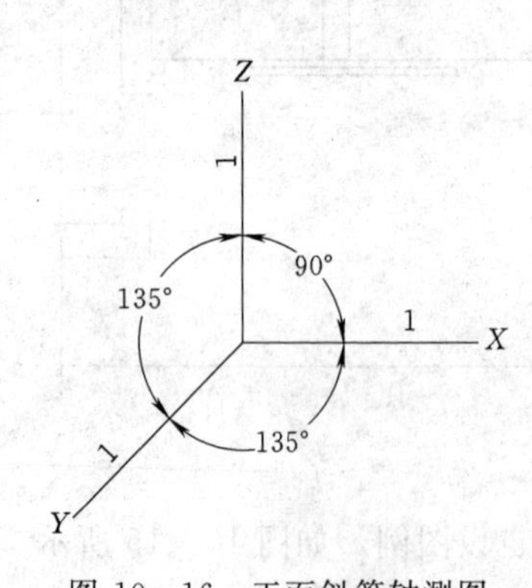

图 10－16　正面斜等轴测图

给水排水系统图中每个管道应编号，编号与底层给水排水平面图中管道进出口的编号相一致。在管道系统图中的水表、截止阀、放水龙头等，可用图例画出，但不必每层都画，相同布置的各层，只需将其中的一层画完整，其他各层只在立管分支处用折断线表示即可。

为了反映管道和房屋的联系，轴测图中还要画出被管道穿越的墙、地面、楼面、屋面的位置，一般用细实线画出地面和墙面，并画出材料图例线，用一条水平细实线画出楼面和屋面。

当管道在系统图中交叉时，在交叉处将可见的管道画成连续线，而将不可见的管道画成断开线。

管道的管径一般标注在管道旁边，标注空间不够时，可用引线引出标注，室内给水排水管道标注公称直径 DN，管道各管段的管径要逐段注出，当连续几段的管径都相同时，

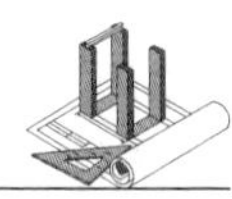

可以仅标注它的始段和末段，中间段可以省略不注。

室内给排水系统图中标注的标高是相对标高，即底层室内主要地面为±0.000m。在给水系统中，标高以管中心为准，一般要注引水管、阀门、放水龙头、卫生设备的连接支管、各层楼地面、屋面、水箱的顶面和底面等处的标高。在排水系统图中，横管的标高以管道内底为准，一般应标注立管上的通气帽、检查口、排出管的起点标高。

2. 系统图识读

图 10-17 为住宅楼底楼给水系统图。给水系统 2 中，2 号给水管（DN50）从户外相

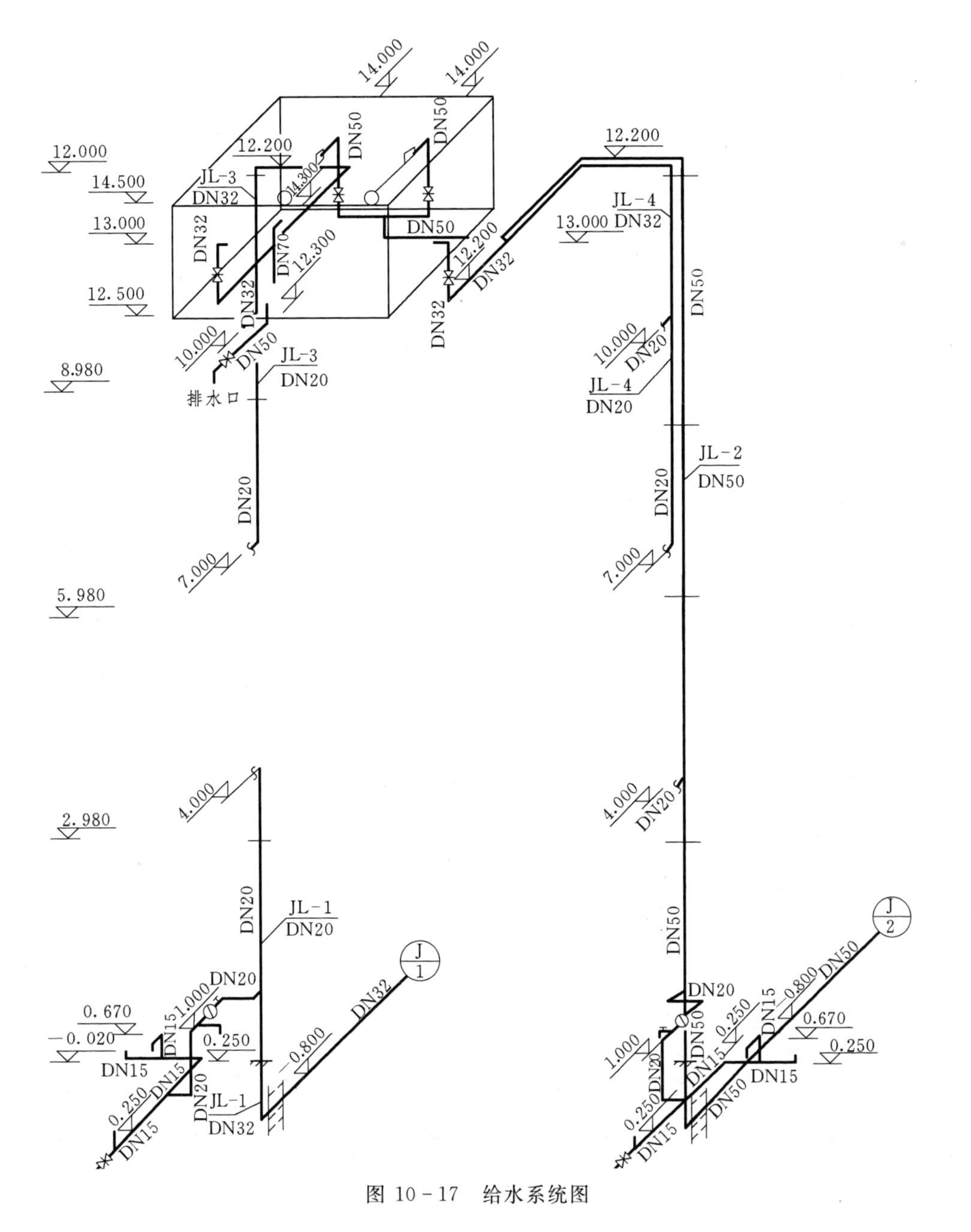

图 10-17　给水系统图

对标高－0.080m处穿墙入户后，向上转折成JL－2（DN50），穿出标高为－0.020m的地面，进入东边底层住户的厨房。在标高1.000m处接有DN20水平支管，接阀门、水表、水龙头后然后向下，在标高0.250m处穿墙进入卫生间，接DN15支管，向南接脸盆上的水龙头，向北折向东后在标高0.670m处，接浴盆上的水龙头，支管的最东边接坐便器的

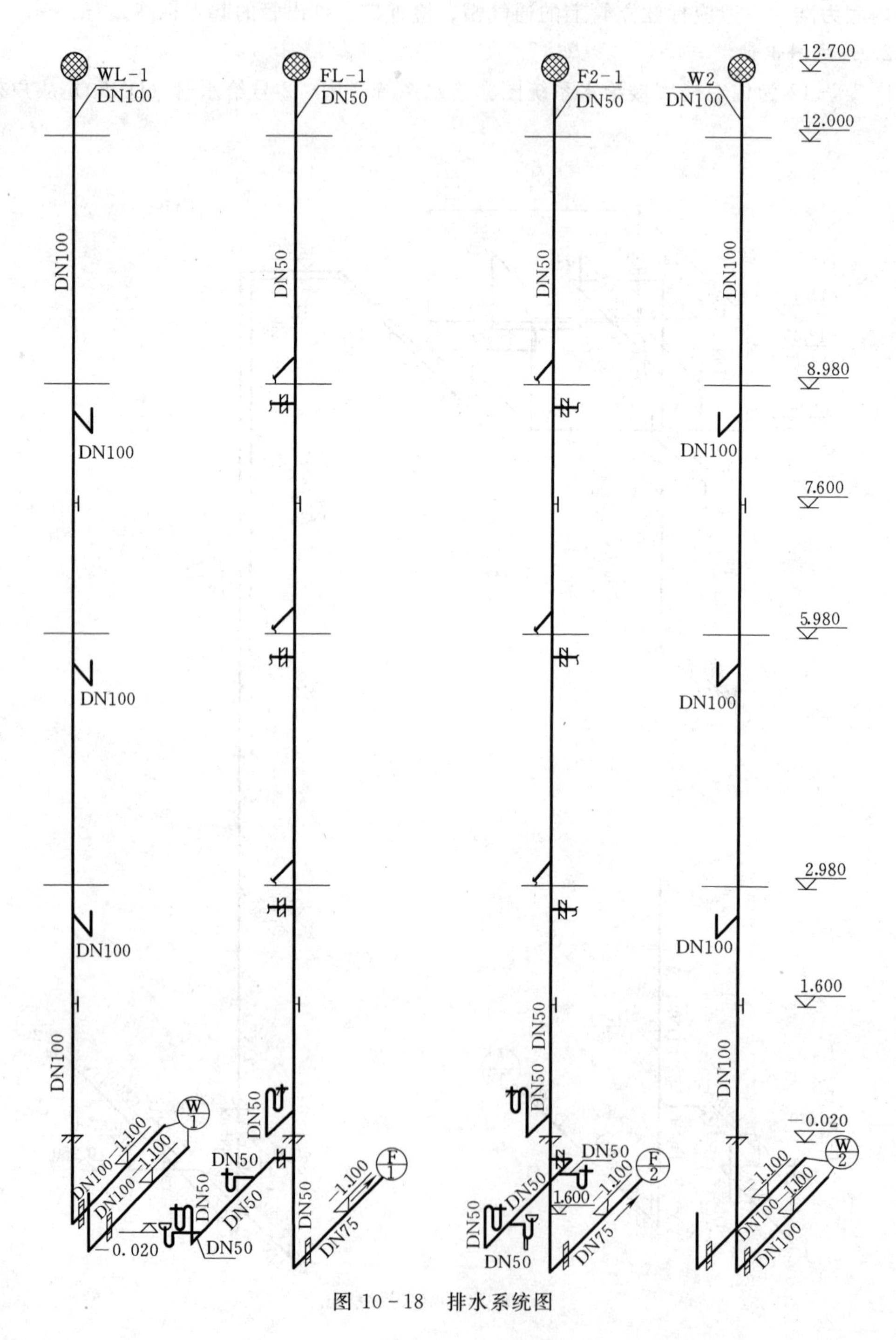

图10－18　排水系统图

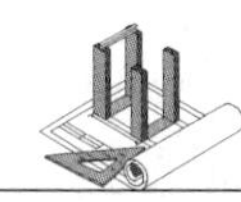

给水口。JL－2 继续上行，在标高为 2.98m 处穿过二层楼板，在标高为 4.000m 处，接水平支管，为西边二层住户的厨房和卫生间配水。1 号给水管，只供应西边底层和二层两户用水，与西边完全相同，读者可自行识读。

JL－2 穿过三层、四层楼板和屋面板，到达屋顶，分东西两路向水箱供水。在标高为 12.500m 的水箱底面有一 DN50 的竖管向下，向南接阀门后再向下，为一排污口。水箱前壁上方正中，有一 DN70 的溢流管，当水箱的浮球阀失去控制时，发生溢流，排出箱内多余积水。水箱西壁上引出 3 号给水立管 JL－3，分别在标高为 10.000m 和 7.000m 处接水平支管，为西边四层和三层住户的厨房和卫生间配水。水箱东壁上，向东引 4 号给水立管 JL－4，分别向东边四层和三层住户的厨房和卫生间配水。

图 10－18 为四层住宅楼排水系统图。图中可看出 1 号排污系统有两根排出管，一根直接排除西边底层住户大便器所排出的污水；另一根排除由 WL－1 汇总的西边二层、三层、四层住户大便器所排出的污水。WL－1 在接了顶层大便器的支管后，作为通气管，向上延伸，穿出四层楼板和屋面板，成为通气孔。污水立管在标高为 1.600m 和 7.600m 处各装有一个检查口。2 号排污系统与 1 号排污系统情况基本相同，读者可自行识读。

1 号废水系统的排出管，在西边底层住户的厨房穿墙出户，标高为－1.100m，管径为 DN75，西边四户的废水，都汇总到 FL－1 中，然后由 1 号废水排出管排除。图中可看出，排除厨房洗涤盆废水的支管，在各层楼地面的上方，而排除卫生间洗脸盆、地漏和浴盆废水的支管，则在各层楼地板的下方。FL－1 在四层楼面之上与厨房中洗涤盆废水支管连接后，作为通气管，向上延伸出屋面，至标高 12.700m 处，加镀锌铁丝球通气帽。为了便于检查和疏通管道，在标高 1.600m 和 7.600m 处设置两个检查口。在卫生设备的泄口处，要设置存水弯，以便利用弯内存水形成的水封，阻止废水管内的臭气向卫生间或厨房外溢。2 号废水系统与 1 号废水系统情况基本相同。

第十一章　钢　结　构　图

钢结构是用型钢或钢板，根据设计和使用者的要求，通过焊接、螺栓连接、铆钉连接，来组成承重结构。它与钢筋混凝土结构、木结构和砖石结构相比，具有自重轻、可靠性高、装配速度快等优点，因此在工程建设中得到了广泛应用，如钢厂房、桥梁、大跨建筑、高耸建筑等。

本章中我们将依据《建筑结构制图标准》GB/T50105—2010 和《焊缝符号表示方法》GB324—88，介绍钢结构图基本表达方法和标注方式。

第一节　常用型钢及其标注

常用的型钢有角钢、工字钢和槽钢。其图例、截面种类和标注方法见表 11-1。

表 11-1　　常用型钢的标注方法

序号	名　称	截　面	标　注	说　明
1	等边角钢		$b\times t$	b 为肢宽； t 为肢厚
2	不等边角钢	B	$B\times b\times t$	B 为长肢宽； b 为短肢宽； t 为肢厚
3	工字钢		N　Q N	1. 轻型工字钢加注 Q 字； 2. N 为工字钢的型号
4	槽钢		N　Q N	1. 轻型槽钢加注 Q 字； 2. N 为槽钢的型号
5	方钢	b	b	
6	扁钢	b	—— $b\times t$	

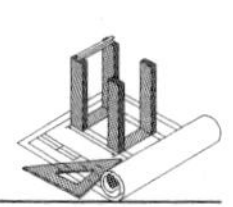

续表

序号	名　称	截　面	标　注	说　明
7	钢板		$\frac{-b\times t}{l}$	$\frac{宽\times厚}{板长}$
8	圆钢		ϕd	
9	钢管		$\phi d\times t$	d 为外径，t 为壁厚
10	薄壁方钢管		B $b\times t$	1. 薄壁型钢加注 B 字； 2. t 为壁厚
11	薄壁等肢角钢		B $b\times t$	
12	薄壁等肢卷边角钢	a	B $b\times a\times t$	
13	薄壁槽钢	h	B $h\times b\times t$	
14	薄壁卷边槽钢	a	B $h\times b\times a\times t$	
15	薄壁卷边 Z 型钢	h a	B $h\times b\times a\times t$	
16	T 型钢		TW×× TM×× TN××	1. TW 为宽翼缘 T 型钢； 2. TM 为中翼缘 T 型钢； 3. TN 为窄翼缘 T 型钢
17	H 型钢		HW×× HM×× HN××	1. HW 为宽翼缘 H 型钢； 2. HM 为中翼缘 H 型钢； 3. HN 为窄翼缘 H 型钢
18	起重机钢轨		QU××	详细说明产品规格型号
19	轻轨及钢轨		××kg/m 钢轨	

第二节 螺栓、铆、焊等结构图例及标注

一、螺栓、孔、电焊铆钉结构图例

在绘制钢结构图时，螺栓、孔、电焊铆钉等结构用图例表示。具体名称和规定见表11-2。

表 11-2 螺栓、孔、电焊铆钉的表示方法

序号	名称	图例	说明
1	永久螺栓	M ϕ	1. 细“+”线表示定位线； 2. M 表示螺栓型号； 3. ϕ 表示螺栓孔直径； 4. d 表示膨胀螺栓、电焊铆钉直径； 5. 采用引出线标注螺栓时，横线上标注螺栓规格，横线下标注螺栓孔直径
2	高强螺栓	M ϕ	
3	安装螺栓	M ϕ	
4	胀锚螺栓	d	
5	圆形螺栓孔	ϕ	
6	长圆形螺栓孔	ϕ b	
7	电焊铆钉	d	

二、常用焊缝的符号及标注

钢结构采用的主要连接方式为焊接，它具有构造简单、不削弱构件截面和节约钢材等优点。

在钢结构施工中，由于设计时对连接有不同的要求，产生不同的焊接型式。其基本焊接型式可分为4种，即对接接头、角接接头、T型接头和搭接接头。

焊缝按焊接位置分为俯焊、立焊和仰焊；按构造分有对接焊缝、角焊缝和点焊缝，如图11-1所示。

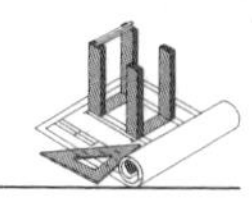

为了把焊缝的位置、型式和尺寸标注清楚，在焊接的钢结构图纸上，焊缝要按“国标”规定，采用“焊缝代号”标注在钢结构图上，为了简化图样，焊缝一般采用焊缝代号表示。焊缝代号一般由基本符号与指引线组成，必要时还可以加上辅助符号、补充符号和焊缝尺寸符号。其组成如图 11-2 所示。

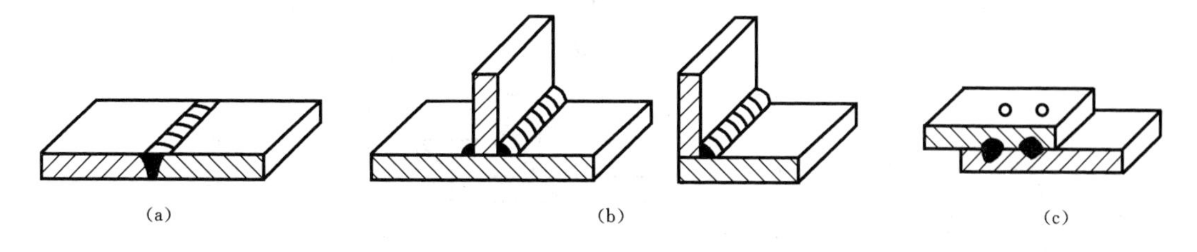

图 11-1 焊接接头

(a) 对接焊缝；(b) 角焊缝；(c) 点焊缝

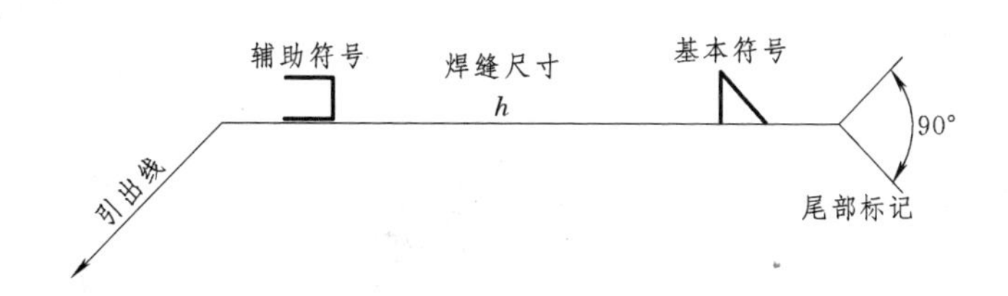

图 11-2 焊缝代号

1. 基本符号

基本符号是表示焊缝横断面形状的符号，用粗实线绘制。常用焊缝的基本符号见表 11-3。

表 11-3 基本符号及标注示例

序号	名称	基本符号	示意图	标注示例
1	I 形焊缝			
2	V 形焊缝			
3	单边 V 形焊缝			

续表

序　号	名　称	基本符号	示　意　图	标 注 示 例
4	带钝边 V形焊缝			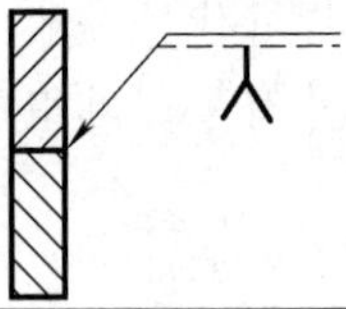
5	角焊缝		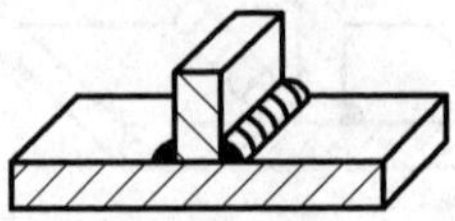	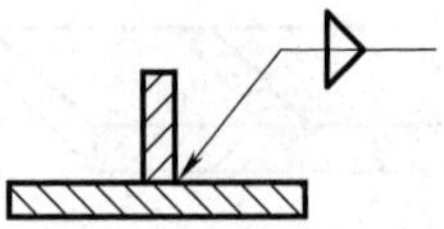
6	带钝边 V形焊缝			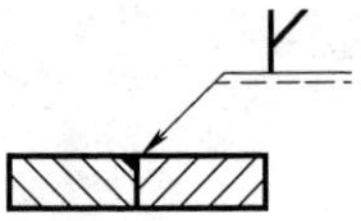
7	带钝边 U形焊缝			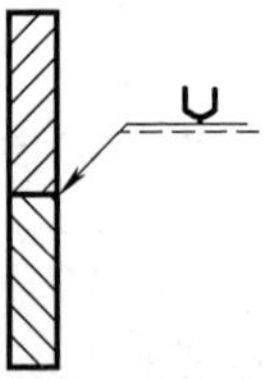
8	封底焊缝			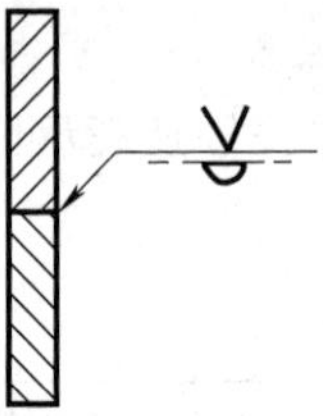
9	点焊缝		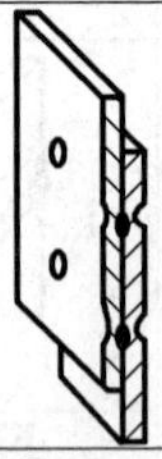	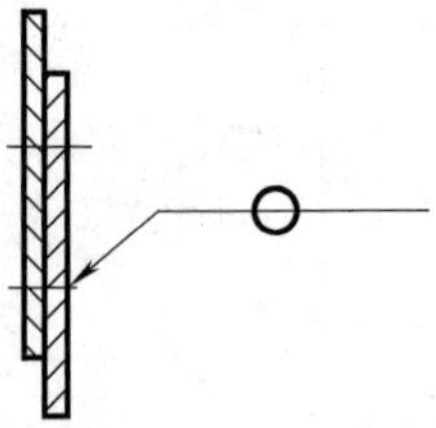
10	塞焊缝			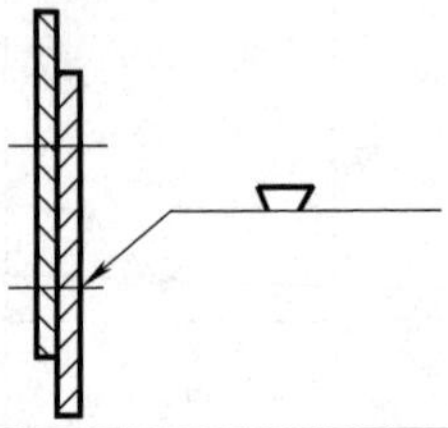

2. 辅助符号

辅助符号是表示焊缝表面特征的符号，用粗实线绘制，见表 11-4。在不需要确切说明焊缝表面形状时，可以不用辅助符号。

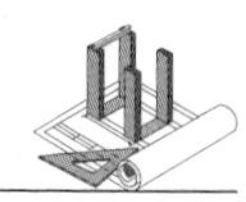

表 11-4　　辅助符号及标注示例

序号	名称	辅助符号	示 意 图	标 注 示 例	说　　明
1	平面符号				表示焊缝表面齐平（一般通过加工）
2	凹面符号				焊缝表面凹陷
3	凸面符号				表示 V 形焊缝表面凸起

3. 补充符号

补充符号是为了补充说明焊缝的某些表面特征而采用的符号，用粗实线绘制，见表 11-5。

表 11-5　　补充符号及标注示例

序号	名称	补充符号	示 意 图	标注示例	说　　明
1	带垫板符号				表示 V 形焊缝的背面有垫板
2	三面焊缝符号				工件三面带有焊缝
3	周围焊缝符号				表示环绕工件周围焊缝
4	现场符号				表示在现场或工地上进行焊接
5	尾部符号			5 250 3	表示有三条相同的角焊缝

4. 常用焊缝符号标注的其他规定

（1）焊缝尺寸符号及其标注位置。焊缝尺寸在标注时，可以将尺寸符号和数据随同基本符号标注在规定位置，常用焊缝的尺寸符号及标注示例见表 11－6。

表 11－6 常用焊缝尺寸符号及标注示例

名　称	符　号	示意图及标注示例
工件厚度	δ	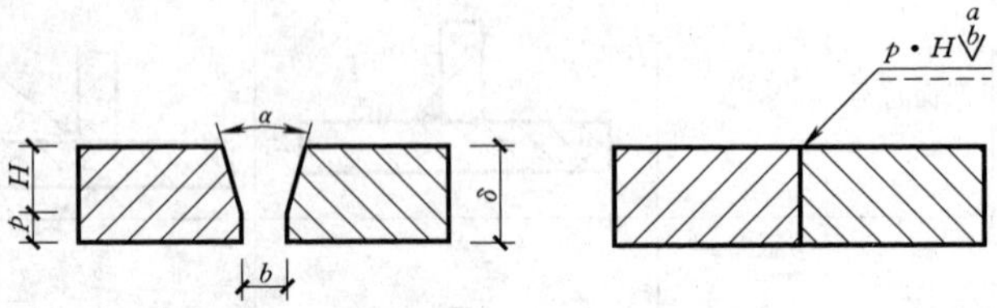
坡口角度	α	
钝边高度	p	
根部间隙	b	
坡口深度	H	
焊缝宽度	c	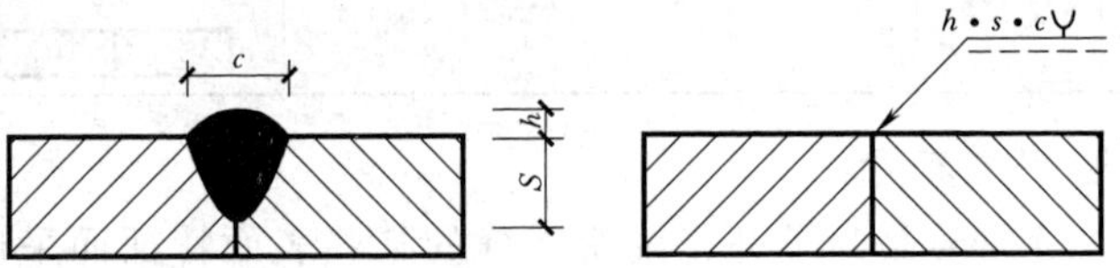
焊缝有效厚度	s	
余高	h	
焊缝间距	e	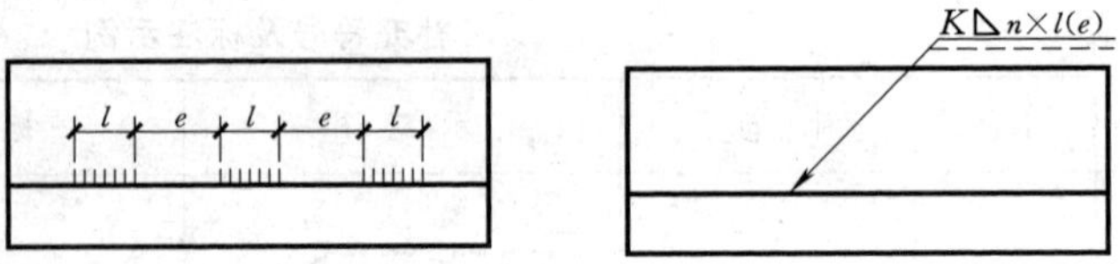
焊缝长度	l	
焊缝段数	n	
焊缝高度	K	
相同焊缝数量代号	N	
熔核直径	d	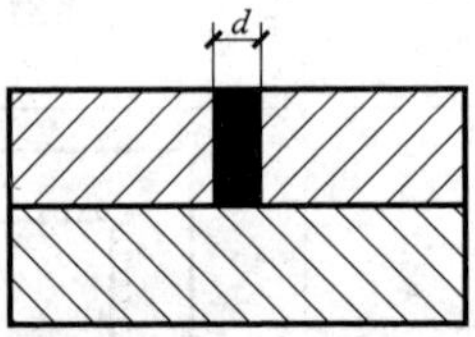

（2）焊缝尺寸符号及数据标注原则（图 11－3）。

1）焊缝横截面上的尺寸标在基本符号的左侧。

2）焊缝长度方向尺寸标在基本符号的右侧。

3）坡口角度、坡口面角度、根部间隙等尺寸标在基本符号的上侧或下侧。

4）相同焊缝数量符号标在尾部。

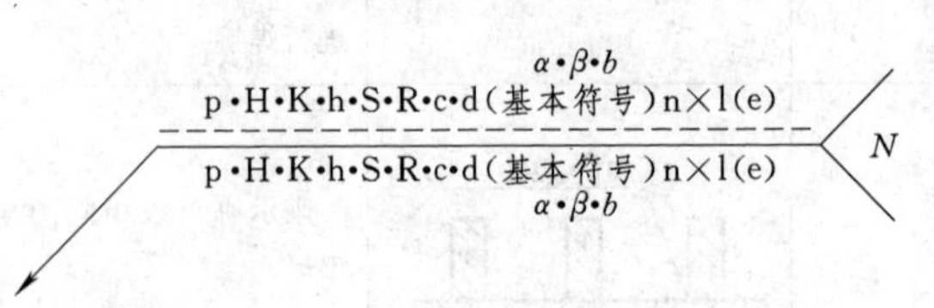

图 11－3 焊缝尺寸的标注原则

5）当需要标注的尺寸数据较多又不易分辨时，可在数据前面增加相应的尺寸符号。

（3）单面焊缝的标注方法。

1）如图 11－4（a）所示，当箭头指向焊缝所在的一面时，应将焊缝符号和

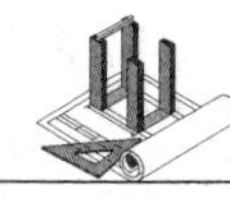

尺寸标注在横线的上方；而当箭头指向焊缝所在另一面（对应面）时，应将焊缝符号和尺寸标注在横线的下方，如图 11－4（b）所示。

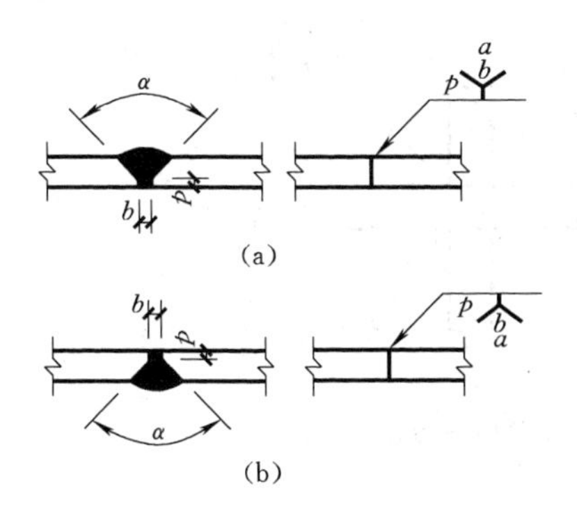

图 11－4　单面焊缝标注方法

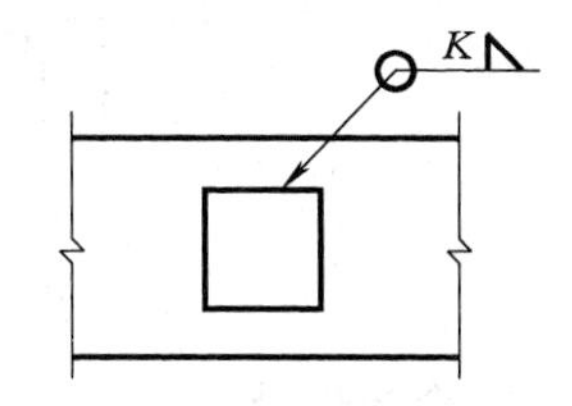

图 11－5　单面焊缝中周围焊缝标注方法

2）表示环绕工作件周围的焊缝时，其围焊焊缝符号为圆圈，绘在引出线的转折处，并标注焊角尺寸 K，如图 11－5 所示。

（4）双面焊缝的标注方法。双面焊缝的标注，应在横线的上、下都标注符号和尺寸。上方表示箭头一面的符号和尺寸，下方表示另一面的符号和尺寸［图 11－6（a）］；当两面的焊缝尺寸相同时，只需在横线上方标注焊缝的符号和尺寸［图 11－6（b）、（c）、（d）］。

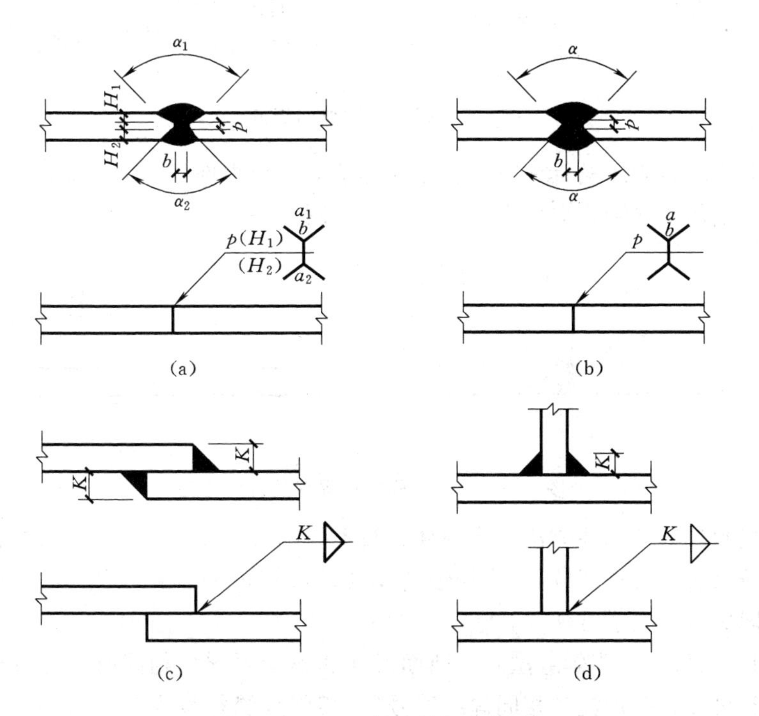

图 11－6　双面焊缝的标注方法

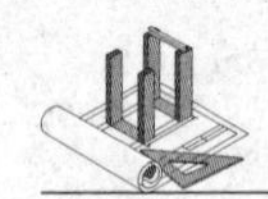

(5) 3个以上焊件的焊缝标注方法。3个和3个以上焊件相互焊接的焊缝，不得作为双面焊缝标注。其焊缝符号和尺寸应分别标注（图11-7)。

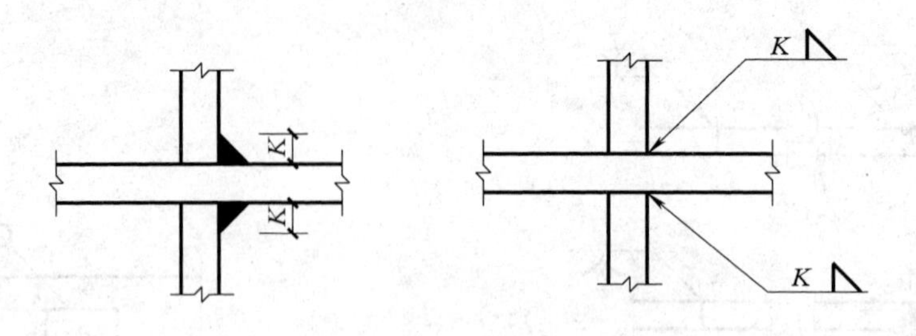

图11-7 3个以上焊件的焊缝标注方法

(6) 1个焊件带坡口的焊缝标注方法

相互焊接的2个焊件中，当只有1个焊件带坡口时，引出线箭头必须指向带坡口的焊件（图11-8)。

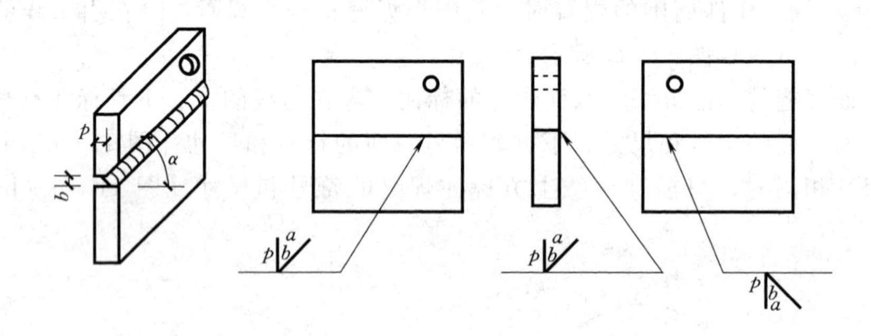

图11-8 1个焊件带坡口的焊缝标注方法

(7) 不对称坡口焊缝的标注方法。相互焊接的2个焊件，当为单面带双边不对称坡口焊缝时，引出线箭头必须指向较大坡口的焊件（图11-9)。

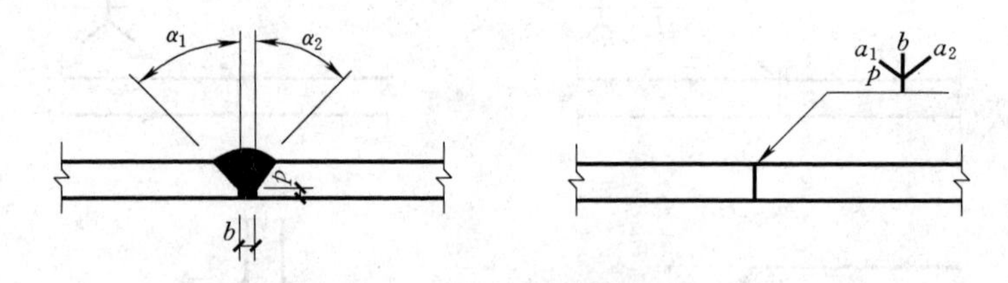

图11-9 不对称坡口焊缝的标注方法

(8) 不规则焊缝的标注方法。当焊缝分布不规则时，在标注焊缝符号的同时，宜在焊缝处加中实线（表示可见焊缝），或加细栅线（表示不可见焊缝）(图11-10)。

(9) 相同焊缝的表示方法。

1) 在同一图形上，当焊缝型式、断面尺寸和辅助要求均相同时，可只选择一处标注焊缝的符号和尺寸，并加注“相同焊缝符号”，相同焊缝符号为3/4圆弧，绘在引出线的转折处［图11-11 (a)］。

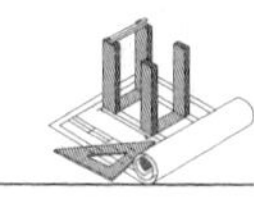

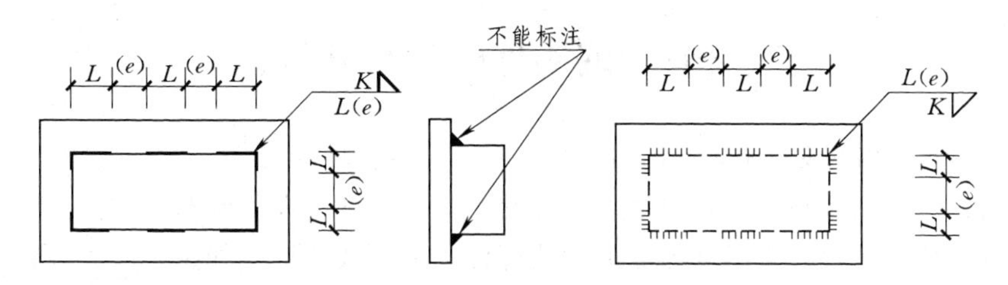

图 11－10　不规则焊缝的标注方法

2）在同一图形上，当有数种相同的焊缝时，可将焊缝分类编号标注。在同一类焊缝中可选择一处标注焊缝符号和尺寸。分类编号采用大写的拉丁字母 A、B、C、… [图 11－11（b）]。

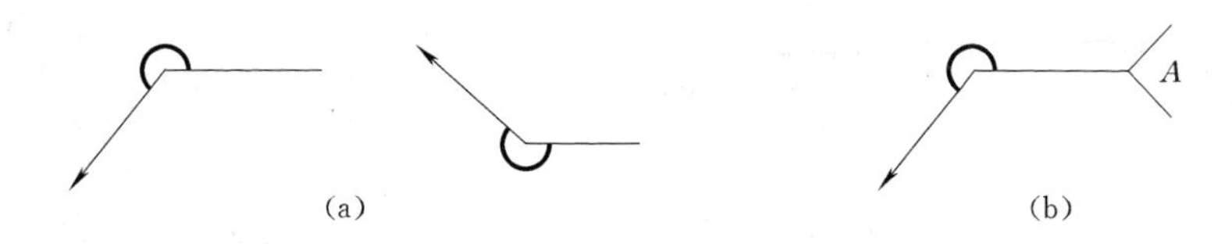

图 11－11　相同焊缝的表示方法

（10）现场焊缝的表示方法。需要在施工现场进行焊接的焊件焊缝，应标注“现场焊缝”符号。现场焊缝符号为涂黑的三角形旗号，绘在引出线的转折处，如图 11－12 所示。

（11）较长焊缝的标注方法。图样中较长的角焊缝（如焊接实腹钢梁的翼缘焊缝），可不用引出线标注，而直接在角焊缝旁标注焊缝尺寸值 K（图 11－13）。

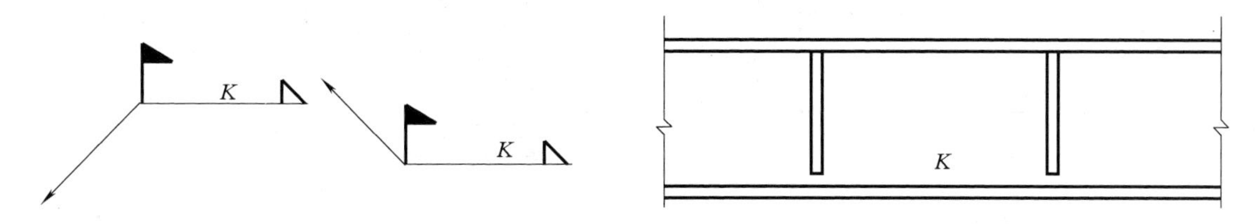

图 11－12　现场焊缝的表示方法

图 11－13　较长焊缝的标注方法

（12）熔透角焊缝的标注方法。熔透角焊缝的符号应按图 11－14 方式标注。熔透角焊缝的符号为涂黑的圆圈，绘在引出线的转折处。

（13）局部焊缝的标注方法。局部焊缝应按图 11－15 方式标注。

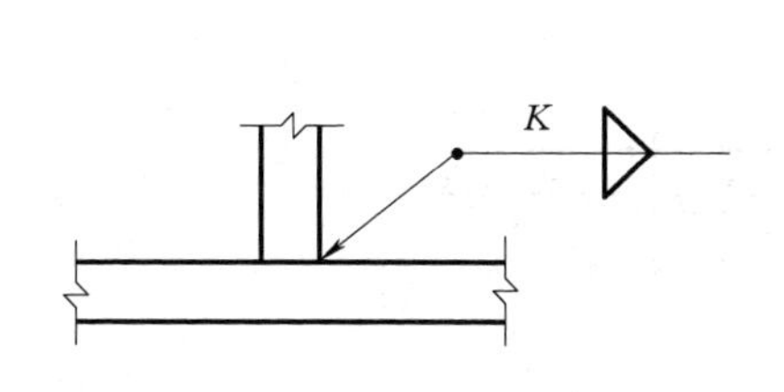

图 11－14　熔透角焊缝的标注方法

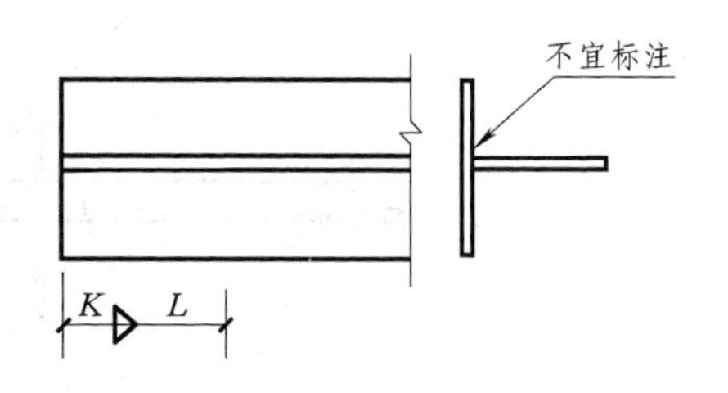

图 11－15　局部焊缝的标注方法

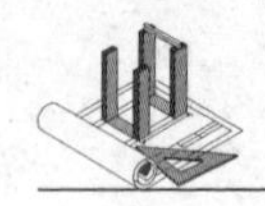

第三节 钢构件图的尺寸标注

根据《建筑结构制图标准》(GB/T50105—2010) 钢构件图的绘制应遵守以下的规定:

(1) 两构件的两条很近的重心线，应在交汇处将其各自向外错开，如图 11-16 所示。

(2) 弯曲构件的尺寸应沿其弧度的曲线标注弧的轴线长度，如图 11-17 所示。

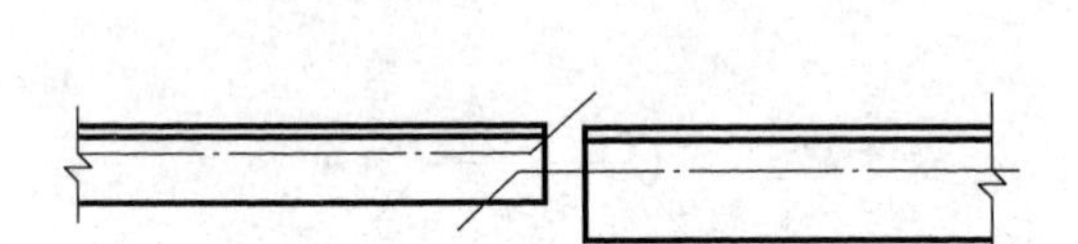

图 11-16 两构件重心线不重合的表示方法

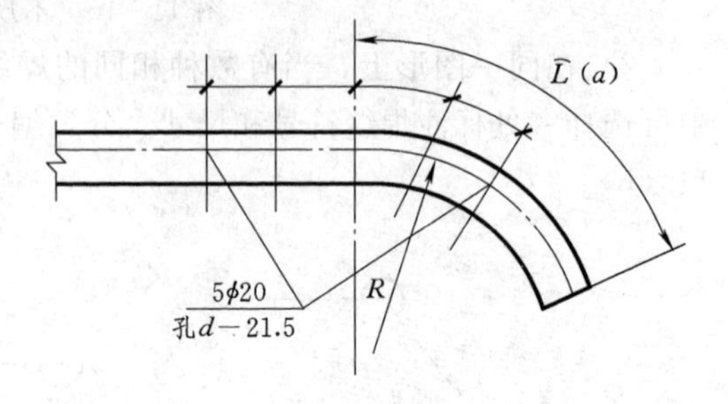

图 11-17 弯曲构件的尺寸标注方法

(3) 切割的板材，应标注各线段的长度及位置，如图 11-18 所示。

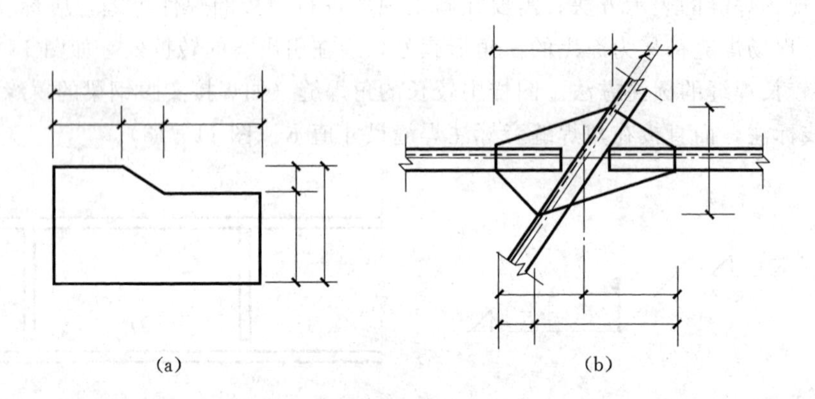

图 11-18 切割板材尺寸的标注方法

(4) 不等边角钢的构件，必须标注出角钢一肢的尺寸，如图 11-19 所示。

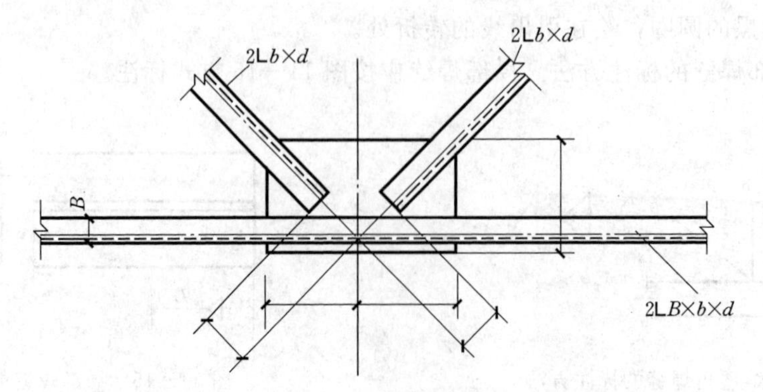

图 11-19 节点尺寸及不等边角钢的标注方法

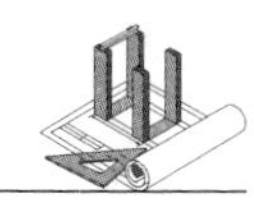

（5）节点尺寸，应注明节点板的尺寸和各杆件螺栓孔中心或中心距，以及杆件端部至几何中心线交点的距离，如图 11－19 和图 11－20 所示。

（6）双型钢组合截面的构件，应注明板的数量及尺寸。引出横线上方标注板的数量及板的厚度、宽度，引出横线下方标注板的长度尺寸，如图 11－21 所示。

（7）非焊接的接点板，应注明节点板的尺寸和螺栓孔中心与几何中心线交点的距离，如图 11－22 所示。

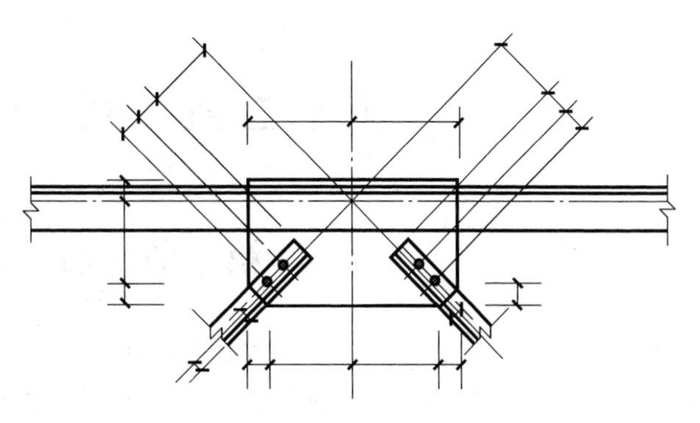

图 11－20　节点尺寸的标注方法

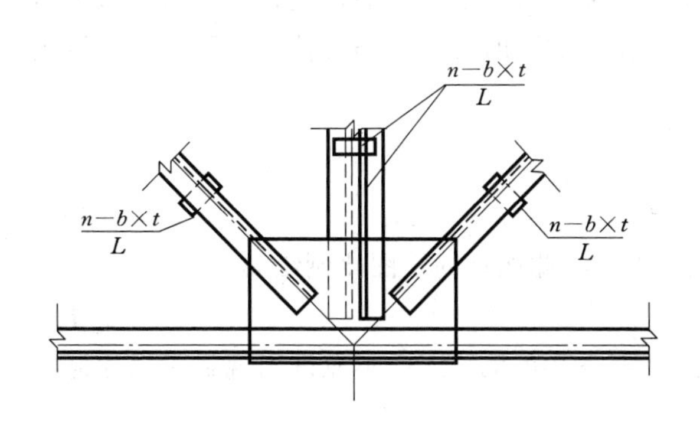

图 11－21　板的标注方法

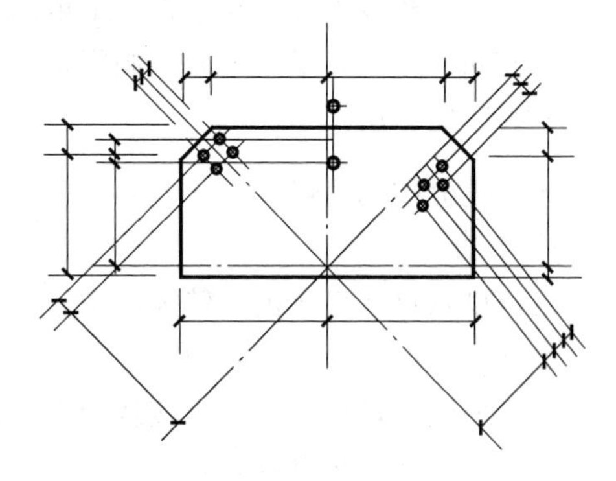

图 11－22　非焊接节点板尺寸的标注方法

第十二章　机　械　图

第一节　概　述

在建筑工程的设计、施工和养护过程中，经常会遇到各种机械设备的选型、安装和维修问题。因此，作为从事建筑工程的技术人员，除了要掌握绘制和阅读建筑工程图样的有关方法和技能外，还应了解有关机械图的基本知识。

表达机器和机件的图样称为机械图。机器是有若干部件和零件装配而成的，装配时，通常是先把零件组装成部件，然后再由部件和零件组装成整个机器。

机械图和建筑工程图在获得图形的基本投影原理方面是一样的，但是由于二者所表达的对象不同等原因，采用不同的制图标准。绘制机械图时必须遵循《技术制图》和《机械制图》等国家标准。

一、机械图的特点

1. 比例

机械设备尺寸变化范围较大，常采用1∶1或与此相近的绘图比例绘制。

2. 尺寸

在机械图上，尺寸界线直接从轮廓引出，不空开，机械图中不允许出现封闭尺寸链和重复尺寸，尺寸起止符号必须是箭头。

3. 技术要求

机械零件最显著的特点就是精度高，即要求零件的形状、尺寸及表面质量都要根据需要达到一定的精度。因此，在机械图上需要注明尺寸公差和形位公差来保证零件的精度。

4. 规定画法

机械图中的标准件和常用件（如螺纹紧固件、齿轮等），绘图时并不画其真实形状，而是按制图标准的规定画法来绘制。

二、机械图的分类

机器或部件是由一定数量和种类的零件按一定要求装配而成的。机械图可分为零件图和装配图两类。

表示零件结构、大小和技术要求内容的图样称为零件图，它是零件制造和检验所必需的技术文件。

表示机器或部件及其组成部分的连接、装配关系的图样称为装配图，它是进行装配、检验、安装及维修的技术文件。

在设计过程中，一般要先画出装配线图，再根据装配图画出零件图。在生产过程中，则是先根据零件图加工出零件，再根据装配图把零件装配成部件和机器。

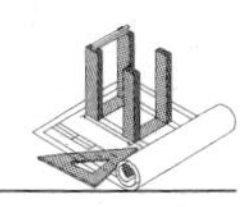

第二节　零　件　图

一、零件图的内容

一张完整的零件图应包括下列基本内容：

1. 一组图形

用视图、剖视、断面及其他规定画法来正确、完整、清晰地表达零件的各部分形状和结构。

2. 尺寸

正确、完整、清晰、合理地标注零件的全部尺寸。

3. 技术要求

用符号或文字来说明零件在制造、检验等过程中应达到的一些技术要求，如表面粗糙度、尺寸公差、形状和位置公差、热处理要求等。技术要求的文字一般注写在标题栏上方图纸空白处。

4. 标题栏

标题栏位于图纸的右下角，应填写零件的名称、材料、数量、图的比例以及设计、描图、审核人的签字、日期等各项内容。

二、零件的表面粗糙度标注

1. 表面粗糙度的概念

零件的各个表面，不管加工得多么光滑，置于显微镜下观察，都可以看到峰谷不平的情况。加工表面上具有较小间距的峰谷所组成的微观几何形状特征称为表面粗糙度。一般来说，不同的表面粗糙度是由不同的加工方法形成的。表面粗糙度是衡量零件质量的标志之一，它对零件的配合、耐磨性、抗腐蚀性、接触刚度、抗疲劳强度、密封性和外观都有影响。

2. 表面粗糙度的标注

表面粗糙度的符号画法如图 12－1 所示。图 12－1（a）表示是用去除材料的方法获得表面粗糙度，Ra 的最大允许值为 3.2μm。图 12－1（b）表示是用不去除材料的方法获得表面粗糙度，Ra 的最大允许值为 3.2μm。

三、零件的尺寸公差标注

1. 尺寸公差的概念

在加工过程中，不可能把零件的尺寸做得绝对准确。为了保证互换性，必须将零件尺寸的加工误差限制在一定的范围内，规定出加工尺寸的可变动量，称为尺寸公差。下面用图 12－2 来说明公差的有关术语。

（1）基本尺寸：根据零件强度、结构和工艺性要求，设计确定的尺寸。

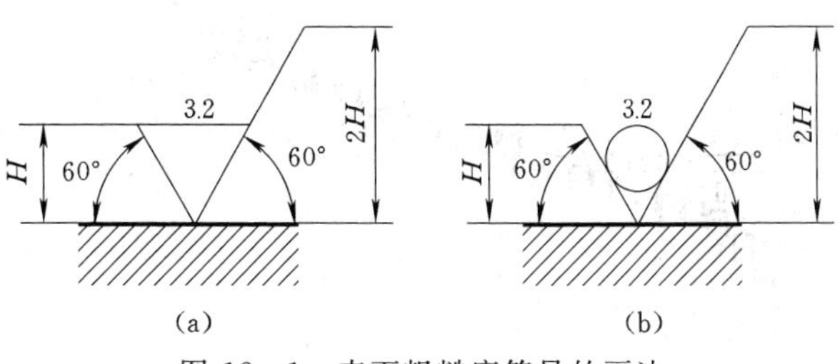

图 12－1　表面粗糙度符号的画法

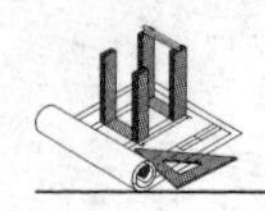

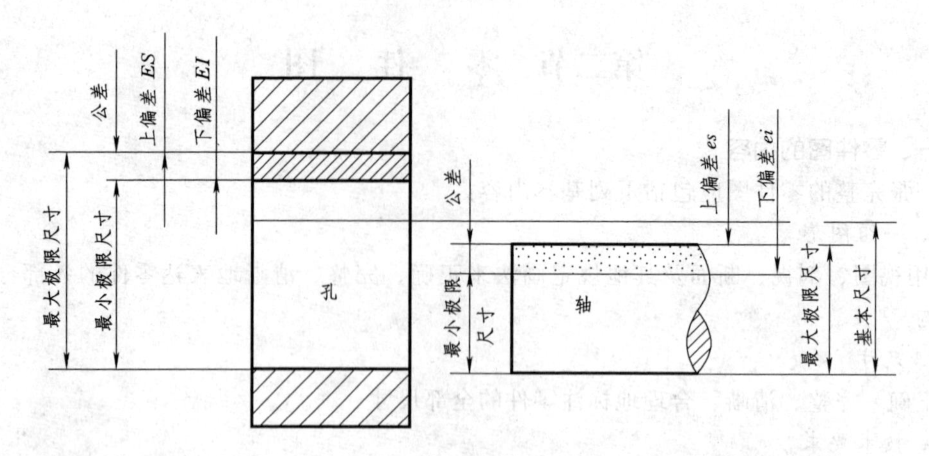

图 12-2 公差术语

(2) 极限尺寸：允许尺寸变化的两个界限值。它以基本尺寸为基数来确定。两个界限值中较大的一个称为最大极限尺寸；较小的一个称为最小极限尺寸。

(3) 尺寸偏差（简称偏差）：

上偏差＝最大极限尺寸－基本尺寸

下偏差＝最小极限尺寸－基本尺寸

(4) 公差等级：

尺寸公差 ＝ 最大极限尺寸－最小极限尺寸 ＝ 上偏差－下偏差

尺寸公差的大小决定零件的加工精度，国家标准将公差等级分为 20 级：IT01、IT0、IT1～IT18。“IT”表示标准公差，公差等级的代号用阿拉伯数字表示。IT01～IT18，精度等级依次降低。

(5) 基本偏差：用以确定公差带相对于零线位置的上偏差或下偏差，一般是指靠近零线的那个偏差。根据实际需要，国家标准分别对孔和轴各规定了 28 个不同的基本偏差，如图 12-3 所示。轴和孔的基本偏差和标准公差数值可查阅《机械设计手册》等书籍。

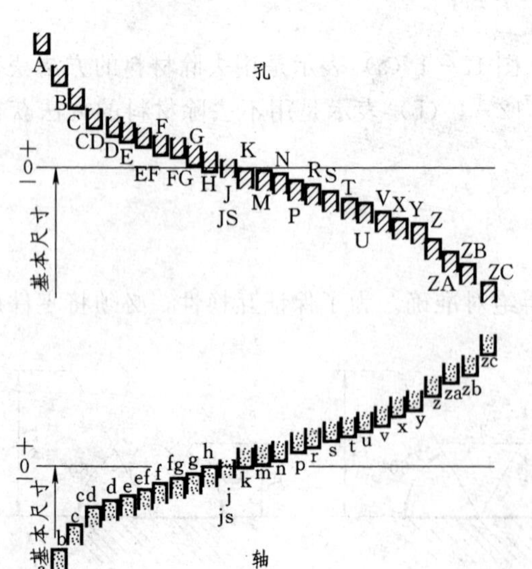

图 12-3 基本偏差系列图

(6) 孔、轴的公差带代号。由基本偏差与公差等级代号组成，并且要用同一号字母书写。

例如 ϕ50H8 的含义是：

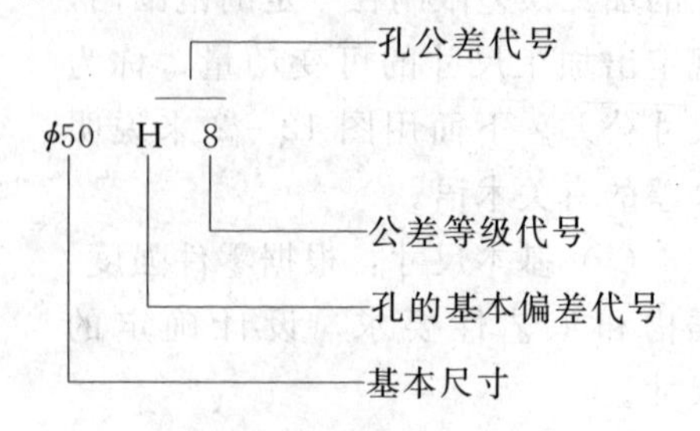

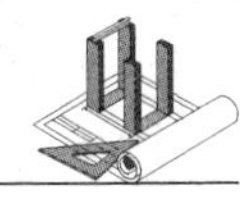

此公差带的全称是：基本尺寸为 $\phi50$，公差等级为 8 级，基本偏差为 H 的孔的公差带。

例如 $\phi50f7$ 的含义是：

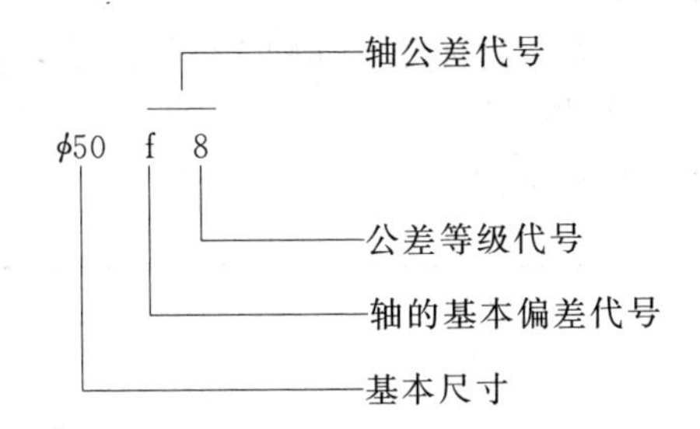

此公差带的全称是：基本尺寸为 $\phi50$，公差等级为 8 级，基本偏差为 f 的轴的公差带。

2. 尺寸公差的标注

(1) 标注偏差数值。

如图 12－4 所示为孔和轴的尺寸公差标注，在基本尺寸的右方直接注出上、下偏差值，偏差数字应比基本尺寸数字小 1 号。

当上、下偏差数值为零时，可简写为“0”，另一偏差仍标在原来的位置上，如图 12－4 所示。

如果上、下偏差的数值相同，则在基本尺寸数字后标注“±”符号，再写上偏差数值。这时数值的字体与基本尺寸字体同高，如图 12－5 所示。

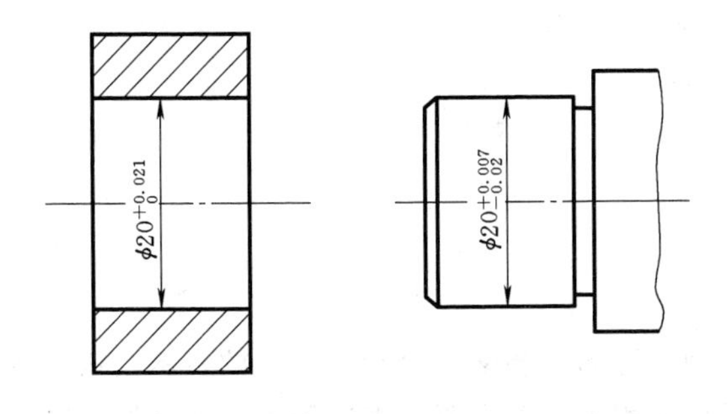

图 12－4　上、下偏差的标注

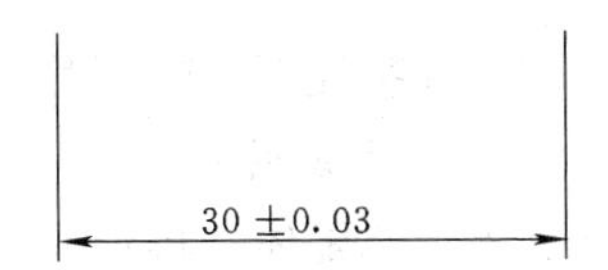

图 12－5　对称偏差的标注

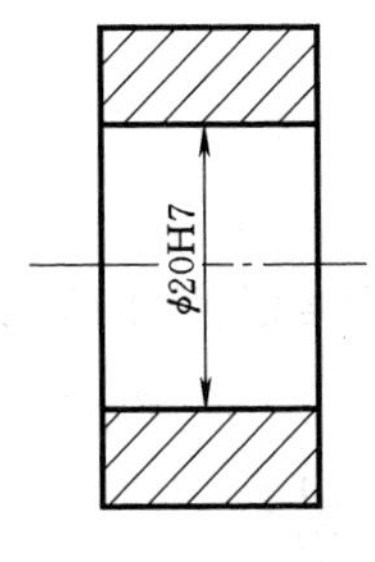

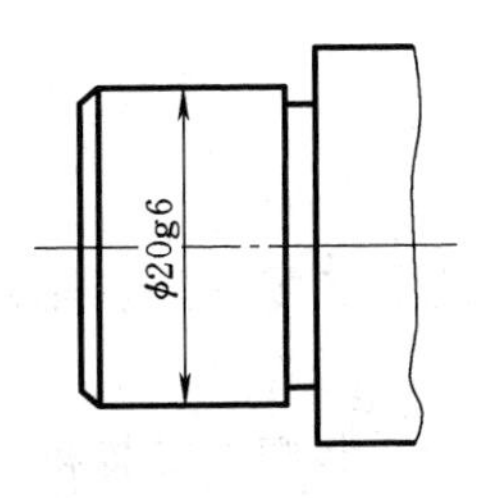

图 12－6　公差带代号的标注

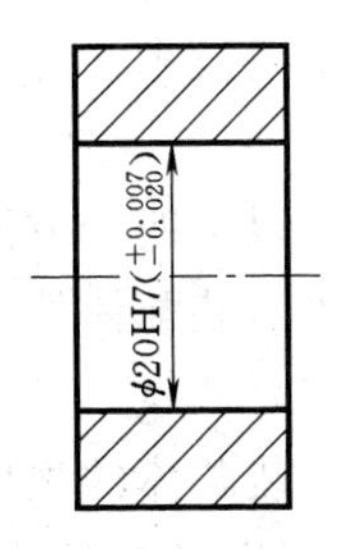

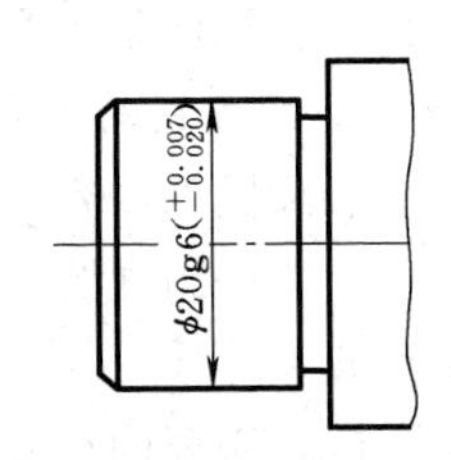

图 12－7　公差带代号和偏差数值同时标注

（2）标注公差带的代号。如图 12－6 所示，在尺寸数字后仅标注尺寸公差带代号。这种注法可和采用专用量具检验零件统一起来，以适应大批量生产的要求。它不需要标注偏差数值，以使图形和装配要求更加清晰。

（3）公差带代号和偏差数值一起标注。如图 12－7 所示，将公差带代号和偏差数值一起标注，用于少量机械零配件的生产。

图 12－8 是套筒零件图及其标注。

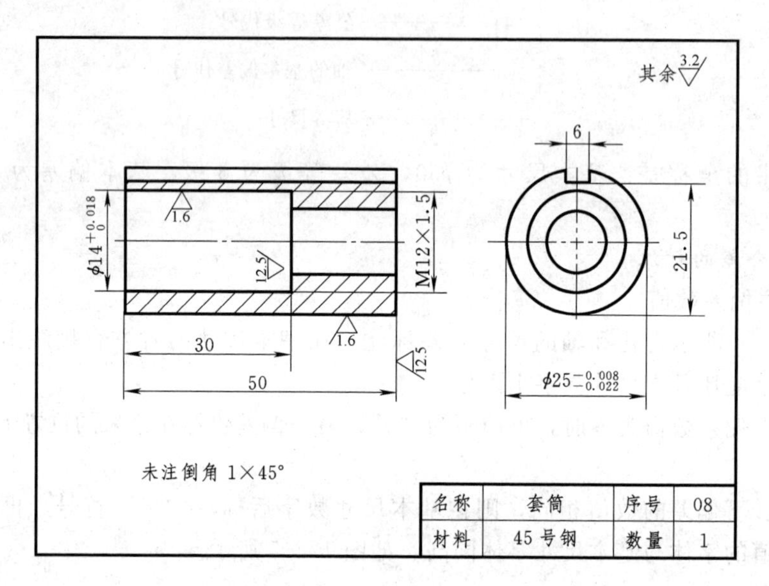

图 12－8　套筒零件图

第三节　装　　配　　图

一、装配图的作用和内容

1. 装配图的作用

表达装配体（机器或部件）的图样，称为装配图。装配图表示装配体的基本结构、各零件相对位置、装配关系和工作原理。在设计过程中，首先要画出装配图，然后按照装配图设计并拆画出零件图，该装配图称为设计装配图。在使用产品时，装配图又是了解产品结构和进行调试、维修的主要依据。此外，装配图也是进行科学研究和技术交流的工具。因此，装配图是生产中的主要技术文件。

2. 装配图的内容

装配图的内容一般包括以下四个方面。

（1）一组视图：用来表示装配体的结构特点、各零件的装配关系和主要零件的重要结构形状。

（2）必要的尺寸：表示装配体的规格、性能，装配、安装和总体尺寸等。

（3）技术要求：在装配图的空白处（一般在标题栏、明细栏的上方或左面），用文字、符号等说明对装配体的工作性能、装配要求、试验或使用等方面的有关条件

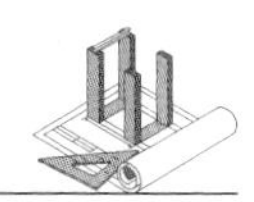

或要求。

(4) 标题栏、零件序号和明细栏：说明装配体及其各组成零件的名称、数量和材料等一般概况。

图 12-9 是千斤顶的立体图，由 9 种零件组成。图 12-10 是千斤顶的装配图。

由于装配图的复杂程度和使用要求不同，以上各项内容并不是在所有的装配图中都要无遗地表现出来，而是要根据实际情况来决定。因为装配图一般只用于指导装配工作，重点在表明装配关系，无需详细表明各组成零件的结构形状。因此，在视图数量上就较少。

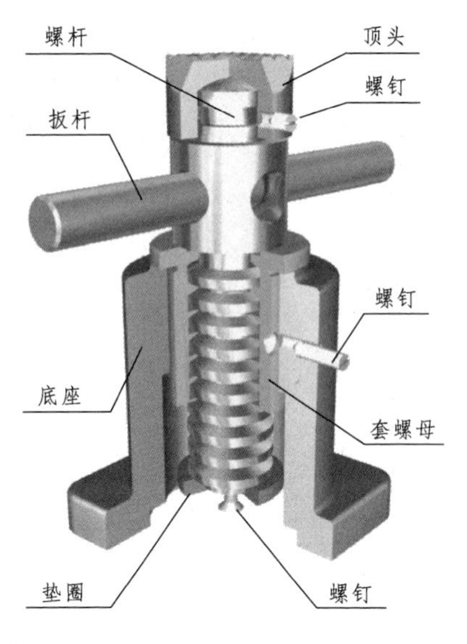

图 12-9 千斤顶立体图

二、装配图的规定画法和特殊画法

在零件图上所采用的各种表达方法，如视图、剖视、断面、局部放大图等也同样适用于画装配图。但是画零件图所表达的是一个零件，而画装配图所表达的则是由许多零件组成的装配体（机器或部件等）。因为两种图样的要求不同，所表达的侧重面也不同。装配图应该表达出装配体的工作原理、装配关系和主要零件的主要结构形状。因此，国家标准《机械制图》对绘制装配图制定了规定画法、特殊画法和简化画法。

1. 规定画法

在装配图中，为了便于区分不同的零件，正确地表达出各零件之间的关系，在画法上有以下规定。

(1) 接触面和配合面的画法。相邻两零件的接触表面和基本尺寸相同的两配合表面只画一条线（如图 12-10 所示中，件 3 底座与件 5 套螺母之间）；而基本尺寸不同的非配合表面，即使间隙很小，也必须画成两条线（如图 12-10 所示中，件 6 扳杆与孔之间）。

(2) 剖面线的画法。在装配图中，同一个零件在所有的剖视、断面图中，其剖面线应保持同一方向，且间隔一致（如图 12-10 所示中，件 9 在主视图和局部放大图中的剖面线）。相邻两零件的剖面线则必须不同。即：使其方向相反，或间隔不同，或互相错开（如图 12-10 所示中，相邻零件 3、5、7 之间的剖面线画法）。当装配图中零件的面厚度小于 2mm 时，允许将剖面涂黑以代替剖面线。

(3) 实心件和某些标准件的画法。在装配图的剖视图中，若剖切平面通过实心零件（如轴、杆等）和标准件（如螺栓、螺母、销、键等）的基本轴线时，这些零件按不剖绘制（如图 12-10 所示主视图中的件 2、4、8）。但其上的孔、槽等结构需要表达时，可采用局部剖视（如图 12-10 所示主视图中的件 7）。当剖切平面垂直于其轴线剖切时，则需画出剖面线。

2. 特殊画法

(1) 拆卸画法。在装配图的某个视图上。如果有些零件在其他视图上已经表示清楚，

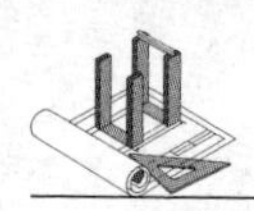

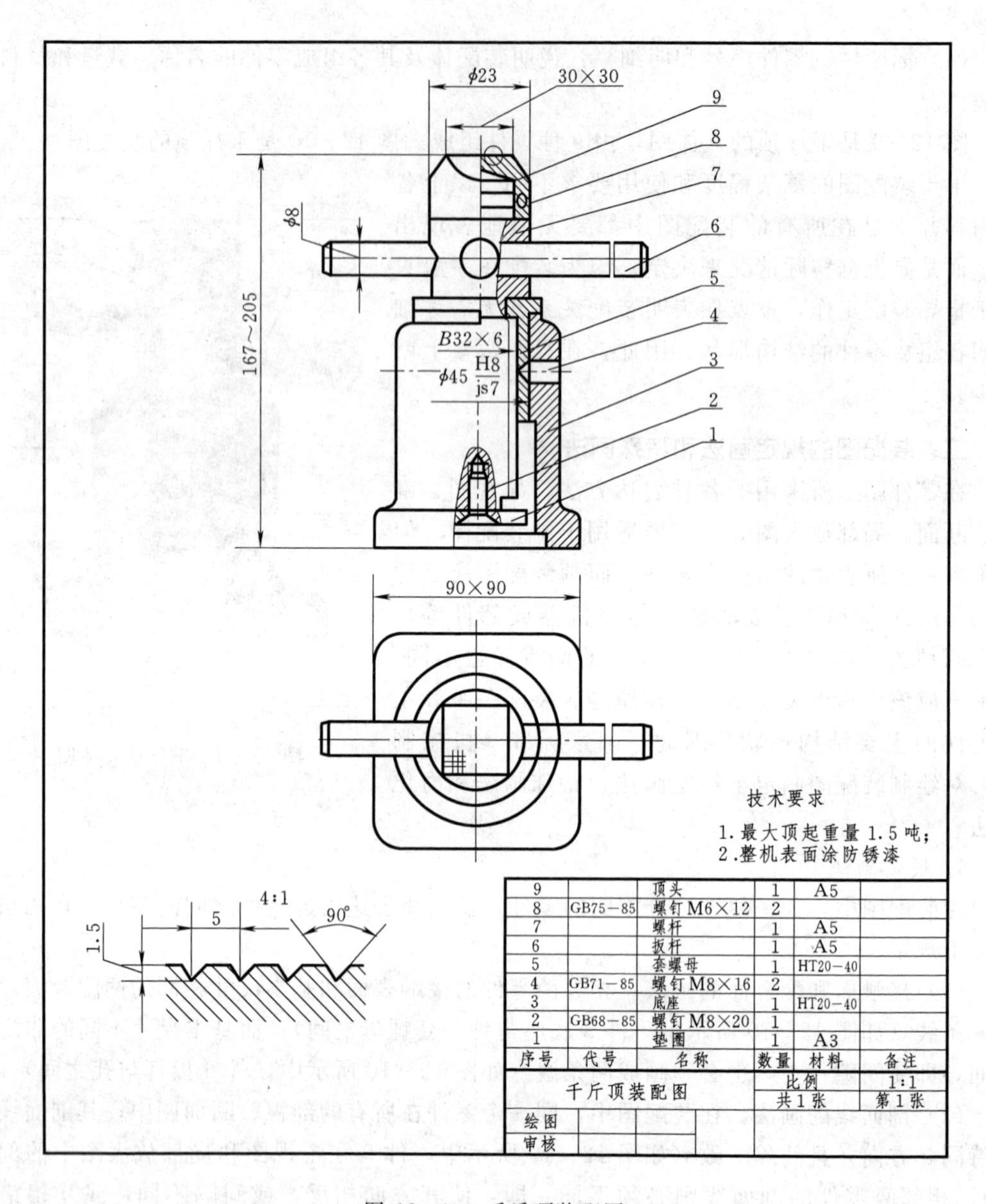

序号	代号	名称	数量	材料	备注
9		顶头	1	A5	
8	GB75—85	螺钉M6×12	2		
7		螺杆	1	A5	
6		扳杆	1	A5	
5		套螺母	1	HT20—40	
4	GB71—85	螺钉M8×16	2		
3		底座	1	HT20—40	
2	GB68—85	螺钉M8×20	1		
1		垫圈	1	A3	

千斤顶装配图		比例	1:1
		共1张	第1张
绘图			
审核			

图 12-10　千斤顶装配图

而又遮住了需要表达的零件时，则可将其拆卸掉不画而画剩下部分的视图，这种画法称为拆卸画法。为了避免看图时产生误解，常在图上加注“拆去零件×、×……”。

(2) 单独表示某个零件。在装配图中，当某个零件的形状未表达清楚，或对理解装配关系有影响时，可另外单独画出该零件的某一视图。

(3) 夸大画法。在装配图中，对于一些薄片零件、细丝弹簧、小的间隙和小的锥度等，可不按其实际尺寸作图，而适当地夸大画出。

(4) 假想画法。

1) 对于运动零件，当需要表明其运动极限位置时，可以在一个极限位置上画出该零

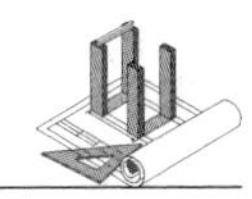

件，而在另一个极限位置用双点画线来表示。

2）为了表明本部件与其他相邻部件或零件的装配关系，可用双点画线画出该件的轮廓线。

3. 简化画法

在装配图中，对若干相同的零件组（如螺栓、螺钉连接等），可以仅详细地画出一处或几处，其余只需用点划线表示其位置（图 12－10）。对于零件上的一些工艺结构，如小圆角、倒角、退刀槽和砂轮越程槽等可以不画。

三、装配图的尺寸标注

装配图的作用与零件图不同，因此，在图上标注尺寸的要求也不同。在装配图上应该按照对装配体的设计或生产的要求来标注某些必要的尺寸。一般常注的有下列几方面的尺寸。

(1) 性能（规格）尺寸。它是表示装配体性能（规格）的尺寸，这些尺寸是设计时确定的。它也是了解和选用该装配体的依据。如图 12－10 所示的螺纹尺寸 B32×16。

(2) 配合尺寸。表示零件间配合性质的尺寸。配合的代号由两个相互结合的孔和轴的公差带的代号组成，用分数形式表示，分子为孔的公差带代号，分母为轴的公差带代号，标注的通用形式如图 12－11 所示。

(3) 安装尺寸。这是将装配体安装到其他装配体上或地基上所需的尺寸。

(4) 外形尺寸。这是表示装配体外形的总体尺寸，即总的长、宽、高。它反映了装配体的大小，提供了装配体在包装、运输和安装过程中所占的空间尺寸。如图 12－10 所示中的尺寸 90×90、167～205。

(5) 其他重要尺寸。它是在设计中确定的，而又未包括在上述几类尺寸之中的主要尺寸。如运动件的极限尺寸，主体零件的重要尺寸等。如图 12－10 所示中件 6 扳杆直径 $\phi 8$，件 9 顶头的尺寸 $\phi 23$ 等均为该两零件的重要尺寸。

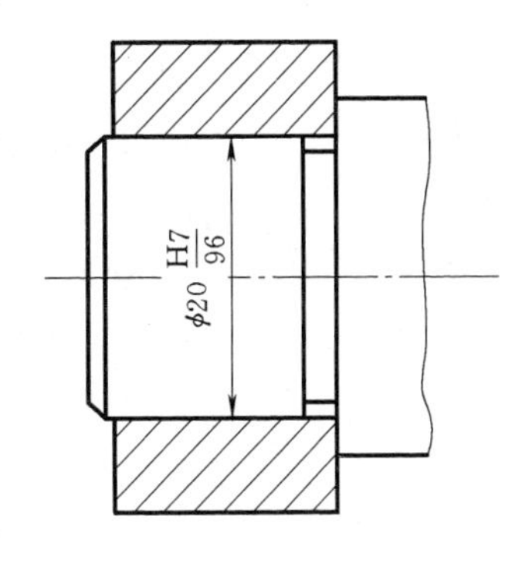

图 12－11　公差与配合的标注

上述五类尺寸之间并不是互相孤立无关的，实际上有的尺寸往往同时具有多种作用。此外，在一张装配图中，也并不一定需要全部注出上述五类尺寸，而是要根据具体情况和要求来确定。如果是设计装配图，所注的尺寸应全面些；如果是装配工作图，则只需把与装配有关的尺寸注出就行了。

四、装配图中的零件序号、明细栏和标题栏

为了便于装配时看图查找零件，便于作生产准备和图样管理，必须对装配图中的零件进行编号，并列出零件的明细栏。

1. 零件序号

(1) 一般规定。装配图中所有的零件都必须编写序号。相同的零件只编一个序号。如

图 12－10 所示中，件 4 螺钉、件 8 螺钉都有两个，但只编一个序号 4 和 8。

（2）零件编号的形式。零件编号的形式如图 12－12 所示，它是由圆点、指引线、水平线或圆（均为细实线）及数字组成。序号写在水平线上或小圆内。序号字高应比该图中尺寸数字大一号或二号。指引线应自所指零件的可见轮廓内引出，并在其末端画一圆点；若所指的部分不宜画圆点，（如很薄的零件或涂黑的剖面等），可在指引线的末端画一箭头，并指向该部分的轮廓。

如果是一组紧固件，以及装配关系清楚的零件组，可以采用公共指引线，如图 12－12（b）所示。指引线应尽可能分布均匀且不要彼此相交，也不要过长。指引线通过有剖面线的区域时，要尽量不与剖面线平行，必要时可画成折线，但只允许折一次，如图 12－12（c）所示。

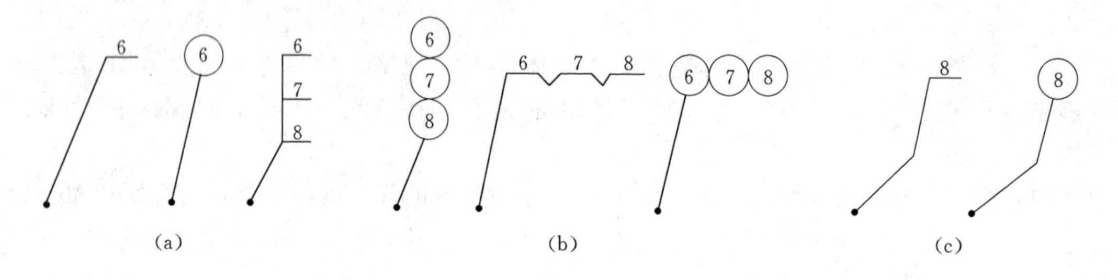

图 12－12　零件序号的标注

（3）序号编排方法。应按水平或垂直方向排列整齐，并按顺时针或逆时针方向顺序编号。如图 12－10 所示。

2. 明细栏和标题栏

在装配图的右下角必须设置标题栏和明细栏。明细栏位于标题栏的上方，并和标题栏紧连在一起。如图 12－13 所示的内容和格式可供学习作业中使用。明细栏是装配体全部

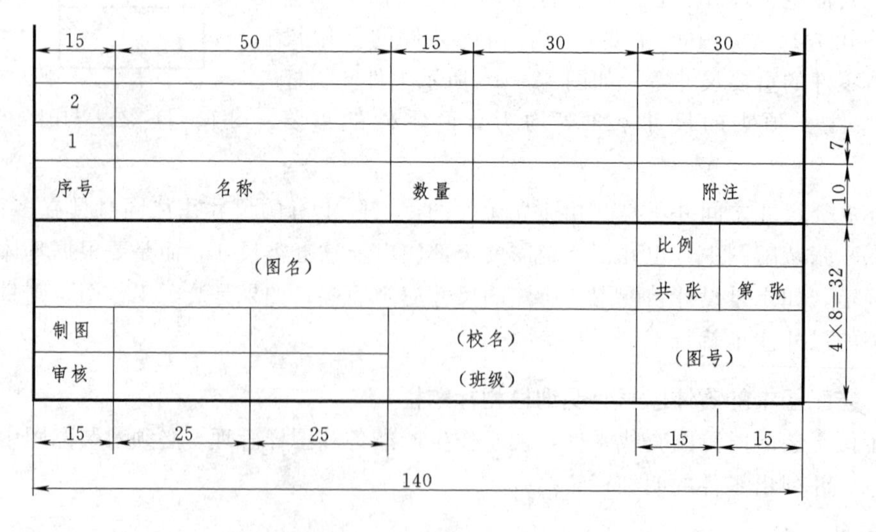

图 12－13　标题栏及明细栏格式

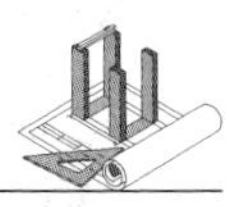

零件的目录，其序号填写的顺序要由下而上。如地位不够时，可移至标题栏的左边继续编写。

五、技术要求

在装配图中，还应在图的右下方空白处，写出部件在装配、安装、检验及使用过程等方面的技术要求，如图 12－10 所示。

参考文献

[1] 张多峰．AutoCAD 建筑制图．郑州：黄河水利出版社，2011.
[2] 张多峰．建筑工程制图．北京：中国水利水电出版社，2007.
[3] 倪化秋．工程制图．北京：中国水利水电出版社，2009.
[4] 杨忠贤．建筑工程制图．郑州：黄河水利出版社，2002.
[5] 何铭新，郎宝敏，陈星铭．建筑工程制图．北京：高等教育出版社，2001.
[6] 关俊良，孙世青．土建工程制图与 AutoCAD. 北京：科学出版社，2004.
[7] 李国生，黄水生．土建工程制图．广州：华南理工大学出版社，2002.
[8] 黄永生．画法几何及土木建筑制图．广州：华南理工大学出版社，2003.
[9] 乐荷卿．土木建筑制图．武汉：武汉理工大学出版社，2005.
[10] 焦鹏寿．建筑制图．北京：中国电力出版社，2004.